U0229662

DK世界人文奇观
全解密

DK世界人文奇观
全解密

[英]DK出版社 编著　金丹青 译

华中科技大学出版社
http://press.hust.edu.cn

有书至美
BOOK & BEAUTY

中国·武汉

目录

图书在版编目（CIP）数据

DK世界人文奇观全解密/英国DK出版社编著；金丹青译.—武汉：华中科技大学出版社，2022.6（2023.11 重印）

ISBN 978-7-5680-2108-1

Ⅰ.①D… Ⅱ.①英… ②金… Ⅲ.①建筑-世界-通俗读物 Ⅳ.①TU-49

中国版本图书馆CIP数据核字（2022）第053613号

Original Title: **Manmade Wonders of the World**
Copyright Dorling Kindersley Limited, London, 2019
A Penguin Random House Company

简体中文版由Dorling Kindersley Limited授权华中科技大学出版社有限责任公司在中华人民共和国境内（但不含香港、澳门和台湾地区）出版、发行。

湖北省版权局著作权合同登记 图字：17-2022-057号

欧洲
89

从爱尔兰的纽格莱奇墓（Newgrange），到西班牙的都市阳伞（Metropol Parasol），囊括古典式（Classical）、哥特式（Gothic）、文艺复兴（Renaissance）、巴洛克与洛可可（Baroque and Rococo），以及现代主义（Modernist）建筑风格专题。

非洲
205

从埃及的大狮身人面像（Great Sphinx）到南非的荷兰语纪念碑（Afrikaans Language Monument），包含古埃及（ancient Egyptian）建筑风格专题。

亚洲和澳大拉西亚
237

从土耳其的哥贝克力巨石阵（Göbekli Tepe）到中国的天津滨海新区文化中心图书馆（Tianjin Binhai Library），包含伊斯兰早期（Early Islamic）、中国（Chinese）、伊斯兰后期（Later Islamic）和日本（Japanese）建筑风格专题。

DK世界人文奇观全解密
DK Shijie Renwen Qiguan Quanjiemi

[英] DK出版社 编著
金丹青 译

出版发行：华中科技大学出版社（中国·武汉）
电话：（027）81321913
华中科技大学出版社有限责任公司艺术分公司
电话：（010）67326910-6023

出版人：阮海洪

责任编辑：莽昱 康晨
责任监印：赵月 郑红红 封面设计：邱宏

制　作：北京博逸文化传播有限公司
印　刷：佛山市南海兴发印务实业有限公司
开　本：720mm×1020mm 1/8
印　张：42
字　数：220千字
版　次：2023年11月第1版第2次印刷
审图号：GS（2022）2157号
定　价：268.00元

混合产品
纸张｜
支持负责任林业
FSC® C018179
www.dk.com

本书若有印装质量问题，请向出版社营销中心调换
全国免费服务热线：400-6679-118 竭诚为您服务
版权所有 侵权必究

前言

建筑物、工程结构和宏伟雕塑等世界上人文奇观的故事，也是人类的故事。这些创作成了一些惊人成就的有形纪念，但它们并不仅仅与物质世界相关，因为它们也展现了人类的梦想和渴望。当这些奇迹经受住时间和空间的考验与选择——正如本书中所示——它们所累积的力量是无与伦比的。

探索这些奇观所生出的课题涵盖了生活的方方面面，因为建筑、艺术和工程是人类创造精神的缩影。它们涉及美学的晦涩和主观性，但也涉及自然科学和物理学更具客观性的定律，因为就建筑的本质而言，它们往往不得不模仿并呼应大自然的巨大力量和规律。这种实用甚至几乎是基本的方式，可能在巨型桥梁的设计中得到了最佳体现，如日本的明石海峡大桥（Akashi Kaikyo Bridge）。

人文奇观的故事也涉及更务实的政治交锋、经济需求，以及建筑技术、工艺的演变与完善。世界建筑学中，最激动人心的时刻是突然而至的飞跃，常常以几乎是启示性的大胆实验的形式出现。12世纪初，欧洲就出现了这种飞跃。哥特式建筑理论以惊人的速度形成，欣然接受新的概念——由肋骨拱、墙墩和扶壁构成的框架，搭配有尖顶，并利用尖肋拱顶的结构力量。通过精心计算的设计而增加的强度，为传统的砌石建筑提供了革命性的新可能。

甚至神学也在这些故事中扮演了一个关键角色，因为许多最令人难忘的人类建筑都与结构创新、提供住所、生存安全等实际问题无关，而与纪念神灵和延续死者生命这种更富诗意的挑战有关。埃及卢克索（Luxor）的卡纳克神庙群（Karnak temple complex）之类的建筑，为那些在世界各地、各个时代都令人着迷的伟大谜题，给出了自己的答案。有无生命死后能继续存活？生者能否与死者交流？死者能否保佑生者？是否有轮回，甚至，是否有复生？

这种精神探求通常以最复杂的建筑为载体，使用模拟自然世界或神创之物表面秩序的几何结构，以及既具符号性又有象征性的装饰物来作阐释。亚琛大教堂（Aachen cathedral）和耶路撒冷的圆顶清真寺（Dome of the Rock）就是有力案例。

在思忖本书中的奇观时，许多其他主题也逐一浮现：引人入胜、鼓舞人心，信息丰富与娱乐性强。技术在其中起到了激动人心的作用——这并不是个枯燥的话题。从19世纪初起，西方世界开始运用新型建筑材料，主要是铸铁和锻铁，而后是钢和钢筋混凝土，把建筑风格转变为雄伟宏大，让无法想象的建筑类型成为现实，特别是拥有结构框架和大量玻璃幕墙的摩天大楼，包括伦敦的碎片大厦（Shard）和迪拜的哈利法塔（Burj Khalifa）。艺术与建筑也渐趋融合，世界上某些地方出现了颠覆常规建筑的方式，还有大体量挖掘而非建造等尝试，如埃塞俄比亚的拉利贝拉岩石教堂（rock-cut churches of Lalibela），让建筑在某种意义上成为巨大的雕塑。

有趣的是，可持续建筑原则创造性地应用于传统乡土建筑，如使用未经烧制的黏土或泥土等廉价、现有的材料，加上天然绝缘、通风技术等，几乎不造成环境破坏或污染。本书中有个突出案例：马里的杰内大清真寺由泥浆、畜粪、稻草制成的脆薄饼形晒干砖筑造，外层粉刷了头道浆。

阅读本书如同在全球旅行，游历的不仅是当今世界，也有过去世界，因为许多所述奇观的根源在古代。而且，随着世事变迁，有些关键之地已几乎无法进入；现实中，这种旅行也已越来越难进行。本书展示的案例中，少数已无法前去旅行观赏，因为当地的人文奇观在近期受到严重破坏，部分已损毁，破坏方式难以想象——此处尤指叙利亚的帕尔米拉（Palmyra）。这让本书抵达了另一层面，且是非常重要的层面。它不仅以生动的细节展示了如今难以看到的奇迹，还记录了已不复存在之地。就这点而言，本书是一个严正的提醒：永远不要把我们所珍爱的东西视作理所当然，如果有必要的话，请准备好为我们的人文奇观战斗。它们为讲述人类故事、让世界变得更为振奋人心做出了很大贡献。

丹·克鲁克山克
2019年3月

编者注：本书地图系原书插附地图。

漫长的故事
早在罗马时代之前，巴塞罗那这片地区就有了定居点。
从木材、砖块和石头，到混凝土和玻璃，不同的材料
筑成不同时期的建筑，共同组成了现代都市。

导语

泥土和木材

随着人类社会不断发展农业，从前的游牧民族开始定居，永久性建筑取代临时营地，这大约可以追溯至公元前10000年。最早的建筑材料就是泥土，并结合其他材料，如可以增加强度的稻草和可以支撑屋顶的木材。

用泥土建造

土工结构极易受到侵蚀和风化。早期的人类生土住宅留存至今的证据很少，那些幸存下来的，主要是因为规模巨大。它们往往是土石堆、土丘和坟墓；这些名称往往可以互换，但它们都是人工压实的巨大土山，大小与周遭的自然环境格格不入。这种土丘也出现在欧洲北部、中部和俄罗斯、中亚的大草原上，许多可以追溯至青铜时代（约公元前3500—前300年）。它们几乎都作坟墓之用，考古学家在其中好几处都发现了骸骼和陪葬品。欧洲巨大的土丘之一是奥地利大穆格尔（Großmugl）附近的利山（Leeberg），其历史可以追溯至约公元前600至公元前500年。但它与土耳其吕底亚（Lydia）的宾泰佩（Bin Tepe）墓冢相比，又相形见绌。宾泰佩建于公元前560年前后，高度为60米，是已知巨大的坟墓之一。

泥浆和泥浆混合结构

最早的一些可居住建筑用泥浆或粪便的混合物筑成，以稻草或马毛对混合物进行加固，有时还会采用树枝或编织芦苇做成的框架。从用泥浆和稻草堆积，到用泥浆和稻草制成的砖块建造，似乎并不是一个大进步，但烧结砖的抗压强度和多功能性能让人类建造出了相当大的复杂结构。最早用泥砖或土坯建成的大型建筑属于古代美索不达米亚（Mesopotamia）文明。建于约公元前2100年的乌尔塔庙（Ziggurat of Ur，见第243页）是一座庞大的阶梯式金字塔，高度估计超过30米。后来美索不达米亚文明创造出釉面砖，用来装饰首都巴比伦等地的建筑。

泥土仍然是充裕的基础材料之一。泥砖技术含量低，易于加工、耐用、耐火而且便宜，因此它仍然是广受欢迎的建筑材料——除了在定期降雨的地区。

> 现代高层建筑中使用的叠层木材在强度上与钢相似，但轻得多。

早期建筑

这些蜂巢屋以泥砖为核心建材，覆盖泥土，出现在土耳其东南部和叙利亚中部的部分地区。

▷ 人造土山
西尔布利山（Silbury Hill）是欧洲巨大的人造土山之一，其历史可以追溯至公元前2400年左右。它由黏土和白垩建成，而且显然没有内藏陵墓，建它的目的成了谜。

木材

有考古学证据表明，早在公元前6000或公元前5000年，欧洲人就使用木材来建造住宅。有关案例包括建于这一时期的长屋，人们已经发现了许多，尤其在外多瑙（Transdanubia）地区，包括匈牙利西北部、奥地利北部和德国南部。这些长条形的单间结构用橡木柱支撑屋顶，应该可以为20～30人提供住处。多建几座长屋，便形成了村庄。后来，人们发现了青铜、钢铁等金属，制作了切割和塑形的工具，改进了木材在建筑中的运用方式。

古代的埃及、希腊和罗马人都曾使用过切割和雕刻过的木材，特别会应用于屋顶结构中。正是罗马人推进了木框架技术，即用来支撑建筑物的木制骨架结构。这种技术在中世纪发展至巅峰，当时的木匠们创造了宏伟、巧妙且通常十分漂亮的木材排置方式，来支撑大厅、礼拜堂和大教堂的屋顶。如伦敦威斯敏斯特大厅（Westminster Hall）的悬臂托架屋顶，是欧洲北部最大的中世纪木制屋顶。斯堪的纳维亚也有壮观的木制建筑，即木板教堂。大约同一时期，中国人正在建造非常复杂精致的木制建筑，如建于1056年的佛宫寺释迦塔（Pagoda of Fogong Temple），高度超过67米，未使用一个钉子。

木材被不断应用于建筑中，因为它经久耐用，易于取得，且具再生性，把树木转换成可用木材所耗能源相对较少。建筑师们利用木材重量轻、灵活度高的特点，正在尝试创新使用方法，包括最雄心勃勃的木制摩天大楼，或称木结构大厦（plyscrapers）。

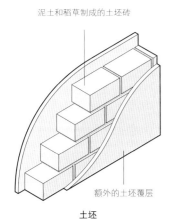

泥土和稻草制成的土坯砖

额外的土坯覆层

土坯

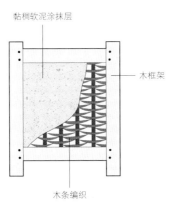

黏稠软泥涂抹层

木框架

木条编织

抹灰篱笆墙

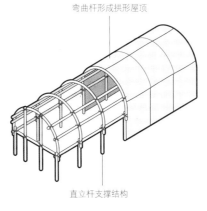

弯曲杆形成拱形屋顶

直立杆支撑结构

长屋

木制的橡架屋顶

木制的地栿

木框架

△ 早期土坯建筑
与稻草混合的泥浆（土坯）压入模具，烤干，形成常规尺寸的砖块。一旦铺设完毕，砖的表面会铺一层额外的土坯，如上图中新墨西哥州的陶斯印第安村（Taos Pueblo）所示。

△ 抹灰篱笆墙建筑
在这种古老的建筑技术中，用木条或树枝编织成的格子（篱笆）夹在直立的木桩之间，用黏稠软泥和稻草的混合物涂抹。这座位于英格兰的都铎风格（Tudor-style）房屋采用了这种技术。

△ 长屋结构
在北美，古老的长屋一直延续至19世纪，美国东北部以易洛魁族人（Iroquois）为首的本地部落会建造长屋并居住。位于纽约加农达根州历史遗址（Ganondagan State Historic Site）的这座长屋就是其中一例。

△ 木结构建筑
在有些木材供应充足的地区，木结构建筑因其廉价和多功能性而成为最常见的建筑形式。波士顿的保罗·热维尔故居（Paul Revere House）因木结构而闻名。

砖块和石材

坚固的烧结砖首次出现于约公元前3000年，促进了新型建筑形式的发展，如拱门、拱顶和穹顶。但石材的抗压强度比砖块更高，一旦人类发明了切割岩石的工具，建筑技术就开始飞速进步。

早期砌石建筑

新石器时代（公元前10000—前3000年）早期石造建筑的证据仍然存在，如马耳他巨石庙（Megalithic Temples of Malta，见第94页），建造年代约为公元前3700年；再如法国的巴内兹巨石陵墓（Cairn of Barnenez），建造年代为公元前4850年。这些都是用未经处理的岩石堆出来的建筑，相对比较粗糙。尼罗河流域的先进文明率先发明了切割和塑形石头的技术，从而筑造了巨大又耐用的建筑。他们的首座宏伟纪念建筑是左塞尔（公元前2667—前2648年）金字塔（Stepped Pyramid of Djoser），也是已知最早的大规模凿石建筑。大约100年后，吉萨金字塔（Great Pyramid of Giza，见第208—209页）接着诞生，视觉效果依然令人惊叹。埃及人的建筑技术进步很快，到公元前2000年，他们创造了庞大的神庙群，有塔楼、庭院、柱廊和巨大的有顶大厅。卡纳克神庙群（位于今卢克索，见第210—211页）抵达巅峰，是迄今所知最大的宗教建筑群，柱子竟高达24米，可见其规模之大。

◁ 复杂的装饰
大约在哥特式大教堂广布欧洲的同时，东南亚的高棉帝国（Khmer Empire，801—1431年）也在用砖块和砂岩建造极为精致的寺庙群。

希腊和罗马建筑

穿过地中海，对岸的希腊人采用了与埃及人同样的石制框架神庙建筑形式——梁柱结构，或称连梁柱（post-and-lintel）。他们为砌石建筑带来了新的改善、审美，还有至今仍在遵循的建筑柱式，尤其是多立克式（Doric）、爱奥尼式（Ionic）和科林斯式（Corinthian，见第97页）。他们还将埃及人的浮雕装饰发展为成熟的雕带，加入光学修正，以最佳效果展示建筑。

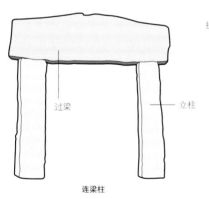

过梁　　立柱

连梁柱

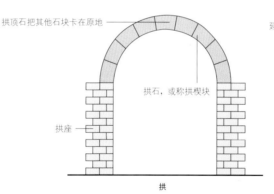

拱顶石把其他石块卡在原地

拱石，或称拱模块

拱座

拱

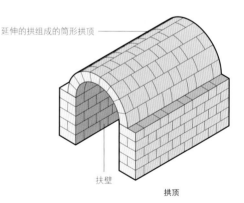

延伸的拱组成的筒形拱顶

扶壁

拱顶

△ 梁柱构造
最早的一些砌石建筑形式就是梁柱构造，垂直的柱子支撑着水平的砖块。埃及人和希腊人将其改造为柱子、檐部和山形墙，如雅典的帕特农神庙（Parthenon temple，见第98—99页）。

△ 拱
拱的发明令建造者能够横跨比以前大得多的缺口。罗马人是建造拱形结构的高手，如法国尼姆的高架渠——加尔桥（Pont du Gard，见第101页）。

△ 拱顶
拱顶衍生了基本的筒形或隧道拱顶，可以用来创造巨大的内部空间，如伊拉克的泰西封（Ctesiphon）。后来，拱顶发展成更复杂的形式，如相交的棱拱。

◁▷屹立的大教堂

亚眠大教堂（Amiens）建于1220年至1270年，是法国现存的完整大教堂中最高的，也是内部容积最大的。它因极为华丽的外观而闻名，使用当地开采的岩石作为建材。

　　然而，把砖石结构的优势发挥至极致的却是罗马的建筑师们。考古挖掘者们在美索不达米亚的下水道和墓穴中，发现了第一个真正的砖砌拱门和最早的拱顶。显然，罗马人并没有发明这些结构形式，但他们加以改进，创造了一种结构体系，直到钢铁结构出现后，才再度产生了实质性的突破。罗马人让拱真正得以发展，不仅应用在纪念性建筑上，也应用于具有革命性意义的公共工程中。最早建造大桥和水渠的就是罗马人，他们用连拱结构跨越河流与山谷。他们也很早开始使用混凝土，最著名的是万神殿（Pantheon，见第104—105页）的壮丽穹顶，直径达43.2米，19世纪前始终无可超越。

更高境界

　　如果留下的记述可信的话，古典时代最壮观的建筑成就应该是亚历山大城的法罗斯灯塔（Pharos of Alexandria），一座由希腊-罗马人于公元前3世纪在埃及建造的大型灯塔。它可能高达100米，是首个高层建筑。类似高度的建筑直到14世纪才在欧洲再次拔地而起。在教会和国家的资助下，中世纪的石匠们把砌石建筑技术推向了更高的高度。树干般的墩柱、扶壁、哥特式拱和拱顶的使用，把屋顶升向空中，创造出高耸的内部空间；外部则有塔楼、尖塔和尖顶与之呼应，同样向天空伸展。

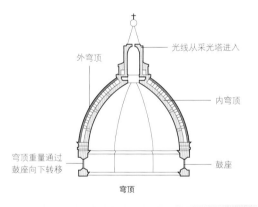

△穹顶

拱旋转360度，就产生了穹顶。它因罗马人发展壮大，在菲利普·布鲁内莱斯基（Filippo Brunelleschi）建造的佛罗伦萨大教堂（Florence Cathedral，见第140—141页）中抵达顶峰。教堂于1461年落成，拥有有史以来最大的砖制穹顶。

铁、钢及其他

　　一万多年来，建筑的基本材料是泥土、木材、砖块和石材。但在过去的200年里发生了翻天覆地的变化，铁、钢、混凝土等材料，赋予如今建筑形式更新、更大的自由。

新材料的出现

　　18世纪至19世纪的工业革命不仅宣告了工业和新运输形式的出现，还改变了建筑的建造方式。工程师们立刻看到了大规模生产铁的可能性。这种金属具有耐火性，可以塑造成用岩石和砖块无法制出的形状。1779年，英国塞文河（River Severn）上的铁桥（Iron Bridge）首次进行了尝试，而后铁又应用于其他地方的柱、梁和全铁框架建筑。英国什鲁斯伯里（Shrewsbury）的迪瑟灵顿亚麻磨（Ditherington Mill）建于1796年，被认为是世界上第一座铁结构建筑。19世纪末，钢取代了铁，因为钢更坚硬，且不那么易脆裂。1889年，当钢成为革命性建筑埃菲尔铁塔（Eiffel Tower，见第180—181页）的主要建材时，其品质以最佳效果得到了展现。

△ 初期应用
全铁结构初期的用途之一是建造温室，如英国邱园（Kew Gardens）的棕榈屋（Palm House）。

▷ 自由流动的结构
奥斯卡·尼迈耶（Oscar Niemeyer）的巴西利亚大教堂（Cathedral of Brasilia，见第84—85页）由16根向内弯曲的柱子支撑，是预应力钢筋混凝土这种创新技术为建筑提供自由结构的一个范例。

进一步创新

钢和另一项新技术——电梯，是现代建筑中最重要的创新——摩天大楼——的关键。摩天大楼始于芝加哥，1885年，10层高的家庭保险大楼（Home Insurance Company Building）拔地而起；然后势头转向纽约，1889年，曼哈顿人寿保险大楼（Manhattan Life Building）高达26层；接着是1907年建造的47层高的胜家大楼（Singer Building）；1931年建造的102层的帝国大厦（Empire State Building，见第43页）到达顶峰。钢既拓展了建筑的高度，也扩大了桥梁的跨度。1874年，密西西比河上的圣路易斯钢拱桥（Eads Bridge）建成。桥墩之间158米的距离，在当时让它拥有了有史以来最大的刚性跨度，而这就是通过一个钢拱实现的。9年后，伟大的布鲁克林大桥（Brooklyn Bridge，见第26—27页）在纽约通车，是世界上第一座由钢缆、吊索和桥面组成的大型悬索桥。另外还有旧金山的金门大桥（Golden Gate Bridge，见第46—47页），主跨度为1,280米；日本的明石海峡大桥是当时世界上最长的大桥，主跨度为1,991米。它们都是迈向未来大跨度桥梁的一步。

> ## 出于环境保护考虑，目前许多建筑所使用的都是100%可回收钢

重新定义建筑

工业时代再度引入了混凝土这种在罗马时代就使用过的材料，但如今它以加固的形式重新出现。工程师们现在建造出的穹顶，已超越古罗马的万神殿（Pantheon，见第104—105页）和1913年在德意志帝国布雷斯劳建造的百年厅（Centennial Hall）。几乎可以把混凝土预制成任何形状的设备解放了建筑师们的思想，诞生了勒·柯布西耶（Le Corbusier）的梦幻作品，朗香教堂（Notre Dame-du-Haut）；弗兰克·劳埃德·赖特（Frank Lloyd Wright）的"有机建筑"（organic houses）；以及约恩·乌松（Jørn Utzon）的风帆模样作品，悉尼歌剧院（Sydney Opera House，见第304—305页）。这一趋势仍在继续，在计算机建模的帮助下，新式建筑倾斜、扭曲、盘旋，当然也会越爬越高。

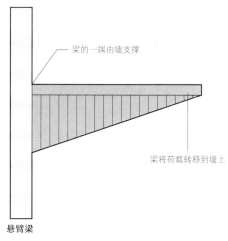

梁的一端由墙支撑

梁将荷载转移到墙上

悬臂梁

△ 悬臂结构

悬臂结构，即结构中只有一端得到支撑，经常应用于桥梁结构。然而，2015年建于北京的中国中央电视台总部大楼（China Central Television Building，如上图所示）中，整个上部都是悬臂式的，长达75米。

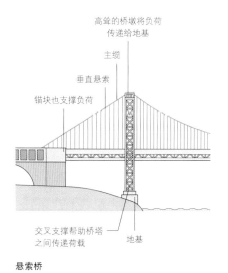

高耸的桥墩将负荷传递给地基

主缆

垂直悬索

锚块也支撑负荷

交叉支撑帮助桥塔之间传递荷载

地基

悬索桥

△ 悬挂结构

钢是一种无论在压缩还是拉伸状态下都表现上佳的材料，这一点在悬索桥中得到了利用，如纽约的乔治·华盛顿大桥（George Washington Bridge）。在这种结构中，桥面悬挂在高耸桥墩上的巨大缆索上。

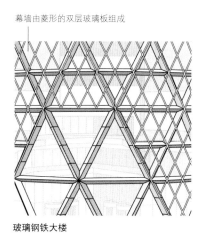

幕墙由菱形的双层玻璃板组成

玻璃钢铁大楼

△ 新材料和设计工具

如今，建筑师可以利用新型材料和制造技术，设计出具有蜿蜒曲线和不规则轮廓的建筑，例如弗兰克·盖里（Frank Gehry）在明尼苏达州建造的魏斯曼艺术博物馆（Weisman Art Museum）。许多现代建筑通常由金属和玻璃制成的外部幕墙包围着。

向上延伸

19世纪末，北美诞生了摩天大楼。当时，铁框架和电梯的发明
让建造10层以上的大楼成为可能。今天，摩天大楼主导着纽
约和许多其他美国城市的天际线。

北美洲

从普韦布洛到摩天大楼

北美洲

　　野心勃勃的创意、广阔的空间和对地域特性的欣赏认同，促进了一些北美杰出建筑的诞生。1世纪的普韦布洛建筑在20世纪时得到了修复，并重新诠释为圣达菲（Santa Fe）风格。与此同时，当欧洲人于17世纪抵达南方腹地时，在巨大平台上建土丘的古老建筑形式仍在继续。殖民者在自由与民主的古典理想的支持下，逐渐形成了一种独特的美国风格。这反映了欧洲大陆的辽阔以及人们建造大型建筑的潜力。这一风格从工业革命时期一直延续到摩天大楼时代。

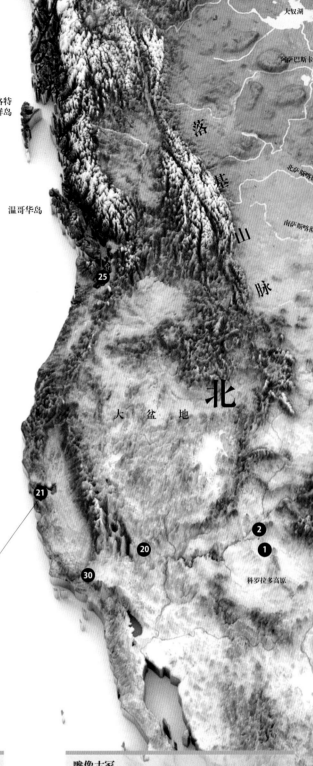

夏洛特
皇后群岛

温哥华岛

科罗拉多高原

北

大 盆 地

关键地点

❶ 查科峡谷
❷ 悬崖宫殿
❸ 蛇丘
❹ 蒙蒂塞洛
❺ 白宫
❻ 美国国会大厦
❼ 布鲁克林大桥
❽ 华盛顿纪念碑
❾ 熨斗大厦
❿ 芳堤娜城堡
⓫ 比尔摩庄园
⓬ 自由女神像
⓭ 华盛顿国家大教堂
⓮ 中央车站
⓯ 林肯纪念堂
⓰ 杰斐逊纪念堂
⓱ 拉什莫尔山
⓲ 克莱斯勒大厦
⓳ 帝国大厦
⓴ 胡佛水坝
㉑ 金门大桥
㉒ 五角大楼
㉓ 约翰·F. 肯尼迪国际机场环球航空公司飞行中心
㉔ 古根海姆博物馆
㉕ 太空针塔
㉖ 圣路易弧形拱门
㉗ 67号栖息地
㉘ 越战纪念碑
㉙ 加拿大国家电视塔
㉚ 华特·迪士尼音乐厅
㉛ 国立非裔美国人历史和文化博物馆

殖民留下的痕迹

美国土著建筑遗迹主要包括东部的史前雕像古冢（effigy mounds）和西南部用土坯制成的普韦布洛建筑。17世纪至19世纪，东西海岸的殖民引入了不同的欧洲风格，使用了更耐用的材料。

金门大桥于1937年建成，是当时世界上最高和最长的悬索桥

千米
0　　250　　500

0　　250　　500
英里

普韦布洛建造者

700—1200年

　　生活在今美国西南部的原住民形成了一种用岩石和土坯建造普韦布洛建筑的传统。他们使用石灰岩块和由黏土与水制成的砖块，村庄里设计有多层台地，每层都比下面一层稍靠后一些。

❶ 查科峡谷

雕像古冢

公元前800—公元1500年

　　各原住民部落在具有重要意义的地点建造了巨大土丘。它们既用作建筑的次级结构平台，也用作埋葬地。一些土丘所在之处曾经历数十年甚至数百年的扩建，增添了新楼层，并覆上表层以防止坍塌。

❸ 蛇丘

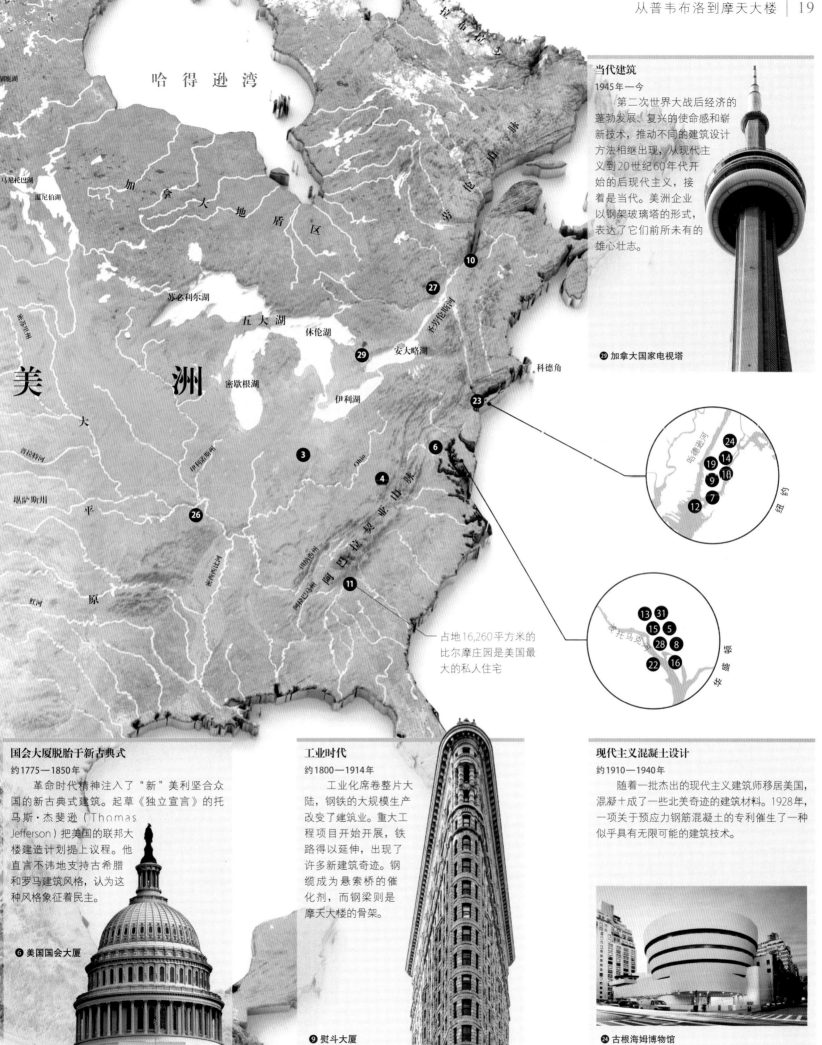

哈得逊湾

加 拿 大 地 盾 区

苏必利尔湖

五 大 湖

休伦湖

安大略湖

密歇根湖

伊利湖

科德角

美

洲

大

平

原

当代建筑

1945年—今

第二次世界大战后经济的蓬勃发展、复兴的使命感和崭新技术，推动不同的建筑设计方法相继出现，从现代主义到20世纪60年代开始的后现代主义，接着是当代。美洲企业以钢架玻璃塔的形式，表达了它们前所未有的雄心壮志。

㉙ 加拿大国家电视塔

纽 约

华 盛 顿

占地16,260平方米的比尔摩庄园是美国最大的私人住宅

国会大厦脱胎于新古典式

约1775—1850年

革命时代精神注入了"新"美利坚合众国的新古典式建筑。起草《独立宣言》的托马斯·杰斐逊（Thomas Jefferson）把美国的联邦大楼建造计划提上议程。他直言不讳地支持古希腊和罗马建筑风格，认为这种风格象征着民主。

❻ 美国国会大厦

工业时代

约1800—1914年

工业化席卷整片大陆，钢铁的大规模生产改变了建筑业。重大工程项目开始开展，铁路得以延伸，出现了许多新建筑奇迹。钢缆成为悬索桥的催化剂，而钢梁则是摩天大楼的骨架。

❾ 熨斗大厦

现代主义混凝土设计

约1910—1940年

随着一批杰出的现代主义建筑师移居美国，混凝土成了一些北美奇迹的建筑材料。1928年，一项关于预应力钢筋混凝土的专利催生了一种似乎具有无限可能的建筑技术。

㉔ 古根海姆博物馆

普韦布洛的瑰宝
查科峡谷的大规模建筑是高度组织化
的。普韦布洛人采用的多层建筑和复
杂的砖石结构，说明了他们社会结构
的复杂性。

查科峡谷

一个遥远的峡谷，留存着1,000多年前古普韦布洛人建造的巨大建筑

北美洲西南部

普韦布洛人是美国原住民，750年至1350年在美国西
南部繁荣壮大。他们是伟大的建设者，建造了大约125个城
镇并用一个令人惊叹的道路系统连接起来。其中最精巧的
城镇位于新墨西哥州西北部偏远地区的查科峡谷中。最著
名的是15个庞大的D形建筑群，在19世纪末之前，它们一
直是北美洲最大的建筑。这些公寓形式的建筑由岩石、黏
土泥浆等材料建成，而木材经常要从110千米外的地方拉来
此处。

波尼托遗址（Pueblo Bonito）

波尼托是古普韦布洛最著名的城镇，建于1050年前
后，占地超过10,000平方米，拥有至少650个房间，庇护了
1,200多人。波尼托和其他一些城镇一样，既是祭祀中心，
因为许多建筑排列方式与日月周期中的关键阶段相一致，
同时也是食品和绿松石等奢侈品的贸易中心。

△ 巧克力杯
如今人们认为，在波尼托发现的圆柱形罐子是用来喝
巧克力的，可可豆来自约1,900千米外的墨西哥。

大地穴（THE KIVA）

大地穴是用于仪式和会议的场所，证明古
普韦布洛是有组织性的社会。大地穴部分位于
地下，大致呈圆形，边缘围着长椅，中间有火
盆。内室北边会挖出一个洞，名为"灵源点"
（sipapu），代表古普韦布洛人祖先从冥界现身
的地方。

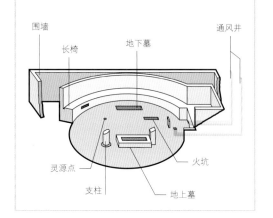

围墙
长椅
地下墓
通风井
灵源点
支柱
火坑
地上墓

大约1,000年前，
北美查科峡谷的人们第一次饮用巧克力

悬崖宫殿

古普韦布洛人在陡峭得难以抵达的悬崖边，建造了一座拥有150个房间的宫殿

普韦布洛的部分城镇位于开阔平地上，但更多建在陡峭的悬崖边。这种地点易于防守，表明这些建筑建造时，当地部落之间对稀缺资源的竞争正日益激烈。

远古宫殿

普韦布洛的寓所中，最令人印象深刻的是悬崖宫殿，发现于科罗拉多州西南部梅萨维德高原（Mesa Verde plateau）的峡谷中。它建于1190年至1260年，主要由砂岩块和木梁构成，用土、灰和水混合的灰泥固定在一起。

宫殿包含约150个房间和23个下沉式大地穴（见左页）。大地穴数量之多表明悬崖宫殿是当地一个庞大社群的中心。但此地在1300年时废弃，可能是为了应对极端干旱。

洞穴保护

悬崖宫殿建在受风水侵蚀的砂岩悬崖突岩下方的一个大洞穴里。洞穴深27米、高18米、长99米，里面部分住所高4层，墙壁上饰有彩色灰泥。

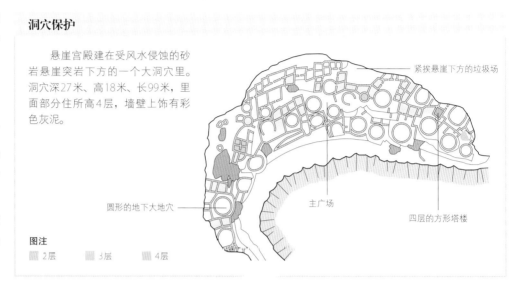

紧接悬崖下方的垃圾场

圆形的地下大地穴

主广场

四层的方形塔楼

图注
■ 2层　　■ 3层　　■ 4层

▽ 宫殿遗迹

悬崖宫殿里，狭窄的建筑一层接一层矗立在平台上方，其中许多平台挖掘作大地穴。

1888年，寻找牛群的牧场主重新找到了悬崖宫殿

北美洲东部

蛇丘

俄亥俄州一座巨大的蛇形土丘，让考古学家困惑至今

蛇丘沿着俄亥俄州南部刷溪（Brush Creek）旁的高原蜿蜒411米。它绕着土地柔和弯折，头部靠近溪流上方的悬崖，身体弯了7折，末端的尾巴卷了3圈。它位于数百万年前由陨石撞击形成的古火山口上，如今这个火山口已掩藏起来，无法得知撞击事件是否影响了蛇丘的选址和设计。美国原住民曾在俄亥俄州肥沃的河谷中耕耘，这个土垒是原住民文化创造的众多土垒之一，但现代农业活动已破坏其中大部分。

"蛇"的嘴部

"蛇"由一层淡黄色黏土和灰建成，一层岩石加固，再覆上泥土。它张开的嘴围绕着一个37米长的镂空椭圆形，可能代表它在吞蛋，但这个椭圆形也可能象征着太阳、青蛙，或者仅仅就是个平台的残余部分。

难以追溯

最初，人们认为是生活在公元前1000年至公元前200年的阿登纳（Adena）人创作了这条蛇。后来根据碳定年法，推测是1070年前后古堡（Fort Ancient）文化的作品。根据2014年最新的测试显示，它的建成年份重新推定为公元前320年左右，显然再次证实了它源于阿登纳文化。土丘的建造目的仍不明确。"蛇"的头部确实与夏至日的日落方向相一致，表明它具有某种历法或庆典功能，但更有可能是在丧葬仪式中有什么用处，也许是引导附近坟冢内的死者灵魂。

蛇丘是迄今为止世界上最大的蛇像

△ **蛇形景观**
蛇丘高度不一，从不到30厘米到超过1米，宽度为6.5米至8米。

◁ **蛇形穿越**
从上方俯瞰，蛇丘的弯折似乎相当均匀，起伏的结构令它在蜿蜒穿过俄亥俄刷溪时，显得像在滑行。

天文学目的

人们对蛇丘的建造目的有诸多猜测。它确实与一些重要的天文事件相吻合，特别是有关夏至和冬至以及两个分点的事件，说明这些日期对于以玉米为主食的农业民族，具有重要意义。

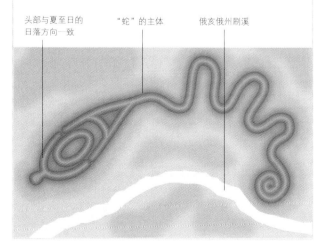

头部与夏至日的日落方向一致　　　"蛇"的主体　　　俄亥俄州刷溪

蒙蒂塞洛

位于山顶的帕拉第奥式（Palladian）别墅，由未来的美国总统按照古典式比例设计

北美洲东部

1768年，年仅26岁的律师、政治家托马斯·杰斐逊（Thomas Jefferson，1743—1826年）从其父亲处继承了弗吉尼亚州夏洛茨维尔（Charlottesville）外的20平方千米土地。他（利用奴隶）耕种土地，沉浸在对建筑的兴趣爱好中，绘制了庄园府邸的蓝图。他的设计以意大利文艺复兴时期建筑师安德烈亚·帕拉第奥的原则为基础。

小山

杰斐逊自1770年起居住在这座房屋中，为它取名"蒙蒂塞洛"，源自意大利语的"小山"。1784年，杰斐逊在妻子玛莎去世后前往法国，并于1785年担任驻法公使一职。他受在巴黎看到的建筑启发，带着蒙蒂塞洛的新方案回到美国，进行了改造和扩建。他在中央增建了一个八角形的穹顶，把8个房间的别墅改造成拥有21个房间的新古典式风格房屋。杰斐逊一直住在这栋房子里，直到1826年去世，除了在担任总统期间（1801—1809年）曾搬至华盛顿。

▽ 引人注目的入口

蒙蒂塞洛有两个主要入口。游客入口是一个柱式门廊的大厅，里面是一个有穹顶的接待室。

白宫

美国总统的官邸和工作场所

北美洲东部

位于华盛顿特区宾夕法尼亚大道1600号的新古典式建筑可能是世界上最著名的建筑。众所周知，自1800年的约翰·亚当斯（John Adams）以来，每一位总统都住在白宫里。

总统官邸

詹姆斯·霍本（James Hoban，1755—1831年）以都柏林的伦斯特府（Leinster House）为参照，设计了该住所。白宫建于1792年至1800年。1901年增建了西翼，1909年建造了著名的椭圆形办公室。

▷ 俯视

这张照片是从附近的华盛顿纪念碑顶部拍摄的，显示白宫规模并不巨大——长51米、宽26米。

美国国会大厦

一个新国家的新首都内新建的立法大楼

北美洲东部

△ 建造和重建

美国国会大厦的首个穹顶由木材和铜制成。1855年至1866年，新增了一个铸铁穹顶，拥有别具一格的柱子、托架、窗户和一个戴皇冠的雕像。

1783年，当美国成为独立国家时，既没有首都，也没有国会大厅。1790年，马里兰州的波托马克河（Potomac River）上，《首都选址法案》（*Residence Act*）通过了，确定了新首都的地点。该地被命名为华盛顿，以纪念第一任总统乔治·华盛顿（1732—1799年）。军事工程师皮埃尔·查尔斯·朗力（Pierre Charles L'Enfant，1754—1825年）把立法大楼建在如今的宾夕法尼亚大道上，起名为"国会山庄"（Congress House），但托马斯·杰斐逊坚持采用"国会大厦"（Capitol）。

创建国会大厦

1792年，杰斐逊提议为新建筑举办一次设计竞赛。业余建筑师威廉·桑顿（William Thornton，1759—1828年）提交了一份设计方案，灵感来自巴黎卢浮宫（Louvre Palace）的东立面。1793年9月18日，华盛顿为大楼奠基。1811年，大楼竣工。

扩建国会大厦

1850年，随着来自新成立州的议员数量不断增加，大厦新建了两座侧翼，以容纳不断扩大的参议院和众议院。1863年增添了一个新中央穹顶，1904年重建了东立面，1958年扩建了东门廊。

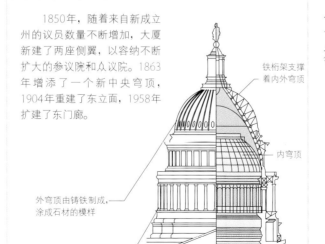

铁桁架支撑着内外穹顶

内穹顶

外穹顶由铸铁制成，涂成石材的模样

40根支柱环绕着鼓座的下半部分

19世纪初，国会大厦也是周日宗教仪式的场地

北美洲东部

布鲁克林大桥

一座雄伟的大桥，一个当时的工程奇迹，稳稳地服务于纽约的通勤者

尽管布鲁克林大桥是世界上第一座钢丝悬索桥，但它绝不是美国最长或最高的桥，也不是最先进的桥，甚至不是唯一横跨纽约东河（East River）的桥。然而，它可以说是世界上著名的桥梁之一，如同自由女神像或帝国大厦一样，是它所在城市的标志。这座桥长1,825米，连接着曼哈顿和邻近的布鲁克林区。

横跨河流

1852年，德国移民约翰·奥古斯都·罗夫林（John Augustus Roebling，1806—1869年）提出了建造一座跨东河大桥的构思。1869年，在他儿子华盛顿（Washington，1837—1926年）的指导下，大桥开始施工。虽然从技术上讲，落成的大桥是一座悬索桥，桥面悬挂在垂直吊杆连接的悬索下方；但实际上它采用的是一种混合斜拉式设计，其中有块悬索组成的扇形，从两座桥塔直接向下延伸，共同支撑主桥面。

△ 缆索之力
支撑路面的四根主缆索各长1,090米、宽40厘米。每根缆索由21,000根单独的钢丝缠绕而成。

1883年5月24日，切斯特·阿瑟（Chester Arthur）总统正式为大桥揭幕，与纽约市长富兰克林·爱迪生（Franklin Edison）一同走过大桥。布鲁克林大桥最初的设计目的是承载马车和铁路交通，中央有一条独立的高架人行道，供行人和自行车骑行者使用。1944年，最后一列火车驶过大桥；1950年，共用轨道的有轨电车也停止了运行。而后大桥重新配置为行驶汽车的六车道。商用车和公共汽车由于高度和重量的限制，无法上桥。

▷ 危险工作
两个人站在高高的步桥上，勘察未完工的布鲁克林大桥。建造这座桥是项十分危险的工程，至少有20名工人在施工中丧生。

1884年5月，P. T. 巴纳姆（P. T. Barnum）
带着举世闻名的小飞象（Jumbo）
和另外21头大象穿过大桥，证明桥的安全性。

建造塔楼

布鲁克林大桥的两个新哥特式塔楼高出水面84.3米，由石灰石、花岗岩和罗森达尔水泥（Rosendale cement）建成，这种水泥是1825年以来在纽约州生产的天然水泥。先把两个巨大松木箱倒置作为沉箱，漂浮到指定位置后，在箱上建造石塔，直到箱子沉入水底。接着把压缩空气泵入沉箱，让工人挖出河底沉积物，直到沉箱沉入基岩后，再用砖墩和混凝土进行填充。

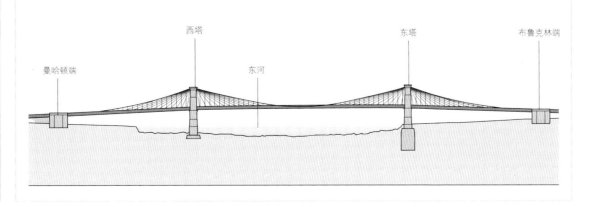

曼哈顿端　　西塔　　东河　　东塔　　布鲁克林端

△ 人行道

大桥的缆索形成了非常有趣的网状图案，从行人和自行车共享道上观看最方便。

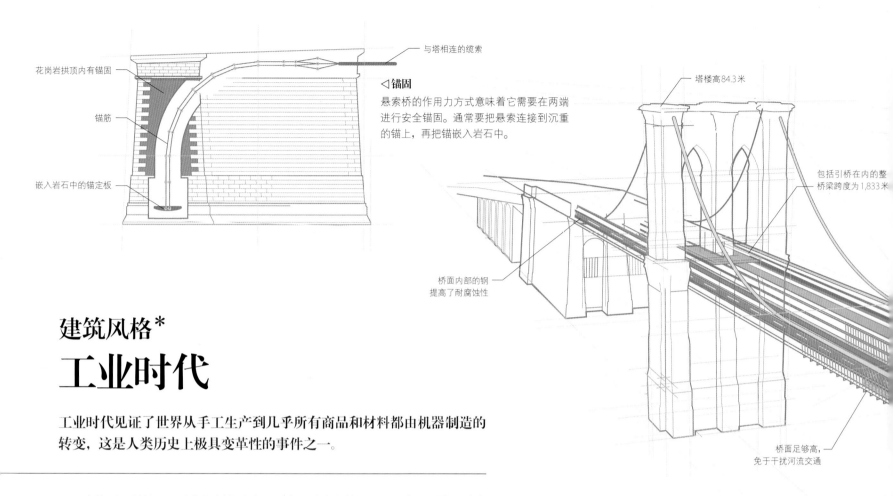

花岗岩拱顶内有锚固

锚筋

嵌入岩石中的锚定板

与塔相连的缆索

◁ 锚固
悬索桥的作用力方式意味着它需要在两端进行安全锚固。通常要把悬索连接到沉重的锚上,再把锚嵌入岩石中。

塔楼高84.3米

包括引桥在内的整座桥梁跨度为1,833米

桥面内部的钢提高了耐腐蚀性

桥面足够高,免于干扰河流交通

建筑风格*
工业时代

工业时代见证了世界从手工生产到几乎所有商品和材料都由机器制造的转变,这是人类历史上极具变革性的事件之一。

建筑可以说是工业时代深刻的社会、经济和政治变革的最明显表现。铁和玻璃等材料的工业化生产,让人们能够创造出从前根本不可能实现的建筑和结构。然而更重要的是,这些新材料和工业需求催生了新型建筑和基础设施。工业创造了新财富,新的市政建筑也随之而来。新的桥梁、火车站、污水处理系统、工厂和工人住房,都从根本上改变了它们所在的城市和城市景观。

外观方面,一系列风格取代了18世纪末和19世纪初严肃的新古典式。其中,新哥特式是最普遍的,最初只限于教会建筑,但很快,从酒店到政府大楼等一系列建筑都有了新哥特式特征。

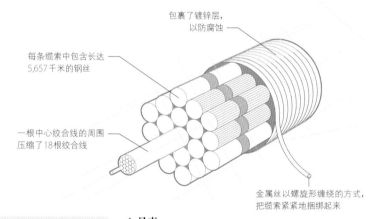

包裹了镀锌层,以防腐蚀

每条缆索中包含长达5,657千米的钢丝

一根中心绞合线的周围压缩了18根绞合线

金属丝以螺旋形缠绕的方式,把缆索紧紧地捆绑起来

△ 悬索
19世纪中期,钢丝绳的发展对于建造布鲁克林大桥这样规模的悬索桥而言,起到了至关重要的作用。钢丝绳由多股金属丝绞合而成,比从前使用的金属链要强韧得多,也更耐用。

玻璃、钢和岩石

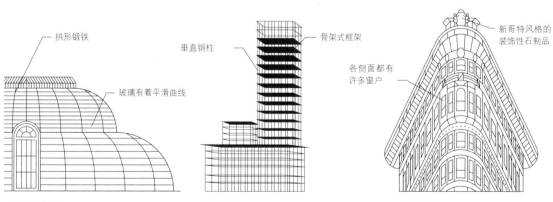

拱形锻铁

玻璃有着平滑曲线

△ 弧形玻璃
19世纪,玻璃制造取得了重大进展。大窗格的应用中,最引人注目的是玻璃插入铁架的结构。

垂直钢柱

骨架式框架

△ 钢架
19世纪末,钢成为一种建筑材料。具有钢结构框架的建筑不再需要墙壁来承重。

新哥特风格的装饰性石制品

各侧面都有许多窗户

△ 石制品
在钢构架建筑中,墙体的功能基本上就是保护层。这让更多的窗户和石雕成为装饰,而非结构。

布鲁克林大桥已有近150年的历史,但每天仍有10万多辆汽车通过

*编者注:"建筑风格"为专题介绍,本书中所收录建筑并未按建筑风格分类。

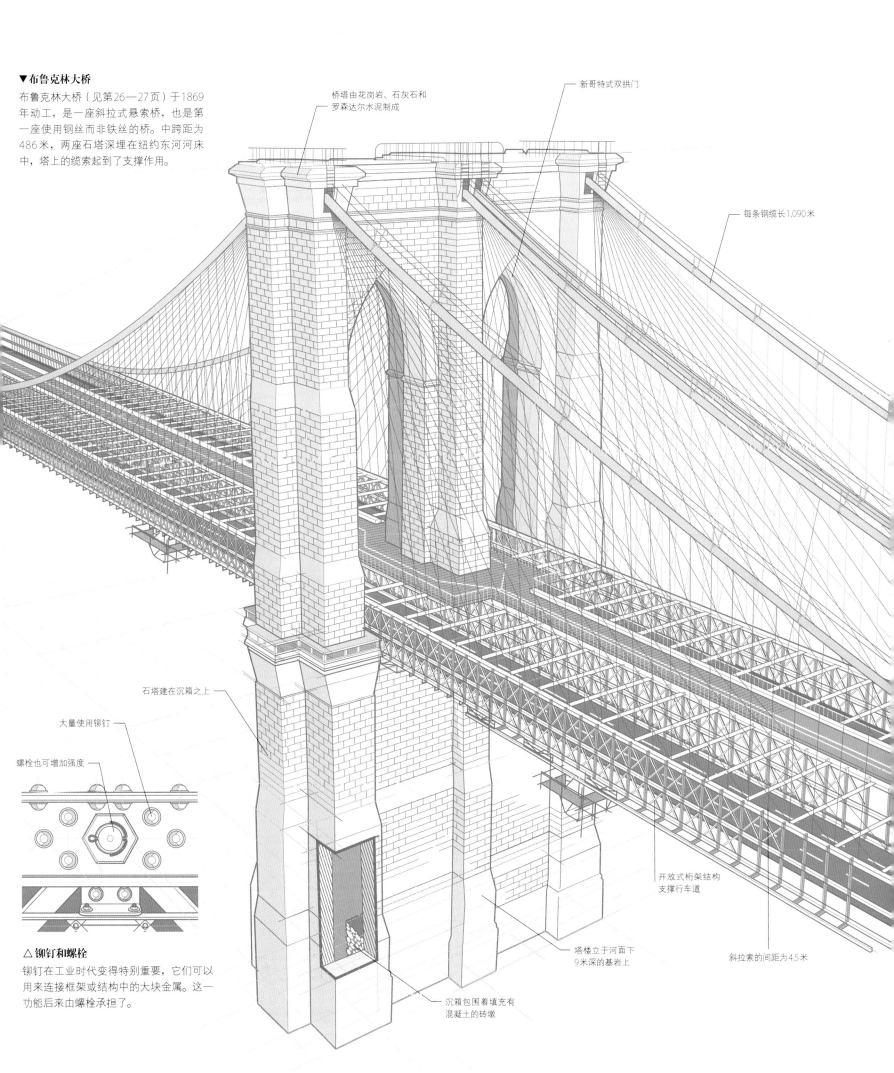

▼ 布鲁克林大桥

布鲁克林大桥（见第26—27页）于1869年动工，是一座斜拉式悬索桥，也是第一座使用钢丝而非铁丝的桥。中跨距为486米，两座石塔深埋在纽约东河河床中，塔上的缆索起到了支撑作用。

桥塔由花岗岩、石灰石和罗森达尔水泥制成

新哥特式双拱门

每条钢缆长1,090米

石塔建在沉箱之上

大量使用铆钉

螺栓也可增加强度

△ 铆钉和螺栓

铆钉在工业时代变得特别重要，它们可以用来连接框架或结构中的大块金属。这一功能后来由螺栓承担了。

塔楼立于河面下9米深的基岩上

斜拉索的间距为4.5米

开放式桁架结构支撑行车道

沉箱包围着填充有混凝土的砖墩

北美洲东部

华盛顿纪念碑

为纪念一个新国家的开国元勋而建，一座能唤起古老文明力量的方尖碑

位于美国首都的华盛顿纪念碑因其国家地标的重要地位，历经了艰难的酝酿过程。为了纪念美国首任总统乔治·华盛顿，该纪念碑于1848年开始建造。但由于物资匮乏，又受到美国内战的干扰，建造工作在1854年至1876年停止。最终，纪念碑于1884年建成。

罗伯特·米尔斯（Robert Mills）对纪念碑的最初设计设想，是建造一个183米高的方尖碑，周围有30根30米高的支柱。但在1876年恢复建设时，整体方案有所缩减。这座纪念碑是由大理石、花岗岩和青石片麻岩建成的空心方尖碑，高169米，顶部是16.8米高的金字塔。

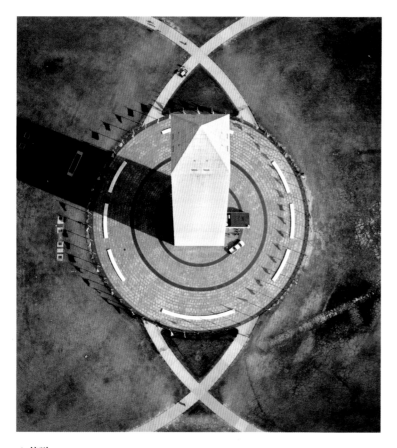

△ 俯瞰
方尖碑的顶端是一个中空的大理石小金字塔，尖顶上有一个更小的铝制金字塔，是纪念碑防雷装置的一部分。

北美洲东部

熨斗大厦

一座楔形的摩天大楼，象征着纽约的自信和雄心

这座曼哈顿的摩天大楼十分戏剧化，气势汹汹的楔形外观归功于想最大化利用纽约昂贵房地产的欲望。它在19世纪50年代获名"埃诺的熨斗"（Eno's flatiron），以业主阿莫斯·埃诺（Amos Eno）的名字和熨斗般的形状命名。1901年，这块地卖给了由乔治·A. 富勒公司（George A. Fuller Company）的哈利·S. 布莱克（Harry S. Black）所创建的投资合伙企业。他们给新建筑命名为"富勒大厦"（Fuller Building），但当地人仍坚称"熨斗大厦"。

施工于1901年6月开始。施工速度很快，因为大楼骨架所用的钢材是预先切割好的，让大楼每周都能上升一层。这座22层高的大楼于1902年6月完工。丹尼尔·伯恩罕（Daniel Burnham）的设计采用了直立式文艺复兴府邸的形式和学院派（Beaux Arts）的建筑风格。熨斗大厦的整体造型以古希腊柱为基础，加上石灰石底座，顶部是釉面赤陶土的柱身和柱头。

直角三角形

这座建筑呈直角三角形。每层楼都有一个中央大厅和走廊，四周围绕着23个房间，除了3个房间外，其他房间都有外窗。最初使用由压力驱动的水液压电梯把人们载往每一楼层。它非常缓慢，登上大楼需要10分钟。

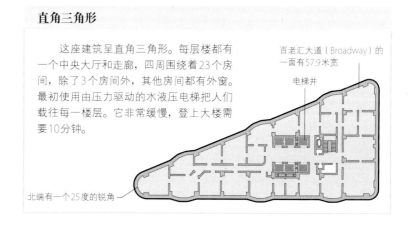

百老汇大道（Broadway）的一面有57.9米宽

电梯井

北端有一个25度的锐角

◁ 钢骨架
1892年，纽约市取消了必须采用砖石结构以确保建筑物防火的要求，允许如熨斗大厦等的新建筑使用钢骨架。

▷ 建筑艺术学院派的建筑风格
覆盖在熨斗大厦上的釉面陶土砖纯粹是装饰，它们没有结构性作用，只是遮盖住了固定和支撑大厦的钢骨架。

芳堤娜城堡

加拿大的城堡式酒店，建于铁路旅行还是顶级奢侈享受的时代

北美洲东北部

随着铁路网络在加拿大的扩张，铁路公司开发了一系列大酒店，为乘客提供气派的服务。几乎所有酒店都是城堡式的设计，有塔楼、角楼等苏格兰华丽风格与法国城堡式的元素。其中，最著名的是加拿大太平洋铁路公司（Canadian Pacific Railway）在魁北克市（Québec City）建造的芳堤娜城堡。这座宏伟的建筑坐落在魁北克上城的东部边缘，位于圣劳伦斯河（St. Lawrence River）畔的一座山上。

法式哥特风格的盛宴

芳堤娜城堡由布鲁斯·普莱斯（Bruce Price，1845—1903年）设计，他是加拿大太平洋铁路公司聘用的主要建筑师之一，专门设计酒店。芳堤娜建于1892年至1893年，以法国卢瓦尔河谷（Loire Valley）的城堡为蓝本，但增加了哥特式和维多利亚兴盛期的元素。从它下方看去，它的轮廓并不对称，最突出的特点是陡峭的屋顶、巨大的塔楼和角楼，以及高高的烟囱。酒店矗立在灰色的方石基座上，表层是苏格兰拉纳克郡（Lanarkshire）生产的格伦博格（Glenboig）火泥砖。内部有大量的大理石楼梯、桃花心木嵌板、锻铁和石雕。酒店有611间客房，多个接待室、酒吧等设施。屋顶上有4个蜂巢，70,000只蜜蜂每年生产约295千克蜂蜜。在酒店的行政套房中，有特鲁多-特鲁多套房（Trudeau-Trudeau Suite），以加拿大总理父子的名字命名。

马蹄形

芳堤娜城堡基本上呈马蹄形，有4个长短不一的侧翼。它最初是一个正方形的建筑，后来修建了环绕酒店东侧的达费林平台（Terrasse Dufferin），令结构变得复杂起来。

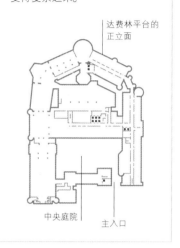

达费林平台的正立面

中央庭院

主入口

△ 富丽堂皇的内部

芳堤娜城堡内的大双梯由大理石和锻铁栏杆组成。周围的墙壁漆成淡淡的黄绿色，因为与尼罗河的河水颜色相似，而获名"尼罗河水"（eau de nil）。

◁ 铜制屋顶

芳堤娜城堡陡峭的屋顶和屋顶窗的尖顶都覆盖了铜。铜风化后呈现出独特的绿色晕染。

上宰天际线

芳堤娜城堡的堡垒式钢架塔楼提供了俯瞰圣劳伦斯河的特殊视野，是世界遗产魁北克老城区的一部分。

北美洲东部

比尔摩庄园

一座法国文艺复兴风格的豪宅，建成后，成了世界上最大的住宅

美国镀金时代（1870—1900年）是一个经济猛增、财富显赫的时期。乔治·华盛顿·范德比尔特二世成为当时最富有的人。他童年时参观过北卡罗来纳州的阿什维尔（Asheville），激发了在那里建造夏季庄园的想法。比尔摩庄园由纽约建筑师理查·莫里斯·亨特（Richard Morris Hunt）设计，参照了法国卢瓦尔河谷的城堡以及英国罗斯柴尔德家族的沃德斯登庄园（Waddesdon Manor）。这座拥有250个房间、4层楼的房子建筑面积达16,600平方米，包含陡峭屋顶、角楼、塔楼和雕塑饰物等，丰富繁多。工程于1889年开始，一直持续到1896年，几乎不惜一切代价，因为比尔摩是为富丽堂皇的镀金时代所设计的。

△ 冬季的奢华

八边形的冬日花园（Winter Garden）环绕着石制拱门，上方是由木雕和玻璃构成的天花板。中央是一个名为"偷鹅男孩"（Boy Stealing Geese）的雕塑喷泉，由出生于奥地利的卡尔·比特（Karl Bitter）创作。

◁ **覆盖铜板**

雕塑家弗雷德里克·巴托尔迪（Frédéric Bartholdi）选择用2.3毫米厚的铜板来覆盖雕像，因为用铸铜板或石料镶面会太贵，而且太重，无法运输。

自由女神像

法国人民送给美国人民的礼物，象征着自由和启迪

北美洲东部

自1886年10月28日落成以来，自由女神像一直高高耸立在纽约港的自由岛（Liberty Island）上，欢迎着前来美国的移民和游客。这座高46米的铜像以罗马自由女神利柏耳塔斯（Libertas）为原型。她的右手拿着火炬以启迪世界，左手捧着的平板刻有《独立宣言》通过日——1776年7月4日的罗马数字。雕像自在骄傲地站立着，脚下是打碎的束缚枷锁。

法国产地，美国资金

雕像的创意诞生于法国。当时，法学教授和政治家爱德华·勒内·德·拉布莱（Edouard René de Laboulaye）向雕塑家弗雷德里克·奥古斯特·巴托尔迪谈及，鉴于美国和法国人民的革命性关系，应该要有个为纪念美国独立而建的合作项目，任何纪念建筑都行。巴托尔迪率先完成了雕像头部和举火炬之臂的设计。他在1876年费城的百年博览会上展出过这只手臂，后来又在纽约展出。筹款曾是个人问题，但《纽约世界报》（New York World）的发行人约瑟夫·普利策（Joseph Pulitzer）为项目呼吁资金，随即涌来超过120,000名捐助者。

雕像本身由古斯塔夫·埃菲尔（Gustave Eiffel）在法国建成后再运往美国，就是后来因其在巴黎所建的同名之塔（见第180—181页）而闻名于世的那位建筑师。雕像的竣工以纽约的首场纸带游行为标志，落成典礼由格罗弗·克利夫兰总统（President Grover Cleveland）主持。

火炬就有5米高，重达1.6吨*。

▷ **手持火炬**

与雕像的其他部分一样，举着火炬的手是在巴黎建造的，然后拆卸开，用200个箱子运到大西洋彼岸。重新组装的地方当时名为纽约贝德罗岛（Bedloe's Island）。

铁制框架

这座雕像是围绕着一个钢铁框架进行设计的。一个次要框架连接到中央支柱上，令雕像能够在港山的风中轻微移动。然后，用鞍形金属带连接外部的铜皮部分。外层用浸有虫胶的石棉进行绝缘，以防止铜皮和铁架间产生腐蚀。

右手擎着金色火炬

通过内部钢铁框架进入楼梯

中央钢塔将228吨的雕像固定在底座上

*编者注：本书中"吨"的单位，原文为tonne。

北美洲东部

华盛顿国家大教堂

位于美国首都中心的美国人民精神家园

美国没有官方或国家宗教，最接近精神家园的地方是华盛顿国家大教堂。严格来讲，大教堂名为"华盛顿市和教区的圣彼得和圣保罗大教堂"（Cathedral Church of St Peter and St Paul in the City and Diocese of Washington），从它刚建成时期开始，就是一个国家圣地，一个"所有人的祈祷之所"，一个可以举行国家重大活动和葬礼的地方。

数年的建造

该建筑采用了新哥特风格，高度模仿14世纪末的英国哥特风格。建筑工程于1907年开始，当时西奥多·罗斯福总统（President Theodore Roosevelt）为其奠基。工程一直持续到1990年，在乔治·H. W. 布什总统（President George H. W. Bush）的见证下，安放完毕最后的顶饰，但装饰工程一直持续至今。

△ 怪诞的雕像
华盛顿国家大教堂有数百个充满想象力的喀迈拉（chimeras），按照教堂石像怪的传统风格进行了雕刻。

战后4位美国总统的国葬都在此举行

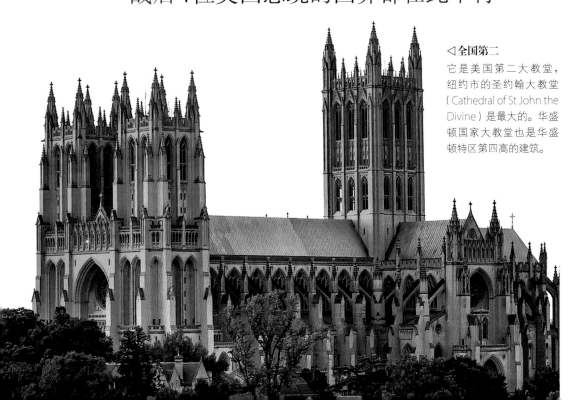

◁ 全国第二
它是美国第二大教堂，纽约市的圣约翰大教堂（Cathedral of St John the Divine）是最大的。华盛顿国家大教堂也是华盛顿特区第四高的建筑。

北美洲东部

中央车站

雄伟的建筑艺术学院派风格艺术品，纽约中央车站，每个工作日的乘客数都超过 750,000

来自纽约州北部和康涅狄格州的通勤者与单日游旅客一起，通过中央车站涌入纽约市。这是美国最大的在营火车站，也是北美第三繁忙的火车站。它的44个站台都在地下，分布于两个不同的楼层，为56条不同的客运轨道和11条侧线提供服务。更深的两个楼层目前正在建设中。中央车站是世界上人流量巨大的旅游目的地之一，每年轻松超过2,200万人次。

主厅

目前的车站是该地址上所建的第三个车站，始建于1903年至1913年。它的主大厅是城际列车的发车点，因此最初名为"快车大厅"（Express Concourse）。为了凸显车站的地位，主大厅建得非常宏大，长84米、宽37米、高38米。椭圆的筒形拱顶上展示着一幅精美的星座壁画，10个球状吊灯照亮下方人群。大厅中央的问讯处呈十八边形，顶部有座四面铜钟，也许是车站最具标志性的特征。

◁ 集合点
10个吊灯和巨大的拱形窗户照亮了主大厅。它是车站的地理位置中心，里面还有两座使用中的喷泉。

△ 大雕塑
由法国艺术家朱尔斯－费利克斯·库唐（Jules-Félix Coutan）雕刻的商业之神（Glory of Commerce）雕像宽20米，位于车站南侧正立面，主题是罗马神话中的密涅瓦（Minerva）、海格力斯（Hercules）和墨丘利（Mercury）。

轨道和终点站

列车每隔58秒抵达车站，沿着一个缓坡上升，然后减速。两个楼层都设置了列车轨道，上层有30条，下层有26条。铁轨在公园大道（Park Avenue）下方的车站北侧汇合，最后在上东区（Upper East Side）的97街出现。

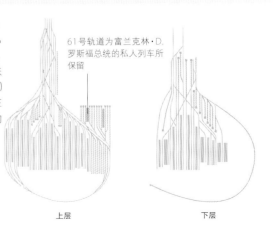

61号轨道为富兰克林·D.罗斯福总统的私人列车所保留

图注　　主轨　　侧线　　　　上层　　　　下层

北美洲东部

林肯纪念堂

为纪念第十六任总统、修复南北战争造成的分裂而建造的纪念碑

就在南北战争带来的动荡不安即将迎来尾声时，亚伯拉罕·林肯总统（President Abraham Lincoln，1809—1865年）在华盛顿特区被暗杀。1868年，人们为他竖起了一座简单的雕像。但美国参议院响应公众呼吁，于1910年批准建造一座更宏伟的新纪念建筑。建筑由亨利·培根（Henry Bacon，1866—1924年）设计，采用希腊多立克式神庙的形式，于1914年至1922年建成。建设工期因为美国加入第一次世界大战和战时材料的短缺而有所推迟。

以岩石名垂千古

纪念堂内有一座林肯的纪念坐像，由雕刻家丹尼尔·切斯特·弗伦奇（Daniel Chester French）用佐治亚州的白色大理石制成。雕像后面雕刻着林肯的两篇著名演说词，1863年的葛底斯堡演说和1865年的第二次就职演说。

多立克设计

纪念堂高30米，面积为58米×36米。纪念堂周围有36根柱子，代表林肯去世时联邦的36个州。建造用的石头来自美国的不同地区，象征着团结。

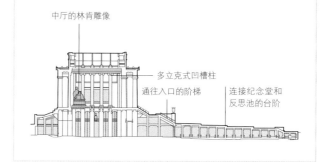

中厅的林肯雕像

多立克式凹槽柱

通往入口的阶梯

连接纪念堂和反思池的台阶

▷壮观而威严

林肯坐像最初的方案只有3米高，后来扩至几乎两倍大小。在雕塑家丹尼尔·切斯特·弗伦奇的监督下，这个雕像花了4年时间才完成。

杰斐逊纪念堂

一座新古典式的白色大理石纪念堂，纪念美国伟大的政治家、思想家和建筑师

北美洲东部

托马斯·杰斐逊（1743—1826年）是美国历史上伟大的人物之一：1776年脱英后撰写美国《独立宣言》的主要作者，1790年至1793年在乔治·华盛顿总统手下担任新国家的第一位国务卿，1801年至1809年第三任总统。从公职退休后，他创办了弗吉尼亚大学。尽管他在《独立宣言》的序言中写道"人人生而平等"，但他也拥有许多在他弗吉尼亚种植园工作的奴隶。

致敬新古典式

杰斐逊也是一位建筑师，在弗吉尼亚州的蒙蒂塞洛设计了自己的新古典式房屋（见第24—25页）。以华盛顿特区的新古典式纪念堂来纪念他十分贴切。纪念堂由约翰·拉

塞尔·波普（John Russell Pope）设计，于他1938年去世后开始建造。1943年4月13日，即杰斐逊诞辰200周年之际，富兰克林·D.罗斯福总统（President Franklin D. Roosevelt）正式为纪念堂揭幕。1947年，纪念堂内置有一座5.8米(19英尺)高的杰斐逊铜像，由雕塑家鲁道夫·埃文斯(Rudulph Evans)所作，取代了最初因第二次世界大战期间材料短缺而放置的铜漆石膏雕像。主门廊顶部的山形墙上有一座雕塑，刻画了"五人委员会"（Committee of Five），即《独立宣言》起草委员会的5名成员。内墙的镶板上，雕刻了宣言和1777年《弗吉尼亚宗教自由法令》的节选文字，后者是由杰斐逊在担任弗吉尼亚州议会议员时起草的。

环形结构

杰斐逊纪念堂由一个有着等边三角山形墙的门廊和一个由爱奥尼式柱子组成的圆形柱廊组成，以一个浅圆形穹顶围住。建筑材料是白色的丹比皇家大理石（Imperial Danby marble），来自佛蒙特州；两侧是花岗岩和大理石的楼梯和平台。

圆形柱廊　杰斐逊雕像

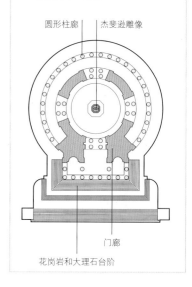

门廊

花岗岩和大理石台阶

IN THIS TEMPLE
IN THE HEARTS OF THE PEOPLE
FOR WHOM HE SAVED THE UNION
THE MEMORY OF ABRAHAM LINCOLN
IS ENSHRINED FOREVER.

▽灵感来自过去

圆形柱廊式纪念堂仿照罗马万神殿（见第104页），采用了托马斯·杰斐逊本人助力引入美国的新古典式风格。

▷反对暴政

在穹顶下方的雕带上，刻着杰斐逊为美国宪法拒绝承认国教而辩护的话："我已经发过誓……反对任何形式的暴政……"

纪念堂周围的樱花树
是来自日本的礼物

原本每位总统都会展示从头至腰的半身像，
但由于缺乏资金，1941年，雕像被拦颈截断

▷施工中
工人们使用攀登设备、
吊架和滑雪升降机，抵
达他们工作的悬崖峭壁。

▽四位总统
从拉什莫尔山的侧面爆破了
450,000吨花岗岩，用来雕刻
4位总统的面孔。

拉什莫尔山

20世纪20年代旨在吸引游客到南达科他州游玩的一个项目，
如今每年有300万人前来欣赏四位美国总统的面孔

北美洲中部

这几个巨大雕像位于南达科他州布拉克山（Black Hills）中的拉什莫尔山，是为了促进旅游业而作的构想。多恩·罗宾逊（Doane Robinson）是当地的历史学家，他了解到佐治亚州石头山（Stone Mountain）上恢宏的邦联纪念碑计划后，于1923年决定创造一个类似之处，以吸引游客前来南达科他州。

凿刻高山

艺术家格曾·鲍格勒姆（Gutzon Borglum）建议将拉什莫尔山作为雕像地点纳入考虑。1929年，卡尔文·柯立芝总统（President Calvin Coolidge）签署了一项法案，成立一个委员会来监督该项目。建筑工程于1927年开始，在1930年至1939年陆续完成了四张面孔的雕刻，每张高18米。挑选乔治·华盛顿、托马斯·杰斐逊、西奥多·罗斯福和亚伯拉罕·林肯这四位总统，是因为他们在建立、维护联邦和扩大领土方面作出过巨大贡献，工程最终于1941年完成。

克莱斯勒大厦

装饰艺术风格的杰作，时髦地点缀着纽约的天际线，是首个高度超过300米的人造建筑

北美洲东部

虽然克莱斯勒大厦是克莱斯勒汽车制造公司的总部，但大厦不归公司所有。它是由公司创始人沃尔特·克莱斯勒（Walter Chrysler，1875—1940年）建造的，1930年至20世纪50年代中期一直是公司总部。沃尔特非常喜欢这座建筑，决定自己出钱买下，让他的孩子们继承。大厦由威廉·范·阿伦（William Van Alen）设计，高318.9米，意图成为世界最高建筑。建设过程中，它超过了最接近的对手——华尔街40号。1930年5月27日开业时，它获得了这个"至高"称号。

◁ 秘密尖塔

克莱斯勒大厦的建筑师悄悄地建造了一个38米长的尖塔，吊起安放在塔顶，使其比华尔街40号高35.9米。

△ 装饰艺术风格

31层的滴水兽设计成了汽车模样的吉祥物，墙上装饰了克莱斯勒汽车轮毂盖和挡泥板的复制品。

越来越高

当克莱斯勒大厦于1930年5月开业时，它是世界上最高的建筑。但在1931年5月1日，帝国大厦夺走了这一桂冠。该纪录两度被世贸中心超越。

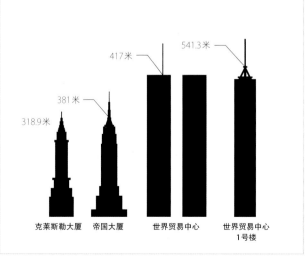

318.9米 克莱斯勒大厦
381米 帝国大厦
417米 世界贸易中心
541.3米 世界贸易中心 1号楼

曼哈顿的标志
帝国大厦矗立在曼哈顿中城南区的第五大道上，主宰了城市的天际线。

帝国大厦

纽约的地标性建筑，在争高赛中，仅用一年零四十五天就建成了

北美洲东部

克莱斯勒大厦（见左页）也许会因其美感而获誉，但帝国大厦才可以说是纽约最具代表性的建筑。自1931年5月1日开业以来——与史莱夫、兰布和哈蒙建筑公司（Shreve, Lamb, and Harmon Associates）签订合同仅20个月后——帝国大厦就定义了纽约的天际线，出现在无数电影和照片中。它高381米，是当时世界上最高的建筑，直到1970年被世界贸易中心超越。但它并不总是那么受欢迎。它开业的第一年正值大萧条影响最严重时期，只租售出去23%的可用空间，令它有了"空国大厦"（The Empty State Building）之称。

装饰风格的外观和细节

从结构上看，这座102层的建筑是一个覆有1,000万块砖、660吨铝和不锈钢的金属架。其阶梯式的、贯彻始终的现代装饰风格艺术形式与内部细节相得益彰，譬如大厅的天花板壁画，用金箔和铝箔描绘了现代的机械奇迹。每晚，当尖塔的灯光亮起时，外观就会变得生动起来。

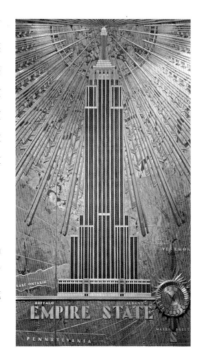

停靠站

帝国大厦顶部的61米最初打算用作飞艇的系留塔。按照计划方案，电梯把乘客带到第102层，再通过步桥登上飞艇。后来证明这个计划完全是个空想，因为没有任何飞艇能够安全停泊，因此舍弃了该计划，改为在停靠站的顶部固定了一根无线电天线。

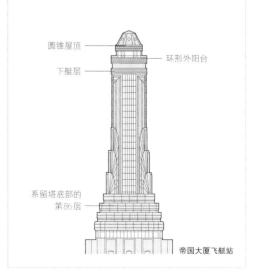

圆锥屋顶

环形外阳台

下艇层

系留塔底部的第86层

帝国大厦飞艇站

◁ 大厅壁画
这幅描绘大楼的铝制壁画没画天线，而是画了从尖顶射出的光线。壁画装饰着入口大厅内的一面墙。

灌溉美国西部

水坝有60层楼那么高，底部有两个足球场那么长。它储存的水用于灌溉加利福尼亚州和亚利桑那州超过80,000平方千米的土地。

胡佛水坝

一座推动美国西南部工业和农业发展的巨大构筑物

北美洲西部

随着19世纪和20世纪西南经济的扩张，规划者开始将强劲有力的科罗拉多河作为不断增长人口的电力和用水来源。1928年12月，卡尔文·柯立芝总统授权，在内华达州和亚利桑那州交界处建造一座巨型水坝。

建造水坝

为了让施工得以启动，科罗拉多河的水流通过开在峡谷壁上的隧道进行了改道。首先建造了名为围堰（coffer dams）的水密围墙，保护现场不被淹没，随后清理干净地面。1933年浇筑了第一块混凝土。建成的水坝成为有史以来最大的混凝土结构。

工程师们面临的挑战是如何将35.2立方千米的水容纳在水坝后面。混凝土本身的重量提供了部分阻力；此外，拱点面向着上游，把水引向峡谷壁，起到了压缩和加固结构的作用。1935年部分水坝建成时，由富兰克林·罗斯福总统揭幕启用，当时它还叫作"顽石坝"（Boulder Dam）。后来它改名为胡佛水坝，以监督其最初建设的赫伯特·胡佛总统（President Herbert Hoover）的名字命名。

△ 组装板块
水坝由矩形混凝土板组成的柱子建造，柱内有钢管，灌入冷却的河水和制冷设备制出的冰水，以固化混凝土。

冷却混凝土

在规划水坝建设时，工程师们计算过，如果连续浇筑水坝的混凝土，完全冷却需要125年的时间。因此，工程师们改为浇筑一块块单独的混凝土板，每块大约15米见方，1.5米高。

砌块凝固后，向管道内灌浆　　冷却管输送冷水以固化混凝土

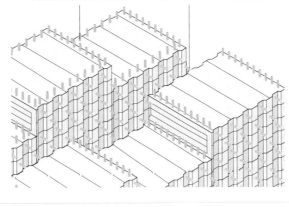

△ 公开亮相
这张在水坝建设时拍摄的宣传照片掩盖了这样一个事实：112人在建造水坝时丧生，还有42人在进行引水隧道工作时死于一氧化碳中毒。

▽雾中一景
大雾经常笼罩着金门大桥，尤其是在夏季。
大桥上有两个雾角，音调各不相同。还有
多个闪烁的红色灯标，是空中和海上旅行
者的警示灯。

金门大桥

一座优雅的吊桥，横跨连接旧金山湾和太平洋的海峡

北美洲西部

20世纪中期以前，旧金山一直是由渡船提供交通服务的美国最大的城市。金门海峡宽1.6千米，隔开了旧金山半岛的北端与北部的马林县（Marin County）。开车横穿海峡需要搭乘20分钟的轮渡，每辆车收费1美元。

力排众议

在海峡上建桥的建议层出不穷，但遭到美国陆军部反对，因为建桥可能会影响航运。加州大企业南太平洋铁路公司（Southern Pacific Railroad）也表示反对，因为大桥会对它的渡轮业务产生利益竞争。它对建桥项目提起了诉讼，引发了人们对其轮渡服务的大规模抵制。经过一番争论，1928年，加州议会成立了金门大桥和公路区（Golden Gate Bridge and Highway District），作为设计、建造和资助大桥

的官方机构。1929年华尔街崩盘，意味着该机构无法提供项目资金。在当地募集了债券后，施工终于在1933年1月5日正式开始。

大桥本身是一座简单的悬索桥，由数位结构工程师和建筑师设计。为了应对海峡中的大风，路面建得很薄，而且极具弹性，可以在风中弯曲。这座桥不是金色的——"金门"指的只是下方的海峡——而是涂上了一种名为"国际橙"的特殊颜色，这种颜色最初是桥梁密封剂之色。但美国海军曾希望大桥涂成黑黄的条纹，确保过往船只能看到。

1937年5月27日通车前一天，20万当地人步行或轮滑过桥，但之后过桥的主要是机动车。美国101号公路和加州1号公路合并后穿过大桥。

两座桥塔用120万个钢铆钉组装在一起

横跨金门

支撑金门大桥的缆索由水面两侧两个巨大桥墩内的锚固块固定。1937年通车时，金门大桥是世界上最长、最高的悬索桥，而如今已有14座更长的桥和20座更高的桥。两座桥塔各高227米，相距1,280米。桥台之间的总长度为2,737米，路面与下方的海峡平均相距67米。

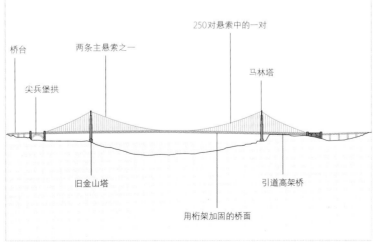

桥台

两条主悬索之一

250对悬索中的一对

尖兵堡拱

马林塔

旧金山塔

引道高架桥

用桁架加固的桥面

△ 悬挂的路基
250对垂直悬索支撑着桥面，每一对都由27,572股镀锌钢丝制成，总长度估计为130,000千米。

五角大楼

世界上最大的办公大楼，美国军事力量的化身

北美洲东部

五角大楼位于华盛顿特区弗吉尼亚州的波托马克河对岸，很少有游客将其描述为一座美丽的建筑。作为美国国防部的总部，它有一个重要的用途——安置大约25,000名军事和文职官员。该建筑由美国建筑师乔治·贝格斯特罗姆（George Bergstrom）设计，于1943年1月15日完工。

主要目标

五角大楼有5个等长的侧立面，地上5层，地下2层，提供超过600,000平方米的空间和28千米的走廊。中心是一个20,000平方米的五角形广场，别名"归零地"（ground zero）。五角大楼在"9·11事件"中遭到袭击。当时劫机者驾驶美国航空公司77号航班，撞向大楼西侧，造成189人死亡，其中包括125名五角大楼的员工。

庞大规模

五角大楼规模庞大，包括中央广场在内，共占地16,000平方米。它的5条边各长280米，建筑的宽度几乎与纽约帝国大厦的高度相当。五角大楼形状独特，是因为它的设计需要配合场地内已有道路，而它的高度则受限于建造时钢铁的相对稀缺。

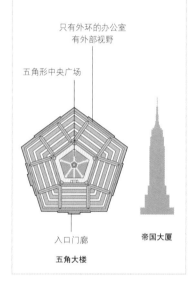

只有外环的办公室有外部视野

五角形中央广场

入口门廊

帝国大厦

五角大楼

▽ 精心设计

五角大楼由钢和钢筋混凝土建造，有一些石灰石饰面，共5层。它由5个同心圆组成，用10个辐条状的走廊连接。

△ 流线型设计

作为当时快速变革的象征，航站楼的屋顶刻意设计成飞机机翼的模样，也为环球航空提供了一种新的服务营销方式。屋顶薄薄的钢筋混凝土壳体的边角有轻盈的支撑。

一个人可以在7分钟内从五角大楼内的任意一个房间走到另一个房间

新用途

2001年环球航空飞行中心关闭后，该建筑一直空置着，偶尔用作艺术展览的场所和电影拍摄地。2008年，旧楼的旁边建成了一座能够容纳更多乘客的新航站楼，旧楼便改造成酒店，重新加以利用。

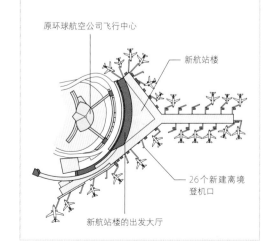

原环球航空公司飞行中心

新航站楼

26个新建离境登机口

新航站楼的出发大厅

约翰·F.肯尼迪国际机场
环球航空公司飞行中心

一座太空时代的机场，被誉为喷气时代的"大中心"

北美洲东部

1955年，纽约艾德威尔德机场（Idlewild Airport）官方决定，使用本机场的各家主要航空公司应建造和运营自己的航站楼。1963年12月，为纪念已故总统，艾德威尔德机场更名为约翰·F.肯尼迪机场。环球航空公司（TWA）选择了一座未来主义的大胆建筑，由芬兰裔美国建筑师埃罗·沙里宁（Eero Saarinen，1910—1961年）设计。

客运创新

新航站楼于1962年5月28日启用，此时已是沙里宁离世的一年以后了。它是第一批采用封闭式乘客通道的航站楼之一，乘客能够安全地进出飞机，不受外面环境的影响。该航站楼还设有行李转盘、电子日程表和闭路电视，都是当时的创新。1969年，为了应对更多乘客，航站楼进行了扩建。它于2001年关闭，但2015年宣布了将其改建为酒店的计划，赋予它新的生命。

◁ **流畅优美的内部环境**
航站楼内部非常协调悦目，没有突兀的支柱或墙壁，留给人一种内部开阔的印象。

圣路易弧形拱门

具有象征意义的美国西部入口，建在奔腾的密西西比河河畔

北美洲东部

圣路易弧形拱门矗立在内陆港口城市圣路易斯中。1764年，皮埃尔·拉克利德（Pierre Laclède）和奥古斯特·舒托（Auguste Chouteau）两位法国毛皮商人在密西西比河西岸建立了圣路易斯。长期以来，人们一直认为这座城市是美国向西部扩张的入口，梅里韦瑟·刘易斯（Meriwether Lewis）和威廉·克拉克（William Clark），就是在这里开启了他们1804年前往太平洋海岸的著名远征。弧形拱门是作为该市开拓精神的纪念碑而建的，1968年5月25日正式献给了"美国人民"。

设计和建造

该建筑由埃罗·沙里宁于1947年设计，但由于资金和规划问题推迟了施工，直到沙里宁去世近两年后才启动。拱门由碳钢和混凝土建成，并饰有不锈钢，是美国最高的纪念碑。拱门内的缆车系统可以把游客送至顶部的观景台。

▷西进之门

圣路易弧形拱门的宽度和高度一样，都是192米。每条腿的横截面都是一个等边三角形，越靠近拱门顶部，横截面越小。

古根海姆博物馆

一个现代主义的重大成就，为放置无与伦比的现代艺术藏品而建

北美洲东部

所罗门·罗伯特·古根海姆（Solomon Robert Guggenheim，1861—1949年）出生于富裕家庭，通过金矿等投资扩大财富积累。他从19世纪90年代开始收集艺术品，第一次世界大战后退休，全身心投入他的藏品中。1939年，他名下旨在促进现代艺术鉴赏水平的艺术基金会建立了一个博物馆，来安置他不断增加的藏品。1943年，租用的房屋已放不下艺术藏品，古根海姆写信给美国杰出的现代建筑师弗兰克·劳埃德·赖特（Frank Lloyd Wright，1867—1959年），请他为画作们设计一个永久的家。

艺术的螺旋

赖特以纽约独特的建筑之一作了回应。它呈圆柱形，顶部比底部宽，有一个独特的斜坡画廊，以连续螺旋方式环绕着外墙，一直延伸至天花板的天窗。花费7年时间建造完成的博物馆是一个倒置的圆形庙塔，于1959年向公众开放。这座建筑从内至外地征服了众人。

螺旋坡道

赖特将博物馆设计成一座倒置的庙塔（古代分层金字塔或土丘），螺旋形的设计类似于鹦鹉螺的外壳。他的计划是让游客乘坐电梯到顶部，然后慢慢走下坡道，先观看艺术品，再欣赏底层的壮丽中庭。

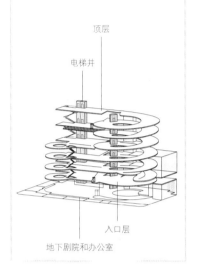

顶层
电梯井
入口层
地下剧院和办公室

◁ 螺旋式下降
博物馆内部，螺旋形长廊缓缓地围绕着中庭连续绵延，中央天窗从上方照亮了中庭。

△ 蜂蜜棒
博物馆拥有"蜂蜜棒"的昵称，因为它长得像从罐子里舀出蜂蜜的器具。

古根海姆从未见过他的博物馆；
博物馆开放10年前，他就去世了

太空针塔

西雅图的空中飞碟，1962年世界博览会的核心建筑

北美洲西北部

西雅图的地标性建筑太空针塔因其独特的沙漏形状和高架观景平台，自1962年以来一直是该市的象征。它高184米，在顶端可以看到西雅图的市中心和水湾，以及更远的喀斯喀特山脉（Cascade Range）和奥林匹克山脉（Olympic Mountains）。

坚固且结实

该塔于1961年4月17日开始建造，同年12月8日完工，可以抵御9.0级地震、320千米/小时的风速以及雷击。如今的太空针塔拥有世界上第一个也是唯一一个旋转玻璃地板，人们称之为"放大镜"（Loupe）。最近针塔又进行了几次修缮，去掉了限制观景台视野的中竖框，更贴合原建筑师的设计意图。

▷ 飞向太空
太空针塔的顶部包括旋转玻璃地板"放大镜"及其上方的露天观景台。

67号栖息地

为庆祝加拿大建国100周年，用预制混凝土模块建造的革命性住宅建筑方案

这个非同寻常的住宅区位于加拿大蒙特利尔的圣劳伦斯河岸边，最初是以色列裔加拿大建筑师摩西·萨夫迪（Moshe Safdie，1938年—　）的一篇硕士论文。后来，为庆祝加拿大独立百年而办的1967年世博会即将举行之际，萨夫迪的麦吉尔大学指导教授要求他为此博览会拓展设计方案。

联结的模块

67号栖息地的高度为12层，由354个相同的预制混凝土箱组成，以不同的组合方式布置成146个住宅，每个住宅由1～8个联结的箱子组成。该项目的最初模型用乐高®积木搭建，以便直观地看到成品建筑的三维外观。最初作为低成本住房建造的67号栖息地，如今已成为非常理想的住宅区。然而，它未能像设计师最初设想的那样，在其他地方催生类似的预制建筑，也没有为大众可负担住房带来革命性的变化。

▷小箱子
混凝土箱堆放的时候，每个箱子都在隔壁箱子的一步之后，让每间公寓都有自己的院子和良好的通风。

越战纪念碑

一座沉痛的纪念碑

据历史记载，在1955年至1975年的越南战争中，美国军队里有58,320人死亡。他们被遗忘了很多年，但一座新纪念碑于1982年在华盛顿特区国家广场旁边的宪法公园（Constitution Gardens）中落成。

一墙、一碑、一雕像

纪念碑由两面75米长、高度抛光的黑色花岗岩墙组成。142块石板上横排刻着死者的名字。靠近墙的地方有一座纪念碑，纪念参加战争的妇女，大部分是当时的护士。还有一座名为"三个士兵"的青铜雕像，其中一人是国家广场上第一个非裔美国人形象。

◁纪念墙
这面墙由林璎（Maya Ying Lin）设计，列出了所有在战争中死亡或宣布死亡、生死不明和在行动中失踪的服役军人。墙上只记录了他们的名字，没有级别、部队或勋章。

△ 最后的浇筑

这张照片是1974年2月22日在塔顶浇筑最后一块混凝土后拍摄的。一年多前开始施工以来，1,532人参与了不断浇筑混凝土的工作。

◁ 全景

加拿大国家电视塔比附近最高的建筑高出346米，把多伦多和安大略湖（Lake Ontario）的全景尽收眼底。在晴朗的日子里，甚至可以看到尼亚加拉大瀑布（Niagara Falls）。

加拿大国家电视塔

多伦多天际线中突出的地标，彼时地球上的最高建筑

北美洲东北部

观景区

加拿大国家电视塔的公共区域分为两部分。上层的"天空之盖"（SkyPod）位于天线下方，在446.5米之高处。较低的观景层位于主柱的顶端，在342米之高处。它有两个观景台、一个旋转餐厅和一些电视塔的微波接收器。

1968年，加拿大国家铁路公司（CN）建造了一座通信和输电塔，为多伦多地区服务，也是其企业愿景的象征。工程于1973年开始，1976年完成。最终建成的铁塔从地面到塔尖的高度为553米。2009年之前，它一直是世界上最高的铁塔，后来迪拜的哈利法塔（见第310页）和广州的广州塔（Canton Tower）超越了它。

以每天约6米的速度缓慢向上移动，当它上升到刚刚凝固的混凝土上方时，就继续浇筑新的混凝土。塔楼总共使用了40,500立方米混凝土，都在现场进行混合，以确保一致性。检查塔垂直度的时候，需从滑模平台放下铅垂线，再用地面上的仪器进行观察。

主柱顶部是一个102米高的金属广播天线。位于塔楼外侧支架上的六部玻璃升降机，可把游客送至观景区，但玻璃地板和室外观景台不适合恐高者。

高耸入云

塔的主柱是一个空心的六边形混凝土支柱，内有楼梯井和服务设施。该塔使用液压滑模金属平台筑造，金属台

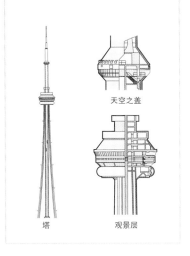

天空之盖

塔 　　　　　观景层

加拿大国家电视塔的360度旋转餐厅
每72分钟转完一圈

建筑风格
当代

我们无法用某种单一风格来定义当代建筑。当今建筑师从一系列源泉、创意、影响和技术中汲取养分，创造出独具标志性或因地制宜的建筑。

当代建筑可用多元性来定义：世界各地建筑师工作的规模、风格和形式不尽相同，使用的建筑材料种类广泛。计算机辅助设计和先进的工程技术为如今的建筑师提供了非凡自由，在客户和预算允许的情况下，几乎可以制造出任何可想象的形状。与此同时，许多建筑师抵御住造型的诱惑，更倾向于去开发那些在了解建筑的环境及其样式、规模或材料等背景后，自然浮现而出的设计构思。

不同方式间的共同之处是对建筑环境足迹的认识。建筑必然会改变实际环境，并在当地和全球范围内产生重大环境影响。混凝土几乎是所有建筑的关键材料。全球二氧化碳排放量中，8%来自混凝土。因此，许多当代建筑结合了生态功能，如太阳能电池板、水循环系统，甚至使用被动通风系统，以减少空调的使用。在更基本的层面上，复杂精妙的建筑建模软件可以在设计阶段就对建筑的环境性能进行预估，再加以改进。

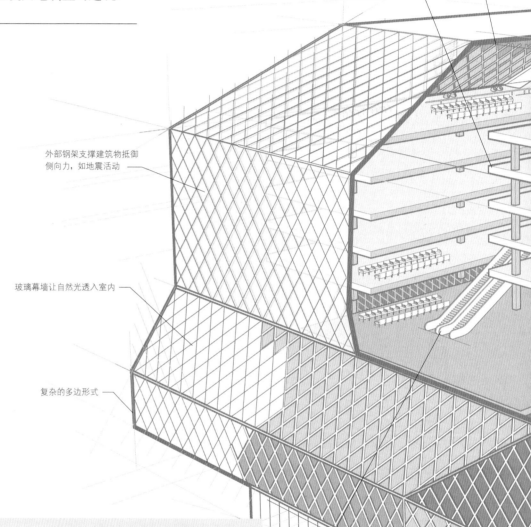

第11层阅览室的天花板
最高处高12米

4层楼高的"书籍螺旋"
将主要藏书置于连续不断
的上行通道上

外部钢架支撑建筑物抵御
侧向力，如地震活动

玻璃幕墙让自然光透入室内

复杂的多边形式

自动扶梯连接楼层

悬于街道上方的平台

建筑物的侧面沿着
整片城市街区延伸

当代风格的复杂性

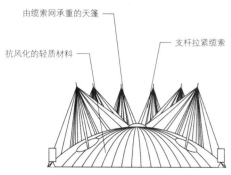

由缆索网承重的天篷

抗风化的轻质材料

支杆拉紧缆索

△ 帐篷式屋顶
20世纪60年代和70年代，帐篷式屋顶或拉膜结构开始崭露头角，可以用最少的材料和较低的预算来实现大跨度空间。

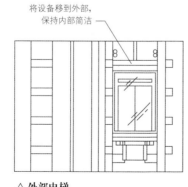

将设备移到外部，
保持内部简洁

△ 外部电梯
20世纪80年代的高技派运动（High-Tech movement）旨在通过把结构、设备，有时甚至交通空间都移到建筑外部，来创造完全灵活的内部空间

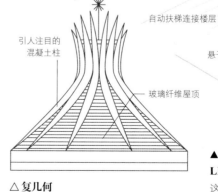

引人注目的混凝土柱

玻璃纤维屋顶

△ 复几何
复几何建筑，如上图的双曲面体，是当代建筑的一个显著趋势，运用了强大的形式化呈现和结构优势。

▲ 西雅图中央图书馆（SEATTLE CENTRAL LIBRARY）
这座由雷姆·库哈斯（Rem Koolhaas）和约书亚·拉莫斯（Joshua Ramus）设计的11层建筑于2004年开放，有5个内部平台，看上去似乎都没有支撑。它包裹在钢和节能玻璃构成的幕墙中，几何形状为图书馆藏书的增加和变化提供了灵活空间。

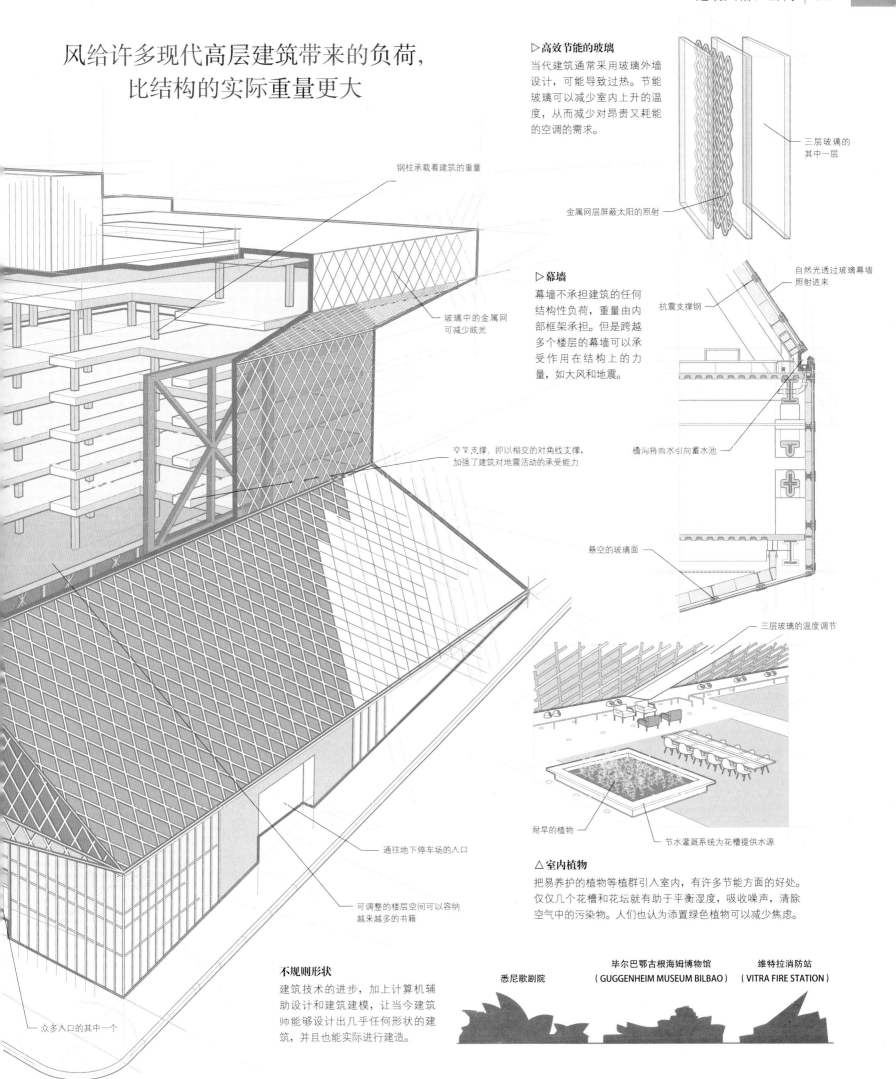

风给许多现代高层建筑带来的负荷，比结构的实际重量更大

钢柱承载着建筑的重量

玻璃中的金属网可减少眩光

交叉支撑，即以相交的对角线支撑，加强了建筑对地震活动的承受能力

悬空的玻璃面

通往地下停车场的入口

可调整的楼层空间可以容纳越来越多的书籍

众多入口的其中一个

▷高效节能的玻璃
当代建筑通常采用玻璃外墙设计，可能导致过热。节能玻璃可以减少室内上升的温度，从而减少对昂贵又耗能的空调的需求。

三层玻璃的其中一层

金属网层屏蔽太阳的照射

▷幕墙
幕墙不承担建筑的任何结构性负荷，重量由内部框架承担。但是跨越多个楼层的幕墙可以承受作用在结构上的力量，如大风和地震。

自然光透过玻璃幕墙照射进来

抗震支撑钢

檐沟将雨水引向蓄水池

三层玻璃的温度调节

耐旱的植物

节水灌溉系统为花槽提供水源

△室内植物
把易养护的植物等植群引入室内，有许多节能方面的好处。仅仅几个花槽和花坛就有助于平衡湿度，吸收噪声，清除空气中的污染物。人们也认为添置绿色植物可以减少焦虑。

不规则形状
建筑技术的进步，加上计算机辅助设计和建筑建模，让当今建筑师能够设计出几乎任何形状的建筑，并且也能实际进行建造。

悉尼歌剧院

毕尔巴鄂古根海姆博物馆
（GUGGENHEIM MUSEUM BILBAO）

维特拉消防站
（VITRA FIRE STATION）

华特·迪士尼音乐厅

洛杉矶一座熠熠生辉的表演艺术殿堂，以电影行业中最著名的人物之一命名

北美洲西部

1967年，华特·迪士尼（1901—1966年）的遗孀莉莲（Lillian）捐赠了5,000万美元，用于建造一座新音乐厅，令她丈夫与好莱坞及洛杉矶市之间长期相互成就的联系得以更进一步。她的捐赠不仅丰富了城市居民们的生活，也是对华特·迪士尼的纪念。

位于洛杉矶市中心南格兰大道（South Grand Avenue）111号的新音乐厅是加拿大出生的建筑师弗兰克·盖里（1929年—　）的作品。其激进的设计风格可以追溯至他在西班牙毕尔巴鄂建造的古根海姆博物馆（见第200—201页），那座钛覆面的建筑令他闻名于世。音乐厅于1991年完成设计，但由于缺乏资金，1999年才开始正式施工，2003年完工。同年10月24日，音乐厅以一场盛大的音乐会正式开幕。

帆墙

盖里设计的观众席将观众们环绕在管弦乐队周围，为他们提供了一种亲密体验。他尤其注重声学效果，在墙壁和天花板上铺设花旗松木，在地板上铺设橡木，以提升音质。戏剧化、雕塑般的外观包裹住功能性的内部，外观的灵感源自建筑师对航海的热爱。

盖瑞使用了一个通常运用于航空航天业的计算机程序，来设计环绕建筑的不锈钢帆。一些凹板必须通过轻度打磨表面以防止眩光——反射光会使附近的公寓过热，并增加交通事故的风险——一旦这个问题得以解决，音乐厅就成为洛杉矶优秀建筑之一。

一个音符演奏后，在大厅里回荡了两秒钟

外壳层

12,500多片独立的不锈钢创造了环绕音乐厅的曲线丛，并且每片都不尽相同。建筑中比较常规的部分使用了玻璃和岩石。

管状钢框架

阳极氧化铝框架

镀锌和喷漆的垂直钢支柱

不锈钢板

◁ 钢铁外壳

火焰式建筑风格的不锈钢外墙围住一个可容纳2,265个座位的音乐厅，以及餐厅、展览空间等场所。

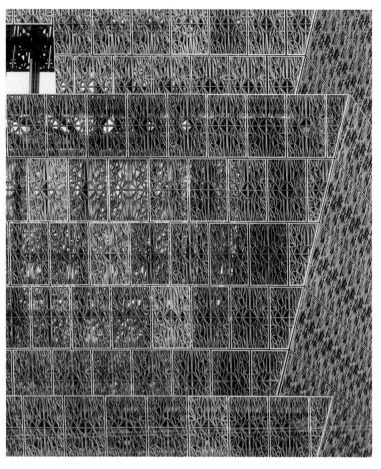

△ 沉思馆

沉思馆是一个供参观者回想博物馆展品的空间，因为这些展品常常与苦痛相连。一个圆柱形的喷泉将水倾泻至下方的方形水池中。

◁ 象征性的图案

建筑的外部覆盖着一层薄薄的铜色铝制隔栅，致敬被奴役的非裔美国人所手工制作的精巧铁器。

国立非裔美国人历史和文化博物馆

一座富有想象力的建筑，将非洲和美洲的文化表达元素汇聚在一起

北美洲东部

美国内战（1861—1865年）结束了奴隶制，但痛苦的遗留问题却持续了多年。1915年，一群参加过内战的联邦军非裔美国老兵举办了一场聚会，哀叹他们仍然面临着种族歧视。他们成立了一个委员会，准备为非裔美国人的成就建造一座纪念馆，并于1929年得到胡佛总统（1874—1964年）的批准。进展是缓慢的，反对是激烈的。但最终，史密森学会（Smithsonian Institution）的国立非裔美国人历史和文化博物馆自豪地坐落在华盛顿特区的国家广场上，2016年9月24日由美国第一位黑人总统巴拉克·奥巴马（Barack Obama，1961年— ）揭幕。该博物馆收藏了37,000多件颂扬非裔美国人历史的展品。

该建筑呈现一个3层倒金字塔的戏剧性形状，灵感来自西非约鲁巴统治者（Yoruban rulers）所戴的皇冠，也呼应了附近华盛顿纪念碑顶石的突出棱角（见第30页）。建筑外部覆盖着由3,600块铜色金属板组成的檐板。

可持续的未来

参观者从国家广场通过一条多弯门廊，进入庞大的中央大厅，可以看到上下两层的广阔视野——博物馆60%的体积在地下。这座建筑用在当地采购或回收的材料建造，并结合了环保设计的最佳做法，以减少水电消耗。

森林金字塔

中美洲的玛雅人建造了他们版本的砌石金字塔。
库库尔坎金字塔（El Castillo pyramid）矗立在
奇琴伊察（Chichén Itzá）城的遗迹之上。

中美洲和南美洲

前哥伦布时期王国

约公元前1200—公元1550年

古代奥尔梅克（Olmec）文明建造的阶梯式金字塔从中美洲的丛林中再升起，但玛雅人的精心设计更胜一筹，他们规划了世界上最大的城市。中美洲的建筑师因天文学知识、工程建造语和娴熟运用象征指涉而闻名于世。

② 蒂卡尔神庙

独石柱建造者

900—1600年

从哥伦比亚南部的高原到太平洋东南部的偏远之处，不同的土著文化以砌石建筑和巨型独石柱等形式，完成了同类型的雕刻壮举。最著名的是复活节岛的拉帕努伊（Rapa Nui）人所建造的800多座摩艾石像（moai）。

⑫ 复活节岛石像

大 西 洋

神庙与城市之地

中美洲和南美洲

在没有轮式运输工具的情况下，南美洲和中美洲的早期文明在中美洲和安第斯地区（Andean region）极具挑战性的地形上，创造了大量令人印象深刻的建筑奇迹。他们的工程包括精确切割、防渗的无砂浆砌体工程，将水引入每一阶农业梯田，以及增压供水系统。反复出现的主题是对几何形状的驾驭和奢侈的装饰，如印加文明（Incas）使用的金箔。16世纪的殖民者破坏了原住民文化，同时也以精致大厦和宏伟规划改变了建筑环境，其规模和壮观程度又令人回想起印加文明和前哥伦布文明。20世纪期间及之后，土著与欧洲元素的融合，演变成适应当地气候和材料的新颖现代建筑风格。

高山与森林的开拓者

中、南美洲的雨林中和山顶上，前哥伦布布时期文明在具有天文意义的地点，建造了石城和庙宇群。殖民化引入了新欧洲风格，随之而来的森林砍伐为工业时代和现代建筑铺平了道路。

关键地点

1 卡拉克穆尔
2 蒂卡尔
3 纳斯卡线条
4 阿尔班山
5 特奥蒂瓦坎
6 奇琴伊察
7 科潘
8 亚斯奇兰
9 碑铭神庙
10 萨克塞华曼
11 昌昌
12 复活节岛石像
13 马丘比丘
14 圣多明斯卡教堂
15 圣伊格纳奥奥米尼
16 拉费里埃城堡

17 巴拿马运河
18 救世基督像
19 巴西利亚大教堂
20 墨西哥国立自治大学城的核心校区
21 锡伯纳基拉盐教堂
22 尼泰罗伊当代艺术博物馆
23 伊泰普水坝

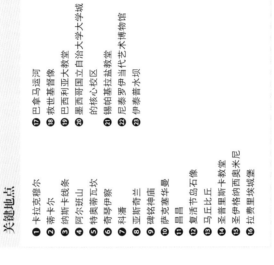

山顶的拉费里埃城堡由海地革命的主要人物亨利·克里斯多夫（Henri Christoph）于1805年至1820年建造

在600年至1200年崛起的奇琴伊察是玛雅文明建造的庞大城市之一

加 勒 比 海

两 印 度 群 岛

圭 亚 那 高 原

亚 马 孙 盆 地

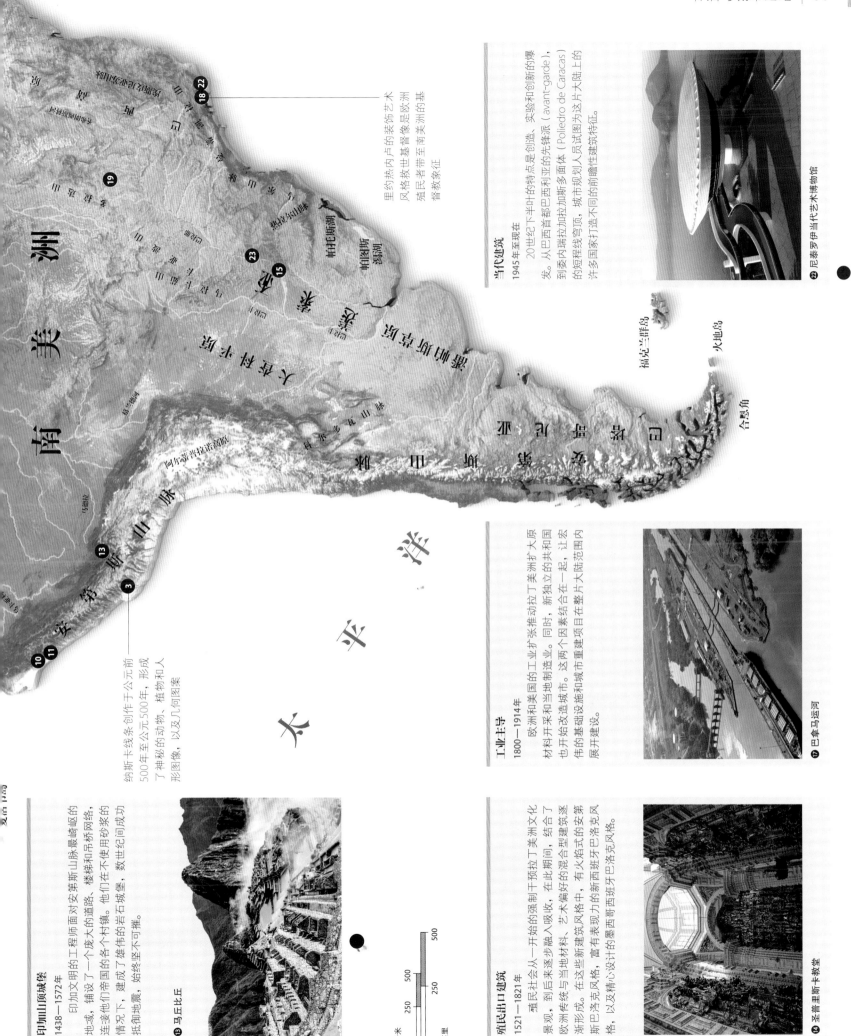

南 美 洲

美 洲

安第斯山脉

阿尔蒂普拉诺高原

太 平 洋

热尔乌山脉

帕帕卢斯湖

帕卡斯湖

福克兰群岛

火地岛

合恩角

里约热内卢的装饰艺术风格救世基督像是欧洲殖民者至南美洲的基督教象征

当代建筑
1945年至现在
20世纪下半叶的特点是创造、实验和创新的爆发。从巴西首都巴西利亚的先锋派（avant-garde），到委内瑞拉加拉加斯加多面体（Poliedro de Caracas）的始程线穹顶，城市规划人员试图为这片大陆上的许多国家打造不同的前瞻性建筑特征。

㉒尼泰罗伊当代艺术博物馆

工业主导
1800—1914年
欧洲和美国的工业扩张推动了美洲扩大原材料开采和当地制造业。同时，新独立的共和国也开始改造城市。这两个因素结合在一起，让宏伟的基础设施和城市重建项目在整片大陆范围内展开建设。

⑰巴拿马运河

殖民出口建筑
1521—1821年
殖民社会从一开始就强制干预拉丁美洲文化景观，到后来逐步融入当地材料。艺术偏好的混合型建筑逐渐形成。在这些新建筑风格中，有火格好的安第斯巴洛克风格，富有表现力的新西班牙的墨西哥巴洛克风格，以及精心设计的墨西哥西班牙巴洛克风格。

㉔圣普里斯卡教堂

纳斯卡线条创作于公元前500年至公元500年，形成了神秘的动物、植物和人形图像，以及几何图案

印加山顶城堡
1438—1572年
印加文明的工程师面对安第斯山脉最崎岖的地域，铺设了一个庞大的道路、楼梯和吊桥网络，连接他们帝国的各个村镇。他们在不使用砂浆的情况下，建成了雄伟的岩石城堡，数世纪间成功抵御地震，始终坚不可摧。

⑬马丘比丘

千米 0 250 500
英里 0 250 500

中美洲中部

卡拉克穆尔

热带森林深处一座失落的玛雅城市，中心是两座雄伟的金字塔神庙

卡拉克穆尔曾是一座拥有多达50,000名居民的繁荣城市，玛雅人称它为奥什特吞（Ox Te'Tuun），意为"三块石头"。如今它已空无一人，周围的丛林覆盖了大部分遗迹。这个定居点位于墨西哥尤卡坦半岛（Yucatán Peninsula）提艾拉斯巴哈斯（Tierras Bajas）的热带森林中，森林受联合国教科文组织（UNESCO）保护。卡拉克穆尔是玛雅文明的核心地带，建立于公元前第一千纪。在中美洲古典时期（约公元前250—公元900年），它成了一个强大王国的中心。卡拉克穆尔和其他几座玛雅城市一样，于9世纪遭废弃。但它的许多

建筑保存完好，自1931年人们发现这座城市以来，大多已从森林中重现天日。目前发现的建筑数以千计，包括居住建筑、坟墓和纪念建筑，还有大量的装饰壁画、陶瓷工艺品和石碑。但其中最重要的是两座巨大的金字塔庙宇，也就是这座城市现代名称"卡拉克穆尔"的由来："拥有两座相邻金字塔的城市"。

◁ 雕刻石碑

这是在卡拉克穆尔发现的117块石碑其中一块。这些石碑的共同特点是在硬度较低的石灰石上雕刻的肖像和铭文，用来纪念统治家族的成员。

美国植物学家赛勒斯·伦德尔（Cyrus Lundell）在雨林中工作时，偶然发现了卡拉克穆尔遗址

△ 森林王国的首都

玛雅城市蒂卡尔一直隐藏于茂盛的危地马拉雨林中，直到19世纪末开始清除植被时才重现于世。

△ 大金字塔

最大的金字塔名为"2号建筑"（Structure II）或"大金字塔"（Great Pyramid），是在已有金字塔上建造的，包含4个独立墓穴。

失落世界建筑群

"失落世界"（Mundo Perdido）蒂卡尔遗址内有纪念碑和神庙群，中心是大金字塔，周围是4座广场。各种建筑环绕着遗址，包括东边排成一列的8座建筑，它们构成了旁边七庙广场（Plaza of the Seven Temples）的边界。

方框-斜坡式神庙（Talud-Tablero Temple）

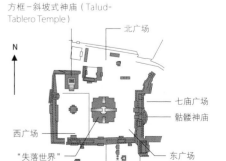

N

北广场
七庙广场
骷髅神庙
西广场
"失落世界"
金字塔
东广场
南广场

蒂卡尔

一座由高耸的神庙、纪念碑和宫殿组成的城市，
强大玛雅王国的中心

中美洲中部

　　蒂卡尔这座已经废弃的城市曾经是强大的玛雅王国的首都，如今它坐落在蒂卡尔国家公园内。公园位于危地马拉佩滕省（Petén province），是联合国教科文组织认定的世界文化遗产。虽然森林仍然吞没着许多住宅区、灌溉站和行政村镇，但拥有主要纪念和公共建筑的城市中心地带已经清理干净。

失落与发现

　　中心区域有建在平台上的公共广场，由道路连接，可通过斜坡进入。广场周围有神庙和宫殿，还有些其他建筑，如金字塔、仪式平台以及当时玛雅流行球类运动的球场。城市的主要区域是大广场（Great Plaza）、双金字塔复合体（Twin Pyramid complex）和所谓的"失落世界"建筑群（见左侧方格内图文）。此地的玛雅纪念碑是迄今发现的保存很好的碑群之一，许多都有象形文字铭文和绘画的装饰，可以让人了解从公元前4世纪的早期定居到9世纪蒂卡尔地区统治时期当地建筑和艺术风格的发展。

▷**蒂卡尔的焦点**
蒂卡尔的大广场由一个球场和名为1号神庙和2号神庙的两座神庙组成。玛雅人认为1号神庙（图中右侧）是通往冥界的入口。

南美洲西部

纳斯卡线条

铭刻在秘鲁沙漠表面，不朽的几何图案和动物图形

　　巨大的地画装饰着秘鲁南部大纳斯卡河流域（Rio Grande de Nazca）的沿海平原。这些创作于地面上的图案和母题是纳斯卡文明的遗产，该文明在公元前500年至公元500年非常繁荣。在广袤沙漠中，纳斯卡人刮去砾石表面，造就了一系列独特的图案和形象，规模庞大到无法在地面观赏。

刮擦

　　遗址上大致有两种类型地画。第一种是直线或曲线：直线在沙漠中延伸数千米，有时形成纵横交错的图案。线条宽度从50厘米到5米不等，可能具有一些仪式性的内在意义，或者用来连接圣地。曲线构成几何图案，如弧形、螺旋形和波浪形图案。

　　第二种是自然形态的风格化呈现。对人类和无生命物体的描绘较少，一般都刻在平原周围的山坡上。

创作纳斯卡线条

　　沙漠地面上氧化铁覆层岩石的深色，与下方土地的浅色有了对比，就能形成线条。只要刮去砾石表层，就足以创造出永久的痕迹。这里展示部分图案。

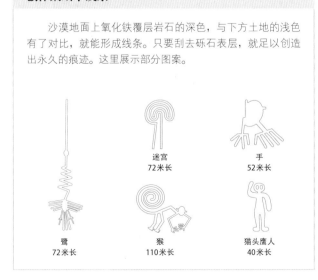

迷宫
72米长

手
52米长

鹭
72米长

猴
110米长

猫头鹰人
40米长

△纳斯卡蜘蛛

从上空俯瞰，这只蜘蛛的呈现方式彰显了纳斯卡人独特的艺术风格和令人惊讶的准确度。

◁蜂鸟尾巴

蜂鸟图形的尾羽是由沙漠表面划出的一系列长平行线构成的。

一般由一条连续
但不相交的线
组成形象的图案

阿尔班山

萨波特克（Zapotec）文明的首都，从一座可以俯瞰
瓦哈卡山谷（Valley of Oaxaca）的山上凿出

中美洲北部

阿尔班山是中美洲初期建立的城市之
一，从公元前500年前后起，在大约1400
年的时间里，一直有人居住。这座城市占据
了墨西哥南部山脊的有利位置，成为一个占
有瓦哈卡山谷大部分地区的国家的中心。

山上的城市

遗址中最引人注目的是山顶和山腰上
凿刻的若干楼层和平台，成为城市各个
区域的底层。顶部是市政中心，包含一
座建有各种仪式建筑的主广场；广场东
西两侧是建于平台之上的神庙和宫殿；广场
的南北两端是更大的平台，可以通过宏伟的阶梯进
入。随着城市越来越重要、庞大，周围山坡上修建
起了台地，增加了防御工事。从9世纪开始，这
座城市逐渐被遗弃，直到20世纪才有了大批量的
挖掘和修复。

△ 萨波特克浮雕
鸟神"宽峰"（Pico Ancho）的浮雕，
展示了萨波特克艺术中特有的风格化
设计和图案。

▽ 平台和楼梯
大楼梯是这座城市中央的特征之一，
它连接着主广场两端的不同地面高度，
且可以通往拥有纪念物和仪式建筑的
平台。

建筑群包括专门为
祭祀球赛而建造的球场

中美洲北部

特奥蒂瓦坎

一个巨大的古代都市，繁荣了几个世纪，拥有无边权力

宏伟的中美洲城市特奥蒂瓦坎建于1世纪至7世纪，位于墨西哥中部。在600年前后的巅峰时期，它的人口超过了15万，占据这片地区经济、文化和宗教方面的重要地位。

诸神之城

关于特奥蒂瓦坎创建者的语言和身份，人们知之甚少。讲纳瓦特（Nahuatl）语的阿兹特克人（Aztec）在这座城市衰落几个世纪后，发现了它的废墟。他们认为只有神才能创造出如此巨型的金字塔，因此将它命名为"特奥蒂瓦坎"，即"众神之城"。作为中美洲宇宙体系中的典型案例，这里的一切几乎都具有仪式或宗教意义。

城市的仪式中心包括3座庞大的纪念碑：太阳金字塔、月亮金字塔和克察尔科亚特尔神庙（Temple of Quetzalcóatl）。克察尔科亚特尔是神话中的羽蛇。其中最大的是太阳金字塔，也是世界上第三大金字塔。特奥蒂瓦坎的建筑辉煌与它的艺术财富相得益彰：城市里到处都有令人惊叹的石雕、浮雕和生动的壁画。特奥蒂瓦坎人还生产纺织品、陶器和其他手工艺品，如华丽惊人的面具。

该文明在550年后的某个时期突然神秘地衰落了，学者们仍未探知确切原因。特奥蒂瓦坎于1987年被指定为世界文化遗产。

这个城市的财富源于一种罕见的黑曜石，即一种在此地开采出的火山玻璃

城市规划

特奥蒂瓦坎建在一个网格平面上，是世界上令人印象深刻的城市规划范例之一。主街道名为"黄泉大道"（Avenue of the Dead），长度超过3000米，上有3座主纪念建筑：太阳金字塔、月亮金字塔和克察尔科亚特尔神庙。

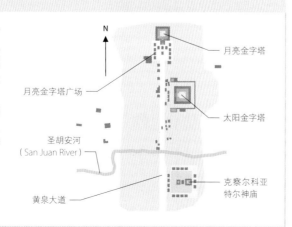

N

月亮金字塔

月亮金字塔广场

太阳金字塔

圣胡安河
（San Juan River）

黄泉大道

克察尔科亚特尔神庙

◁ **特奥蒂瓦坎面具**

作为特奥蒂瓦坎艺术中一个精彩而具标志性的作品，这个石制的殉葬面具大约创作于200年至550年，数世纪后又增添了更多装饰。它嵌有绿松石、天河石、珊瑚、黑曜石和贝壳。

△ 太阳金字塔
特奥蒂瓦坎的鸟瞰图展示了城中巨大的5层太阳金字塔，高64米，地基为222米宽、225米长。248级台阶将人引向金字塔的顶端。

◁ 天堂和地狱
这个细节来自特奥蒂瓦坎约200年时所绘的特潘蒂特拉（Tepantitla）壁画。蝴蝶代表天堂和生命力；与之形成对比的是噩梦般的场景，包括把人当球的游戏（右下）和一排活人祭品（右上）。

奇琴伊察

最后一个伟大的玛雅城邦，部分遗迹是中美洲建筑的杰作

中美洲北部

奇琴伊察是墨西哥东南部最大的玛雅城市，9世纪时崛起，13世纪初陷入衰落。这个非凡的世界遗产占地约10平方千米，拥有金字塔、神庙、天然井、球场，还有用于记录金星运动的天文观测台，展现了玛雅文明丰富的精神与艺术生活。根据一些描绘宗教仪式的壁画、石碑和器皿所示，可以说，对玛雅人而言，战争、酷刑、放血和活人祭品都十分重要。

中心建筑

库库尔坎金字塔矗立在城市的主广场之上。四面共有364级台阶，加上顶部平台的台阶，总数为365级，即一个阳历年的天数。每级台阶都面向罗盘的四个基本方向之一。

▽ 恰克莫尔（CHAC-MOOL）

在勇士神庙的入口处有一尊雨神恰克莫尔的雕像。他拿着一个容器，据说用来装活人祭品的心脏。

与太阳相齐

玛雅人崇拜太阳，在春分和秋分的时候，太阳会对着西北侧的钩栏投下一系列阴影，造成羽蛇神在金字塔上爬行的视觉错觉。

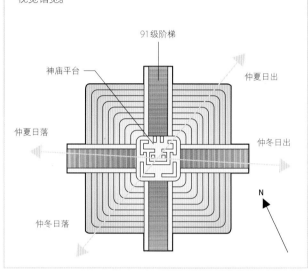

91级阶梯

神庙平台

仲夏日出

仲夏日落

仲冬日出

仲冬日落

N

科潘

一座重要的玛雅城市，让人们对这个复杂的文明有了更多了解

中美洲中部

中美洲的玛雅城市科潘在5世纪至9世纪发展壮大，是玛雅文明的主要城市之一。学者们对这个世界文化遗产特别感兴趣，因为从它的城市规划、建筑以及各种雕塑和雕刻品中，可以明显地看到玛雅宇宙观的表达。

天文学灵感

许多雕塑和雕刻品是在科潘最著名的统治者十八兔王（King 18 Rabbit）统治时期创造的，用来反映宇宙运行模式以及恒星、行星的运动，所有这些都有助于玛雅人规划和调整他们的生活。其中一个主要建筑是宏伟的22号神庙（Temple 22），设计构想是一道通往冥界的大门。它有许多引人入胜的天文学参考资料，包括一条代表银河的双头蛇，象征玛雅的宇宙轴。科潘的象形文字石阶神庙（Temple of the Hieroglyphic Stairway）之所以获此名字，是因为它雕刻着反映城市历史的精美符号或象形文字。它是烟壳王（King Smoke Shell）下令建造的，于749年投入使用。科潘在1200年前后遭废弃。20世纪70年代中期，通过破译整个遗址的各种象形文字，人们在了解科潘的历史方面取得了相当大的进展。

◁ 精致的雕刻

N号石碑（Stela N）位于11号神庙（Temple 11）前、象形文字石阶神庙的南侧。碑上的人物戴着头饰，侧面刻有象形文字。

库库尔坎金字塔
金字塔高达24米，顶部有座库库尔坎雕像，是一条有羽毛的蛇——中美洲的重要神灵。

亚斯奇兰

这座令人难忘的玛雅遗址坐落在雨林深处，因其建筑、纪念碑和壮观的浮雕而闻名

中美洲
北部

浩浩荡荡的乌苏马辛塔河（River Usumacinta）环绕着亚斯奇兰的3条边界。这座城市位于墨西哥恰帕斯州（Chiapas state）的雨林深处，是玛雅人最密集地区的中心，占据防御力强大的地理位置。许多大神庙都建在河边山顶上，可能用作天文观测台。

玛雅艺术

从681年前后起，此地在盾豹王二世（Lord Shield Jaguar II）的领导下蓬勃发展。最为闻名的是它的雕塑，尤其是门框上方壮观的石雕过梁，由各个统治者下令建造。它们通常描绘的都是对玛雅人而言具有神圣意义的放血仪式、祭祀和酷刑。其中几个过梁是玛雅艺术的杰作。

△ 国王宫殿
亚斯奇兰的33号建筑建于8世纪中期，是玛雅古典建筑的一个恢宏范例。它的屋脊饰墙上有雕带、壁龛和雕塑部件。

◁ 35号石碑
这块石碑雕刻于600年至900年，刻画了盾豹王的王后晚星（Eveningstar）。她可能在丈夫死后短暂地统治了亚斯奇兰10年。

建筑风格
前哥伦布时期的美洲

前哥伦布时期指的是在15世纪欧洲人到来之前占领美洲的所有土著文明。就建筑而言，其中最具重要意义的是中美洲文化。

中美洲是北起墨西哥中部、南至哥斯达黎加的历史区域。它是一些主要文化的发源地，如奥尔梅克、萨波特克、阿兹特克和玛雅。他们以各自的形式推动了数学、文字、天文学、宗教和建筑的发展。

阶梯式金字塔是最具特色的中美洲建筑。与埃及金字塔不同，中美洲金字塔内没有墓葬，而是作神庙之用，面向星星拔地而起。它们是这些文化将建筑视为人类世界和来世之间接口的重要体现。城市布局也体现了这一点：神庙、宫殿和球场都眺望着大广场。球场上所进行的仪式性游戏在许多中美洲文化中都很常见。住宅和祭祀建筑通常建在城市的不同区域，以区分城市的日常和宗教功能。在部分文化中，某些建筑还与一年中特定时期天空中的恒星等星体的位置保持一致。

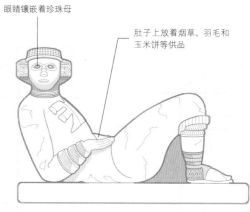

眼睛镶嵌着珍珠母

肚子上放着烟草、羽毛和玉米饼等供品

△ 恰克莫尔雕像
这种雕像在中美洲文化中很常见，刻画了一个躺着的男人，躯体上放着一只碗。人们认为它象征着一个倒下的战士携带着献给神灵的祭品。

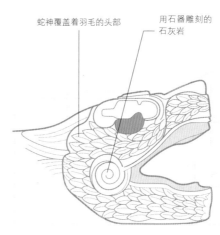

蛇神覆盖着羽毛的头部

用石器雕刻的石灰岩

△ 蛇形雕像和母题
蛇是玛雅文化中的一个重要象征，也是雕塑中经常出现的主题。库库尔坎金字塔在春秋二分点时候投下的阴影，让蛇看起来像在楼梯上起伏。

金字塔每侧的52块石板代表一个玛雅神圣周期的年数，这个周期也叫作"历法循环"（Calendar Round）

石制的蛇头

春分和秋分时，蛇的影子会投射在此

▲ 奇琴伊察的库库尔坎金字塔
奇琴伊察是位于今墨西哥尤卡坦的一座大城市，由玛雅人从7世纪前后开始建造。它的建筑群中，最重要的是用石灰岩所建的库库尔坎阶梯式金字塔，顶部是一座神庙，可从4个外部楼梯进入。

象征性结构

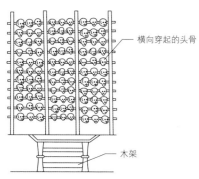

横向穿起的头骨

木架

△ 骷髅头神庙（TZOMPANTLI）的头骨陈列
骷髅头神庙出现在好几个中美洲文明中。它是一个装有一排排人类头骨的架子。这些头骨通常来自战败敌人或活人祭品。

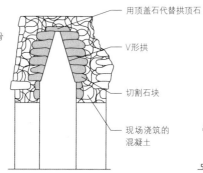

用顶盖石代替拱顶石

V形拱

切割石块

现场浇筑的混凝土

△ 玛雅拱
玛雅工匠使用一种用相邻间悬空的层层砖石所建成的叠涩拱。他们把石块与混凝土和在一起，浇筑进岩石结构中。

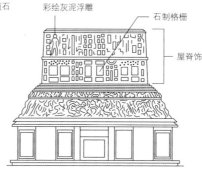

彩绘灰泥浮雕

石制格栅

屋脊饰

△ 屋脊饰
许多中美洲金字塔的顶部都有一个名为屋脊饰的结构，用来增加金字塔的高度，展示装饰和图腾。

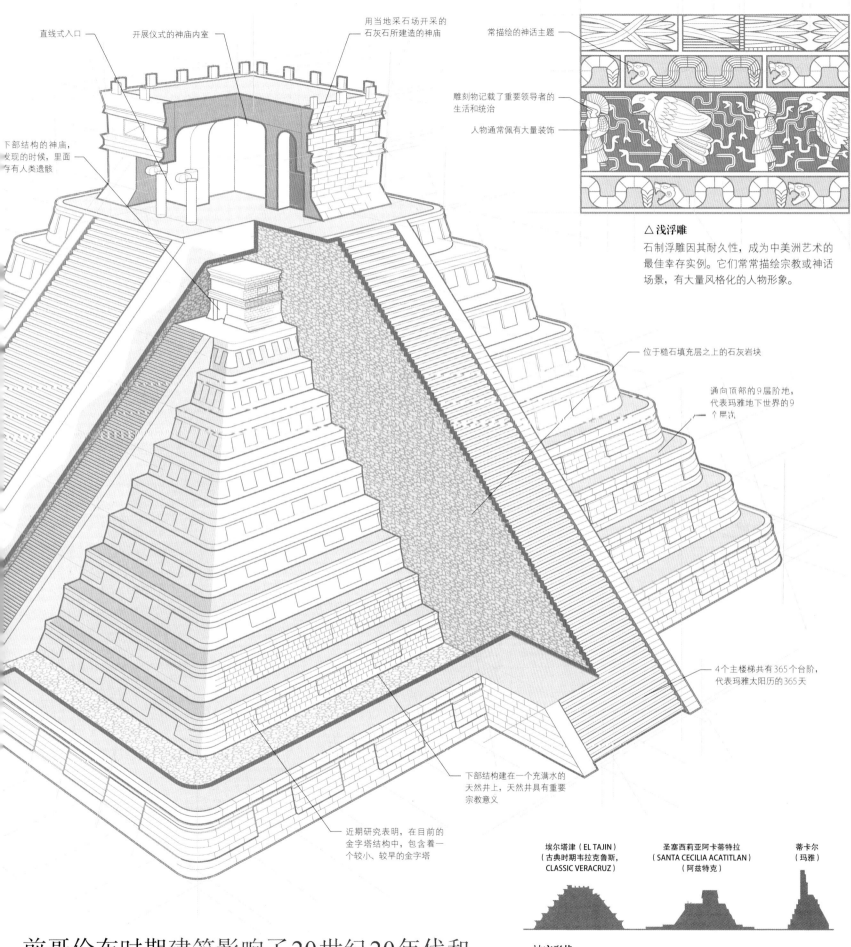

直线式入口

开展仪式的神庙内室

用当地采石场开采的石灰石所建造的神庙

下部结构的神庙，发现的时候，里面存有人类遗骸

常描绘的神话主题

雕刻物记载了重要领导者的生活和统治

人物通常佩有大量装饰

△ 浅浮雕
石制浮雕因其耐久性，成为中美洲艺术的最佳幸存实例。它们常常描绘宗教或神话场景，有大量风格化的人物形象。

位于糙石填充层之上的石灰岩块

通向顶部的9层阶地，代表玛雅地下世界的9个层次

4个主楼梯共有365个台阶，代表玛雅太阳历的365天

下部结构建在一个充满水的天然井上，天然井具有重要宗教意义

近期研究表明，在目前的金字塔结构中，包含着一个较小、较早的金字塔

埃尔塔津（EL TAJIN）（古典时期韦拉克鲁斯，CLASSIC VERACRUZ）

圣塞西莉亚阿卡蒂特拉（SANTA CECILIA ACATITLAN）（阿兹特克）

蒂卡尔（玛雅）

神庙形状
阶梯式金字塔是中美洲神庙的经典形式，但也会有变体。有的四面都有楼梯，有的只有一面，还有的则以屋脊饰等上部结构为特色。

前哥伦布时期建筑影响了20世纪20年代和30年代的许多装饰艺术风格建筑

碑铭神庙

玛雅城邦帕伦克（Palenque）的统治者巴加尔大帝（K'inich Janaab' Pakal）的墓碑

中美洲北部

帕伦克位于今墨西哥恰帕斯州（Chiapas），是重要的玛雅城市之一。它在玛雅文明古典期（约250—900年）成为贸易中心。当时它的玛雅名字为拉卡姆哈（Lakamha），在巴加尔大帝的统治期间达到全盛。巴加尔大帝从615年开始统治帕伦克，一直到683年去世。

从森林中重现天日

目前从森林中发掘出来的遗迹只是帕伦克的一小部分，但已经发现了一些玛雅文明后古典时期建筑的最佳案例，如巴加尔的宫殿和为安置他的坟墓所造的金字塔。9层金字塔有69级阶梯，顶端就是碑铭神庙。神庙名字的由来是它内墙石板上刻有大量的象形文字，而分隔5个入口的墙墩上也有雕刻石板。

帕伦克王朝在800年前后崩溃，森林覆盖了城市；直至18世纪末，它才逐渐重现天日。

△ 巴加尔的墓葬面具
后人在巴加尔墓室的宝物中发现了这个玉石死亡面具。它的眼睛用贝壳和黑曜石制成。

墓室

神庙内部有块地板可以抬起，走下内部楼梯，便可通往巴加尔墓。装有他遗体和陪葬品的石棺顶部有一块巨大的石板，上面雕刻着统治者进入冥界的图案。

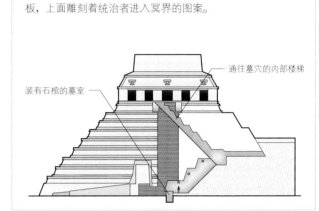

通往墓穴的内部楼梯

装有石棺的墓室

这是唯一已知的玛雅墓葬金字塔，在所葬者生前建造

▽ 想象外观
与帕伦克的其他建筑一样，该金字塔最初也用涂料和灰泥进行了装饰。作为玛雅建筑的一个典型特征，原来的屋脊饰如今只残余部分。

萨克塞华曼

印加人建造的最大的堡垒–神庙建筑群，因其精确建造的干砌石墙而引人注目。

南美洲西部

　　萨克塞华曼堡垒位于秘鲁印加帝国首都库斯科（Cuzco）北部的一座山上，位置十分显眼。它最初是由基尔克人（Killke）在1100年前后建立的，但印加人于13世纪时接管了该地区，扩大并强化了这片建筑群。

　　萨克塞华曼既是堡垒，也是神庙群，高达18米的石墙保护着3层阶梯楼层。堡垒脚下的防御墙呈与众不同的之字形布局，可以从多个方向射击袭击者。

完美契合

　　印加人最初用简单的黏土墙和泥墙加固城堡，但从15世纪中叶起，他们开始用巨大的干砌石墙取代。萨克塞华曼就是因这种石墙而闻名于世。重达100吨的巨大石块开采出来，再通过敲打和雕刻变成极为精确的多边形，不需要使用砂浆，就能完美组装在一起。

　　根据印加人的传说，库斯科城也叫"狮子城"（lion city）。从上往下看，它的布局呈美洲狮形状，萨克塞华曼的堡垒是它的头部。

▽印加堡垒
下图显示了建筑群的中心区域。它建在库斯科上方岬角的平台上。

昌昌

奇穆（Chimú）王国的首都，有一个由10座复合式建筑组成的中央建筑群，以厚厚的泥砖墙相互隔开。

南美洲西部

△巨大的土坯城市
昌昌这座土墙围住的城市占地约20平方千米。这些复合式建筑规划合理，四周环绕着菱形沙墙。

　　昌昌，又名"奇莫尔"（Chimor），是秘鲁北部奇穆文明在12世纪至15世纪的一座繁荣城市。它位于莫切河（Rio Moche）口的岸边，通过建造运河和水库，从一个以农业为主的定居点，演变为一个排列着不同建筑单元的庞大城市。其中最宏伟的是10座长方形的城堡，包括用泥浆制成的土坯砖所建造的宫殿和行政建筑，再用10米高的城墙围住。墙体外部饰有高浮雕的几何图案，以及对动物和鱼类的描绘。

　　虽然在城市建设中使用预制土块会很容易损坏，但干燥的气候让它们至今基本保持完整。此外，在世界文化遗址（World Heritage Site）这个身份的保护下，还在进行中的支持维修项目已为后人保留了大部分遗迹。

南美洲西部

复活节岛石像

拉帕努伊（Rapa Nui）人创造的不朽祖先雕像，为太平洋中的复活节岛所独有

在第一千纪的某个时候，一群波利尼西亚人（Polynesians）在距离智利海岸3,700千米的拉帕努伊岛上定居。11世纪至17世纪，拉帕努伊人雕刻了800～1,000个巨型石像。人们认为每个石像都代表着一位杰出祖先的精神。这些石像（摩艾）通常竖立在名为"阿胡"（ahus）的仪式平台上，面向内陆，注视着这座岛屿和它的人民。大多数雕像由黄褐色的火山凝灰岩块雕刻而成，有一个巨型头部。有些还戴有红色的凝灰岩普卡奥（Pukao），即头饰，它们应该是后来雕刻的石像。

行走的石像

关于摩艾是如何从雕刻它们的采石场远距离运输过来的问题，长期以来一直存在争议。比起滚动树撬理论来，如今人们更相信这些雕像是用绳索捆绑，通过倾斜和左右拉动来"行走"至全岛各位置的。

欧洲殖民者于1722年抵达拉帕努伊。到18世纪末，大多数摩艾都被推倒了。重新竖立雕像的进程始于1978年，联合国教科文组织于1995年宣布复活节岛为世界文化遗产。2018年，岛民要求伦敦的大英博物馆（British Museum）归还1868年从岛上取走的一座雕像。

▷ 全视之眼

唯一修复过眼睛的雕像是阿胡"大眼睛"（Ko Te Riku）。它的眼窝很深，在祭祀活动中会把白色珊瑚片放在眼窝里。

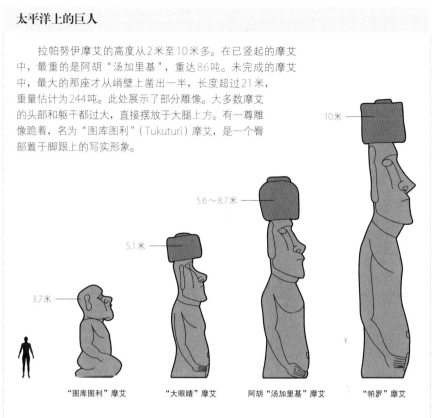

太平洋上的巨人

　　拉帕努伊摩艾的高度从2米至10米多。在已竖起的摩艾中，最重的是阿胡"汤加里基"，重达86吨。未完成的摩艾中，最大的那座才从峭壁上凿出一半，长度超过21米，重量估计为244吨。此处展示了部分雕像。大多数摩艾的头部和躯干都过大，直接摆放于大腿上方。有一尊雕像跪着，名为"图库图利"（Tukuturi）摩艾，是一个臀部置于脚跟上的写实形象。

10米
5.6～8.7米
5.1米
3.7米

"图库图利"摩艾　　"大眼睛"摩艾　　阿胡"汤加里基"摩艾　　"帕罗"摩艾

△ 摩艾工厂
在拉拉库采石场（Rano Raraku）里，近900座摩艾用凝灰岩雕成。凝灰岩是一种由火山灰形成的多孔岩石。此图中看到的例子没戴红色火山石制成的头饰。

▽ 石头脸
阿胡"汤加里基"（Ahu Tongariki）是复活节岛上最大的仪式建筑物。它的15座雕像站在一个100米长的平台上，背对着大海，保护着曾经坐落于在它们面前的古老村庄。

复活节岛的巨型石像平均重达13吨

马丘比丘

一座宏伟的印加城堡和一片神庙群，坐落于秘鲁乌鲁班巴河（Urubamba River）上方的山脊上

马丘比丘（意为"古老的山脉"）由印加统治者帕查库提·印加·尤潘基（Pachacuti Inca Yupanqui）于15世纪中期建立，占据了秘鲁安第斯山脉（High Andes of Peru）中很大一片地方，位于印加首都库斯科西北80千米处。这片防御森严的建筑群主要是供奉太阳神因蒂（Inti）的圣地，也是该地区的行政中心。它还围住了一个（高峰期）约有1,000名居民的定居点，包括贵族的住所，以及南部和东部一片较为简陋的单独住宅区，主要提供给庄园的工人们居住。

太阳神庙（Sun temple）

马丘比丘的建筑由精心切割的花岗岩块建成，具有印加风格特点。它们精确地组合在一起，无需砂浆，以不规则的方式排列，可以抵御地震的影响。其中最好的建筑位于城堡上部，具有宗教和天文学功能，包括三窗庙（Temple of the Three Windows），还有托雷翁（Torréon），即太阳神庙。太阳神庙承担一种天文台式的功能，它的窗户会在夏至和冬至时与太阳对齐，也会与印加神话中的重要星座对齐。

失落与发现

由于地处偏远，马丘比丘躲过了西班牙入侵的劫难。1911年，美国探险家海勒姆·宾厄姆（Hiram Bingham）在寻找传说中"失落"的印加首都时发现了它。一个马丘比丘的修复项目正在实施中，目前已经翻新或重建了超过三分之一的城市。

△陪葬品
印加贵族在下葬时都会带着珍贵的陪葬品，比如这个在马丘比丘发现的金色美洲驼雕像。

▽山顶城堡
无论是设计还是建造方面，马丘比丘的城镇和台地都与壮观的自然环境相融。

排水工程

要在高降雨量地区的陡峭山坡上建造马丘比丘，要求工程技能须达到惊人的水平。这个定居点有一个先进的排水系统，护墙上留有不同形状的通道，以便在暴风雨时让水排出，还有地下的石屑层可以作为临时水库。如果没有这些特点，这个建筑群在很多年前就坍塌了。

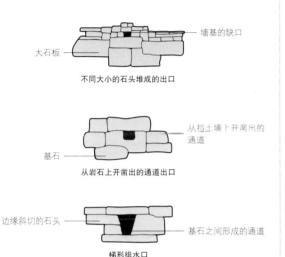

墙基的缺口

大石板

不同大小的石头堆成的出口

从挡土墙上开凿出的通道

基石

从岩石上开凿出的通道出口

边缘斜切的石头

基石之间形成的通道

梯形排水口

◁托雷翁

半圆形的托雷翁位于太阳神庙内，拥有天文定向的梯形窗户，可以通过直墙上的"蛇门"（Serpent's Gate）进入。

马丘比丘的城堡高于海平面2,430米

圣普里斯卡教堂

一座具有纪念意义的双塔教堂，展现了新西班牙巴洛克风格的殖民建筑和艺术

中美洲中部

位于墨西哥塔斯科的圣普里斯卡教堂是依照当地银矿主何塞·德拉博尔达（José de la Borda）的命令，于1751年至1758年建造的，以表达他对财富的感激之情。

西面主入口的两侧有两座高大的塔楼，从镇上任何地方都可以看到。浅粉红色岩石建成的下层结构支撑着精心雕饰的钟楼，具有新西班牙巴洛克风格特点。入口周围的正立面也进行了华美装饰，有一个巨大的中央浮雕镶板，以及圣普里斯卡和圣塞巴斯蒂安等圣徒的雕像。顶部有一尊圣母升天（Assumption of Mary）的雕塑。教堂的另一端有一个穹顶，顶上覆盖着色彩鲜艳的瓦片。

华丽的内部

教堂的内部也同样壮观，装饰集中在殉道主题上。中殿和袖廊中饰有9个巴洛克风格的祭坛，与主立面的风格相呼应。袖廊的礼拜堂里也有些祭坛。墙上挂着墨西哥艺术家米格尔·卡布雷拉（Miguel Cabrera）的画作，是德拉博尔达（de la Borda）为教堂委托他创作的。

△ 巴洛克式浮雕
外立面的中央镶板上描绘了基督的洗礼，周围有一圈椭圆形的装饰框。

1758年到1806年，圣普里斯卡教堂是墨西哥最高建筑

新财富的标志
圣普里斯卡教堂是西班牙殖民时期繁荣的象征，华丽多彩地矗立在繁忙的墨西哥矿业城市塔斯科（Taxco）之中。

圣伊格纳西奥米尼

耶稣会传教区的红色砂岩遗址，位于阿根廷雨林中

南美洲东部

圣伊格纳西奥米尼建于17世纪中叶，是西班牙殖民者建立的诸多耶稣会传教区之一，也称为"传教区"（reducciones），目的是向南美当地人（往往以胁迫的形式）介绍基督教的生活方式。它建立在瓜拉尼（Guarani）人的土地上，如今是阿根廷、巴西和巴拉圭的边境地区。它是当代西班牙巴洛克风格，但融入了土著元素，所以又称"瓜拉尼巴洛克风格"。

优雅的陨落

在传教区的巅峰时期，有2,000多人住在这里，但耶稣会士最终失去了爱戴。19世纪初，大部分土著居民试图摧毁这些建筑，只有主传教建筑的外壳和相邻的教堂幸存下来。圣伊格纳西奥米尼是瓜拉尼地区的传教建筑中保存最完好的，建筑群的布局依然清晰，而墙壁和拱门的残存部分则证明了建筑曾经的雄伟。

传教区

在16世纪至18世纪受西班牙统治的美洲地区，许多原住民被聚集到传教区，即耶稣会传教士管理的社区。传教区参照典型的西班牙村庄进行规划，通常会有一个中央广场，周围有教堂、公墓、修道院和行政建筑，以及原住民的住所。

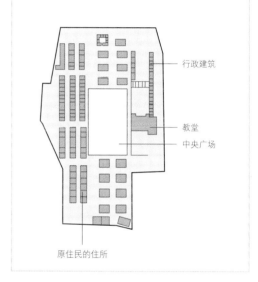

行政建筑

教堂

中央广场

原住民的住所

狭长的中殿
塔斯科位于丘陵地带，几乎没有适合大规模建设的平地。为了匹配小峡谷中的这块选址，圣普里斯卡教堂的设计进行了修改，大大缩小了中殿的面积，增加了正门两侧塔楼的高度。

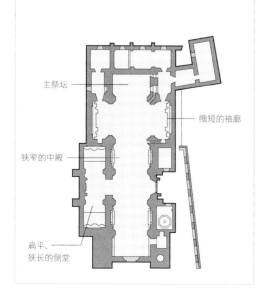

主祭坛

缩短的袖廊

狭窄的中殿

扁平、狭长的侧堂

△ **殖民主义遗迹**
圣伊格纳西奥的废墟即使在目前的状态下也显得很宏伟。西班牙巴洛克和瓜拉尼的混合建筑风格在互不相连的墙壁和教堂拱门上依然明显。

拉费里埃城堡

一座反殖民主义的堡垒，如今是海地独立国家的象征

中美洲东部

1791年，西印度群岛上海地的非洲奴隶起义，反抗法国殖民者主人。法国于1802年派出大量士兵试图夺回该岛，但大多数人都死于热病。1804年1月1日，让-雅克·德萨林（Jean-Jacques Dessalines）宣布海地独立。

为铭记而建

由于担心法国再次进攻，负责海地北部的亨利·克里斯托夫将军（General Henri Christophe，1767—1820年）下令建造一座巨型堡垒。工程于1805年开始，一直持续到1820年。地基岩石直接铺在山石上，用生石灰、糖浆以及以当地牛羊的血和牛蹄煮成的胶水进行固定。还建造了蓄水池和仓库，来供应5,000名守军一年的水和食物。

▽ 战略位置

拉费里埃城堡坐落在900米高的山顶上，占地超过10,000平方米。城堡的尖角墙厚1.2米，离地40米高。

△ 仍堆积着

海地人收集了160门大炮置于军火库来保卫城堡。一摞摞炮弹仍在墙根处堆积如山。

大约20,000名工人经过15年的努力，
建造了这座巨大的堡垒

△ 最大的船闸

加勒比海北部运河末端的加通船闸（Gatún Locks）宽33.5米、长320米，是这条运河中最大的船闸。它把船舶从海平面抬升至加通湖（Gatún Lake）湖面。

巴拿马运河

一个工程奇迹，一个以巨大的人力成本完成的大洋间捷径

中美洲南部

△ 后来的增建

82千米长的巴拿马运河在2016年进行了扩建，增加了新船闸，可以处理比老船闸大3倍的船只。

狭窄的巴拿马地峡将大西洋和太平洋分开，长期以来一直是航运的障碍。除了最顽强的旅行者和商人，所有人都对需要绕过合恩角向南的危险航行望而却步。当时，法国工程帅由于成功建造了连接地中海和红海的苏伊士运河而平添几分勇气，于1880年开始建造一条横跨巴拿马地峡的类似水道。然而，工程问题和工人的高死亡率导致建筑公司在1889年破产，项目停止。

巨量的劳动力

美国毫不畏惧，于1904年接管了该项目，因为运河建成后它将获益最多。在接下来的10年里，工人们挖出了超过1.3亿立方米的岩石和泥土，创造出当时世界上最大的人工湖，即加通湖，为两边的船闸提供水源。这条新运河立即收获了成功，在1914年，即其运营的第一年，约有350艘船只使用了它。

运河路线

从北部加勒比海进入巴拿马运河的船只穿过利蒙湾（Limon Bay）。接着，它们从加通船闸上升26米，进入内陆的加通湖，经过盖拉德人工渠（Gaillard Cut），然后通过更多的船闸下降到巴拿马城旁边的太平洋。2016年，新船闸组在运河两端开放，以满足大型船只的需求。

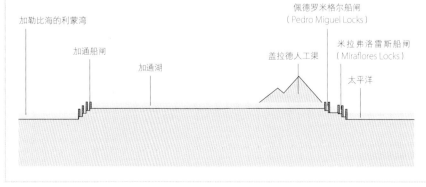

加勒比海的利蒙湾　　加通船闸　　加通湖　　盖拉德人工渠　　佩德罗米格尔船闸（Pedro Miguel Locks）　　米拉弗洛雷斯船闸（Miraflores Locks）　　太平洋

救世基督像

里约热内卢最著名的地标，世界上最大的装饰艺术风格雕像

南美洲东部

一座巨大的救世基督雕像从科科瓦多山（Mount Corcovado）顶部俯瞰里约热内卢，它的脸正对着初升的太阳，因此，用设计者的话说，"神圣雕像将是第一个现身的形象"。19世纪50年代，有人首次提出在山上建造纪念碑的想法，但直到1921年，天主教大主教管区才提议在山顶建造基督雕像。1922年4月4日，也就是巴西脱离葡萄牙统治100周年独立纪念日当天，甚至在雕像设计尚未达成一致的情况下，底座的基石就已经铺好了。1922年晚些时候，巴西工程师海托·达·席尔瓦（Heitor Da Silva，1873—1947年）受托，开始设计雕像方案，但巴西艺术家卡洛斯·奥斯瓦尔德（Carlos Oswald）和法国雕塑家保罗·兰多斯基（Paul Landowski）也影响了最终设计。

拥抱城市

建造救世基督像需要25万美元，教会筹集了大部分资金，工人和材料于1926年开始乘火车上山。雕像由钢筋混凝土建成，并以三角形的皂石瓦片装饰，于1931年完工。它高30米，位于一个8米高的方形底座上。底座上覆盖着黑色花岗岩，让这个装饰艺术风格的形象有了一个朴素的立足处。基督手臂从北到南的翼展为28米。

▷ **在基督的注视下**
基督的巨大雕塑俯瞰着里约和糖面包山（Sugarloaf Mountain），不断提醒市民他们需尽的宗教义务。

救世基督像是世界上第五大的耶稣雕像

雕像内部

雕像内部是一系列由狭窄楼梯连接的加固楼层。第10层延伸进雕像手臂，还有一条狭窄的通道通向手指。肩部有一个舱口，可以通向外面。雕像胸膛里有一颗用马赛克装饰的雕花心脏。雕像的空心底座内是阿帕雷西达圣母礼拜堂（Chapel of Our Lady of Aparecida），于2006年雕像75周年纪念日时举办了祝圣仪式。

通往手臂的通道

内部是混凝土结构

维护用楼梯

外层是混凝土和皂石层

内有礼拜堂的底座

△ **混凝土结构**
3.75米高的基督头部由混凝土浇筑而成，再用皂石马赛克进行装饰。

巴西利亚大教堂

一座惊人的皇冠状现代主义大教堂，拥有彩色玻璃天花板，为一个未来城市而设计的建筑

南美洲东部

当1957年决定将巴西利亚作为巴西的新首都时，最先开始建造的建筑之一就是大教堂。该建筑由巴西最著名的现代主义建筑师奥斯卡·涅莫亚（Oscar Niemeyer，1907—2012年）进行设计。其简单但令人惊叹的双曲线结构由16根凹形混凝土柱组成，每根柱子重90吨。新的阿帕雷西达圣母大教堂（Metropolitan Cathedral of Our Lady of Aparecida）于1958年9月15日奠基，1968年10月21日举行祝圣仪式。

光明的殿堂

通往大教堂的道路两旁有4座青铜雕塑，各高3米：马太（Matthew）、马可（Mark）、路加（Luke）和约翰（John）。右侧是一座20米高的钟楼。参观大教堂的人需要穿过一条黑暗的隧道，才能进入明亮的圆形大厅。

地面以上

大教堂的大部分建筑面积都在地下。地面上只能见到宽70米、高42米的主屋顶、洗礼堂的卵形屋顶和钟楼。有些观赏者觉得，屋顶代表了两只伸向天堂的手；还有些则看到了耶稣受难时头上荆棘冠的演绎。

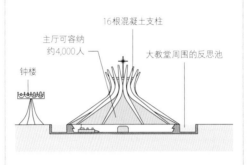

16根混凝土支柱

主厅可容纳
约4,000人

大教堂周围的反思池

钟楼

墨西哥国立自治大学
大学城的核心校区

一组反映快速现代化的墨西哥拥有活力和雄心的建筑

中美洲北部

▽ 马赛克壁画
图书馆大楼的墙壁上有一幅名为《文化的历史表现》（Historical Representation of Culture）的壁画。它是世界上巨大的用连续不断的马赛克所绘画作之一。

墨西哥国立自治大学（UNAM）的学生曾经分散在墨西哥城各处上课。1949年至1952年，在一个校区里建设了一座新大学，成为墨西哥自阿兹特克帝国（1325—1521年）以来最大的单一建设项目。许多现代主义建筑与校园内的花园和火山岩相融合，但中央图书馆因其外部装饰而备受注目。

巨大的马赛克

墨西哥艺术家胡安·敖戈曼（Juan O'Gorman，1905—1982年）设计的巨大壁画覆盖了图书馆，面积超过4,000平方米。这幅壁画包含了数以百万计的马赛克，都是用从墨西哥各地收集的彩色石头制成的。为了表彰这一现代主义的杰作，联合国教科文组织在2007年宣布整个校园为世界文化遗产。

△ 无上荣耀

一个简洁的金属十字架矗立在大教堂主塔的顶端。教皇保罗六世（Pope Paul VI）为该十字架祝圣，还于1967年捐赠了主祭坛和祭坛画。

◁ 飞行中的天使

中殿上空的3个飞行天使由钢缆承重，每个重100～300千克，设计者为阿尔弗雷多·塞奇亚蒂（Alfredo Ceschiatti）。

△ 中心人物

主拱顶的中心是哥伦比亚艺术家卡洛斯·宏里克·罗德里格斯（Carlos Enrique Rodriguez）所创作的大理石雕塑。

锡帕基拉盐教堂

位于地下200米的盐教堂，让人灵感迸发、惊叹不已

南美洲北部

普鲁士自然学家亚历山大·冯·洪堡（Alexander von Humboldt，1769—1859年）于1801年访问哥伦比亚，他认为锡帕基拉开采的石岩（即岩盐）矿床比欧洲发现的任何矿场都要大。

这个矿区已经开采了数个世纪。开采期间，矿工们在危险劳动之余凿刻了一些圣所，祈祷得到保护。在20世纪30年代，他们挖掘了一座地下教堂，并于1950年开始将这座教堂改建为盐教堂，供奉矿工的守护神玫瑰圣母（Our Lady of Rosary）。

结构和安全问题导致大教堂于1992年关闭，但矿工们在老教堂下方61米处，建造了一座新的大教堂作为回应。新教堂于1995年12月16日落成，有3个中殿和14个小礼拜堂，分别代表耶稣苦路十四处（Station of the Cross）的每一站，圣像和建筑的细部都用岩盐雕刻而成。

每周日有多达3,000名访客来盐教堂做礼拜

尼泰罗伊当代艺术博物馆

一座由现代主义大师设计的简洁艺术馆，戏剧性地栖息在悬崖之上

南美洲东部

△ 准备起飞

人们常把这座建筑的结构比喻为瓜纳巴拉湾水域边缘准备起飞的UFO。博物馆位于一个岩石岬角上，从这里可以看到里约热内卢市的壮丽景色。

　　巴西建筑师奥斯卡·尼迈耶（Oscar Niemeyer，1907—2012年）因其令人侧目的现代主义建筑而闻名。位于里约热内卢郊外的尼泰罗伊当代艺术博物馆是他最简洁的建筑之一。该博物馆于1996年竣工，外形像个碟子，高16米，有一个宽50米的小穹顶。里面有3层楼。没有柱子的主展厅只能容纳60人，是个独特的展览场所。从周边广场可以通过一条98米长的混凝土坡道进入博物馆。一个占地817平方米的反思池环绕着圆柱形的底座。

　　博物馆的主要冲击力在于它的位置。它位于瓜纳巴拉湾（Guanabara Bay）东侧的尼泰罗伊，坐落在俯瞰博阿维亚任海滩（Boa Viagem beach）的悬崖上，面向着对岸的里约热内卢。

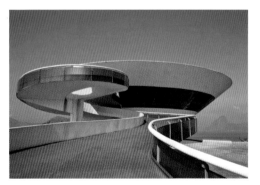

△ 华丽入场

悬空人行道用色大胆，让人联想到红地毯，看起来连接着飞碟一侧。它把游客带往展览厅。

简洁设计

　　从博物馆的横截面可以看出设计的简洁性。一条走道通向主楼，包括办公室、主展厅、两个较小的侧展厅，以及边缘的观景廊。办公室和其他房间埋在地下。

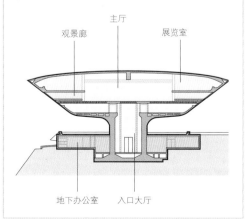

观景廊　　主厅　　展览室

地下办公室　　入口大厅

"尼泰罗伊"源自当地图皮（Tupi）语，意为"隐水"

伊泰普水坝

一系列巨大的结构，共为巴西生产了15%的使用电力

南美洲东部

伊泰普水坝横跨巴西和巴拉圭之间的巴拉那河（Paraná River），实际上由4个不同的水坝组成：一个填土坝、一个堆石坝、一个混凝土主坝和一个混凝土翼坝。水坝的最大高度为196米，所有水坝加起来有7,919米长。它们后面有一个表面积为1,350平方千米的水库，贮有29立方千米的水。2016年，该水坝创造了发电量103,098,366兆瓦时（MWh）的世界纪录。这些电力一半向西输送至巴拉圭，一半向东输送至巴西，但大部分输送至巴拉圭的电力随后又出口到了巴西。

鸣石水坝

水坝的名字源于附近河流中的一个岛屿。在当地瓜拉尼语中，"伊泰普"意为"鸣石"。这个庞大项目的构思始于20世纪60年代，当时各邻国同意开发巴拉那河的水电。建筑工程于1971年1月开始，1978年河流改道，以便建造水坝。水坝于1984年5月5日开放，开始发电。

△ 庞大规模

建造这4个水坝大约使用了1,230万立方米混凝土。这个量足以建造200多座足球场。施工中使用的钢铁数量可以建造380座埃菲尔铁塔。

▽ 气派的照明

伊泰普水坝在夜间的照明，突出了巨大坝壁的结构和工程的复杂性。

水坝内部

伊泰普水坝的主坝由大型混凝土段组成，连接在一起，围成一个空心室。在4个水坝上，水流通过20套涡轮机来发电，而水库中不需要用于发电的多余之水则通过14个独立的泄洪道，以每秒62,200立方米的速度排放出去。

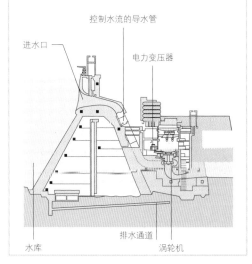

控制水流的导水管
进水口
电力变压器
水库
排水通道
涡轮机

历史线路

巴黎凯旋门（Arc de Triomphe）坐落在12条放射状大道的交会点。它还位于一条历史轴线上，一条连接卢浮宫（Louvre）庭院和拉德芳斯"新凯旋门"（Grande Arche de la Défense）的虚拟线路。

欧洲

从巨石柱到现代主义

欧洲

异教徒对自然力量的崇拜激发了整个欧洲第一批建筑的诞生。它们是利用巧妙的技术和天文学知识建造的。后来在希腊和罗马，对人形神的崇拜带来了严循古典式原则的新建筑奇迹。理性的数学方法也推动后来的欧洲建筑师不断创新，特别是在罗马式与哥特式时期，以及后来的现代。6世纪时，拜占庭人（Byzantines）将东方元素引入建筑中，建筑材料从石材改为砖块——后来在文艺复兴时期，砖块得到了极广泛应用。建筑材料驱动了之后数世纪的创造力发展：从巴洛克时期对灰泥的精通，到现代和当代对混凝土和玻璃的痴迷。

古希腊人

公元前800—前146年

古希腊建筑师坚持一套严格的美学价值观，他们开创的先例在后来的数千年里无数次重现。他们形成了对称和比例的原则，并把柱子、柱头和山形墙确定为永久性建筑部件。

❺ 帕特农神庙

罗马人

公元前509—公元476年

尽管罗马人受到过古希腊人的启发，但他们创造了自己的建筑模式，并传遍了罗马帝国，在撤退后仍长期影响着欧洲的城市。最值得注意的是，他们使用拱和穹顶作为基本的建筑部件。

❾ 万神殿

新石器时代的纪念碑建造者

公元前4000—前1700年

强大的异教信仰构成了整个欧洲许多新石器时代建筑的精神之基。早期的建筑者使用的工具通常有限，也没有轮式运输工具。他们搬动巨大石块，劈开石英岩和花岗岩，挖掘大量泥土，来建造坟墓和宗教纪念建筑。

❶ 纽格莱奇墓

纽格莱奇墓拥有5,000多年的历史，它将悠久的古墓建筑传统与一种纪念碑与天文地标相一致的新理念进行了结合

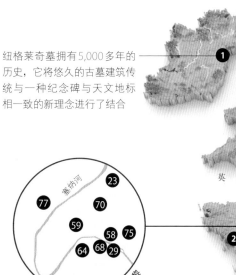

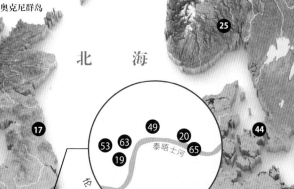

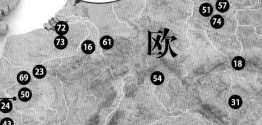

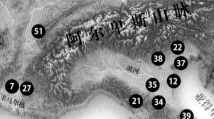

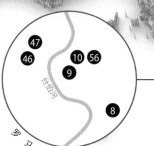

冰岛

法罗群岛

奥克尼群岛

北　海

英吉利海峡

塞纳河

巴黎

比斯开湾

坎塔布里亚山脉

中央高原

比利牛斯山脉

伊比利亚半岛

巴利阿里群岛

内华达山脉

阿尔卑斯山脉

欧

亚平宁山脉

亚得里亚海

波河

卡马尔格

罗马

西西里岛

马耳他

地　中

海

千米

0　　　250　　　500

0　　　250　　　500

英里

巴伦支海

科拉半岛

45 奥涅加湖

30

拉多加湖

60

东欧平原

40 41

洲

东喀尔巴阡山脉

匈牙利大平原

32

多瑙河

巴尔干山脉

黑海

48 13

圣索菲亚大教堂（Hagia Sophia）建于537年，被认为是拜占庭时期优秀建筑之一

6

5

33

克里特岛

现代主义
19—20世纪

19世纪末的工业进步催生了新的建筑材料和技术，激发出不同的建筑方式。大部分建筑都集中在快速扩张的城市。金属框架和混凝土令更高、更复杂的结构成为可能，而建筑作为艺术的理念也开始深入人心。

66 圣家族大教堂

文艺复兴时期
14—16世纪

文艺复兴时期的建筑师恢复了古希腊和古罗马的理性主义，崇尚对称性和几何规律。菲利普·布鲁内莱斯基（Filippo Brunelleschi）是这个时代的创新者之一。他在建造时不使用脚手架、飞扶拱或支撑拱，而使用人字形砌砖（herringbone brickwork）来增加结构的强度。

34 佛罗伦萨大教堂

罗马式建筑
11—12世纪

诺曼人在政治和文体上不断扩大影响的同时，也逐渐形成了以古罗马拱为中心的罗马式建筑风格。诺曼人大规模使用拱，带有尖角的结构性拱和新的肋骨拱系统，彻底改变了建筑。

17 达勒姆大教堂

古代和现代工程师

古希腊人建立了纪念性公共建筑和城市规划的传统，罗马人在对欧洲大陆的大部分地区进行殖民时也继续完善。后来，北欧工业革命用工程成就改变了城市和农村环境，这一过程在20世纪的现代主义中得以延续。

关键地点

❶ 纽格莱奇墓	❺❼ 勃兰登堡门
❷ 卡纳克巨石群	❺❽ 卢浮宫
❸ 马耳他巨石庙	❺❾ 凯旋门
❹ 巨石阵	❻⓿ 冬宫
❺ 帕特农神庙	❻❶ 科隆大教堂
❻ 德尔斐	❻❷ 匈牙利国会大厦
❼ 加尔桥	❻❸ 威斯敏斯特宫
❽ 罗马斗兽场	❻❹ 埃菲尔铁塔
❾ 万神殿	❻❺ 塔桥
❿ 马可奥里略圆柱	❻❻ 圣家族大教堂
⓫ 戴克里先宫	❻❼ 新天鹅城堡
⓬ 圣维塔莱教堂	❻❽ 奥塞美术馆
⓭ 圣索菲亚大教堂	❻❾ 米拉之家
⓮ 圣米歇尔山	❼⓿ 圣心堂
⓯ 科尔多瓦清真寺–大教堂	❼❶ 奎尔公园
⓰ 亚琛大教堂	❼❷ 原子球
⓱ 达勒姆大教堂	❼❸ 斯托克雷特宫
⓲ 布拉格城堡	❼❹ 爱凶斯坦塔
⓳ 威斯敏斯特教堂	❼❺ 蓬皮杜国家艺术和
⓴ 伦敦塔	文化中心
㉑ 比萨斜塔和教堂	❼❻ 哈尔格林姆教堂
㉒ 圣马可大教堂	❼❼ 拉德芳斯新凯旋门
㉓ 圣丹尼大教堂	❼❽ 毕尔巴鄂古根海姆
㉔ 沙特尔大教堂	美术馆
㉕ 海达尔木板教堂	❼❾ 米约大桥
㉖ 乌普萨拉大教堂	❽⓿ 都市阳伞
㉗ 阿维尼翁教皇宫	
㉘ 阿尔汗布拉宫	
㉙ 巴黎圣母院	
㉚ 费拉邦多夫修道院	
㉛ 捷克克鲁姆洛夫城堡	
㉜ 布兰城堡	
㉝ 米斯特拉斯	
㉞ 佛罗伦萨大教堂	
㉟ 维琪奥桥	
㊱ 塞维利亚大教堂	
㊲ 威尼斯总督府	
㊳ 维琴察圆厅别墅	
㊴ 公爵宫	
㊵ 克里姆林宫	
㊶ 圣巴西勒教堂	
㊷ 舍农索城堡	
㊸ 香波城堡	
㊹ 腓特烈堡	
㊺ 基日岛木结构教堂	
㊻ 圣彼得大教堂	
㊼ 西斯廷教堂	
㊽ 蓝色清真寺	
㊾ 圣保罗大教堂	
㊿ 凡尔赛宫	
51 无忧宫	
52 布莱尼姆宫	
53 白金汉宫	
54 维尔茨堡居住区	
55 美泉宫	
56 特雷维喷泉	

纽格莱奇墓

会在冬至日早晨亮起的圆形墓穴

欧洲西北部

　　大型通道式纽格莱奇墓坐落于爱尔兰东部,可能建于公元前3200年前后,比埃及的金字塔和英国的巨石阵(见第95页)还要古老。坟墓包含一个直径为80米的大圆丘,由土石交替堆砌而成,高度为11米。圆丘前面有一道挡土墙,主要建材是白色石英鹅卵石,周围有精心雕刻的路缘石和一个外部石圈。可以从东南方进入一条19米长的室内通道,抵达中心的路程大约是通道的3倍之长。通道尽头是一个大内室,有一个高高的托臂拱顶,下方有3个小内室。

　　这座坟墓的用途尚不清楚。它很可能建于宗教目的,也许与太阳崇拜有关。爱尔兰神话认为它是众神的家,它的力量至今仍令人印象深刻。

对准冬至日

　　冬至日的日出时分,阳光通过通道直接照射到内室的壁雕上,尤其是前墙上的"三腿形饰"(triskelion),或称"三重螺旋"。照明大约持续17分钟。如今,这一活动吸引了许多游客,通过抽签选出照明的幸运见证人。

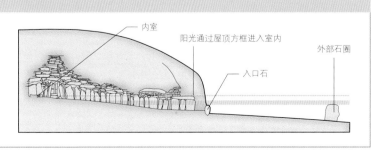

内室
阳光通过屋顶方框进入室内
外部石圈
入口石

△巨石之墓
内部通道和内室里的547块石板,以及组成外部路缘石的石板大多是硬砂岩,这是一种以其硬度和深色命名的砂岩。

卡纳克巨石群

神秘的史前石阵，至今令考古学家迷惑不已

欧洲西北部

在法国西部布列塔尼（Breton）卡纳克村庄的周围空地上，有4,000多块竖立的岩石，是世界上最大的此类岩石组合。它们由新石器时代人类在约7,000年前竖立而起，但具体时期还不确定。

这些岩石从卡纳克向东北方向成行延伸，排列成3条主线路和一条小线路。3条主线与史前墓穴（史前巨石墓）和坟冢（土丘）并排而立，呈聚合行或扇形排列。

神秘的线路

为什么这些岩石会置于此地仍然是个谜。一些考古学家认为，岩石的排列与至日的日落相吻合，也就是说，这些岩石可能形成了一个巨大的天文台；另一些考古学家则提出了殡葬用途，推测这些岩石代表着两个不同世界之间的门槛。当地的传统说法是，这些石头排直线站立，因为它们是被巫师梅林（Merlin）变成石头的罗马军团。

△ 按高度排列

这些立石的高度从60厘米到4米不等，取决于它们在每条线路上的位置。

▽ 每乃克排列（MENÉC ALIGNMENT）

每乃克排列由12组呈聚合行排列的巨石组成，绵延1,165米，宽度约为100米。

△ 新石器时代建筑群

纽格莱奇墓位于新石器时代博恩河河曲考古遗址（Brú na Bóinne）建筑群的中心。这个建筑群包括位于附近道斯（Dowth）和那奥斯（Knowth）的两座类似通道式坟墓，以及另外90座纪念建筑。

△ 雕刻的路缘石

围绕着纽格莱奇墓的路缘石上刻有各种弧形和直线的雕饰。它们的含义不明，但一般认为它们有某种象征性作用。

最长的排列：中央的科马里奥（Kermario）由1,029块石头组成

马耳他巨石庙

50多座史前庙宇，据说是世界上最古老的独立结构建筑

欧洲南部

公元前6000年至公元前5000年，日益成熟的文明开始定居马耳他群岛，开始了长达千年的神庙建设时期。

巨人之塔

最早的两座神庙名为吉干提亚（Ġgantija），意为"巨人之塔"，约于公元前3600年建于戈佐岛（the island of Gozo）。它们的设计相对简单，有一个三巨石结构（trilithon，两根立柱支撑一根过梁）的入口，通向半圆形内室，或称"半圆形后殿"（apses），内有竖起的大块石板。每个半圆形后殿内都有一个石灰石祭坛，附近发现的动物骨骼表明，这些祭坛可能用作献祭。

公元前3000年至公元前2500年，巨石神庙建设时期达到了巅峰。当时马耳他主岛上的神庙群，如哈贾尔基姆（Ħaġar Qim）、姆纳耶德拉（Mnajdra）、斯科巴（Skorba）和塔克西恩（Tarxien）等，都采用了吉干提亚神庙的样式，但往往有着更复杂的底层平面规划，拥有好几个半圆形后殿。

在吉干提亚神庙中，可以从一个小入口内室进入两个半圆形后殿。而在较大的神庙中，有一条铺设的通道（有些例子中是一对通道），从主入口通往各个单独内室。从外面看，由平坦的前院进入神庙的出入口会以一个石拱门作为标记，正立面是用比内部稍硬的石灰岩建成的。因此，以浮雕形式出现的动植物图案装饰通常只限于神庙的内部。

◁ **神庙艺术**
神庙里有许多雕刻艺术品，如这个小雕像，显示了精湛的工艺水平。

▽ **神庙内部**
神庙内相互连接的内室，或称半圆形后殿，屋顶由雕饰支柱和三巨石结构的出入门口支撑。

△ **神圣之地**
在这张航拍图中，可以清楚地看到遗迹内部马蹄形排列的拱和中央祭坛石，以及周围一圈支柱和过梁。

立石

巨大支柱和过梁组成的环形结构，名为巨石阵，矗立在史前土方工程的中心

巨石阵

一圈独特的巨大立石，具有神秘的象征意义，也许是世界上最著名的史前遗迹

欧洲西北部

巨石阵坐落在英格兰南部索尔兹伯里平原（Salisbury Plain）的白垩高原上，位于一片具有丰富考古学意义的地区之中。这片地区在几千年前就已经开始打造纪念建筑。大约在公元前3100年，第一个土方工程启动，形式为"围栏"——一个由环形沟渠和堤岸包围的区域。大约在公元前3000年，"围栏"内竖立起了一个木结构，用于火葬仪式。大约在公元前2500年，岩石纪念建筑开始成形。80根青石支柱竖立起来，一个巨大的砂岩"祭坛石"（Altar Stone）铺设在墓穴中央。后来，巨大的致密砂岩块取代或添置到支柱上，形成了现在的结构：30块立石和过梁围成一圈，环绕着中央排成马蹄形的三巨石结构。

每块致密砂岩块重达30吨

为死者举行的仪式

学者们对巨石阵的功能仍不确定。它很可能具有历法功能，用作仪式和埋葬之地，这一点从遗址中发现的许多火化骨头可以看出。

与太阳相齐

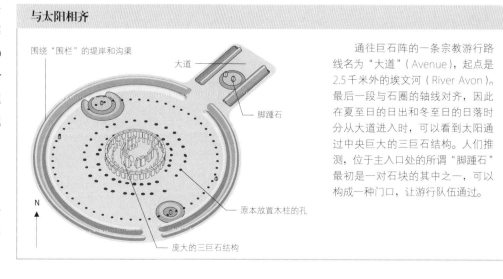

围绕"围栏"的堤岸和沟渠

大道

脚踵石

N

原本放置木柱的孔

庞大的三巨石结构

通往巨石阵的一条宗教游行路线名为"大道"（Avenue），起点是2.5千米外的埃文河（River Avon）。最后一段与石圈的轴线对齐，因此在夏至日的日出和冬至日的日落时分从大道进入时，可以看到太阳通过中央巨大的三巨石结构。人们推测，位于主入口处的所谓"脚踵石"最初是一对石块的其中之一，可以构成一种门口，让游行队伍通过。

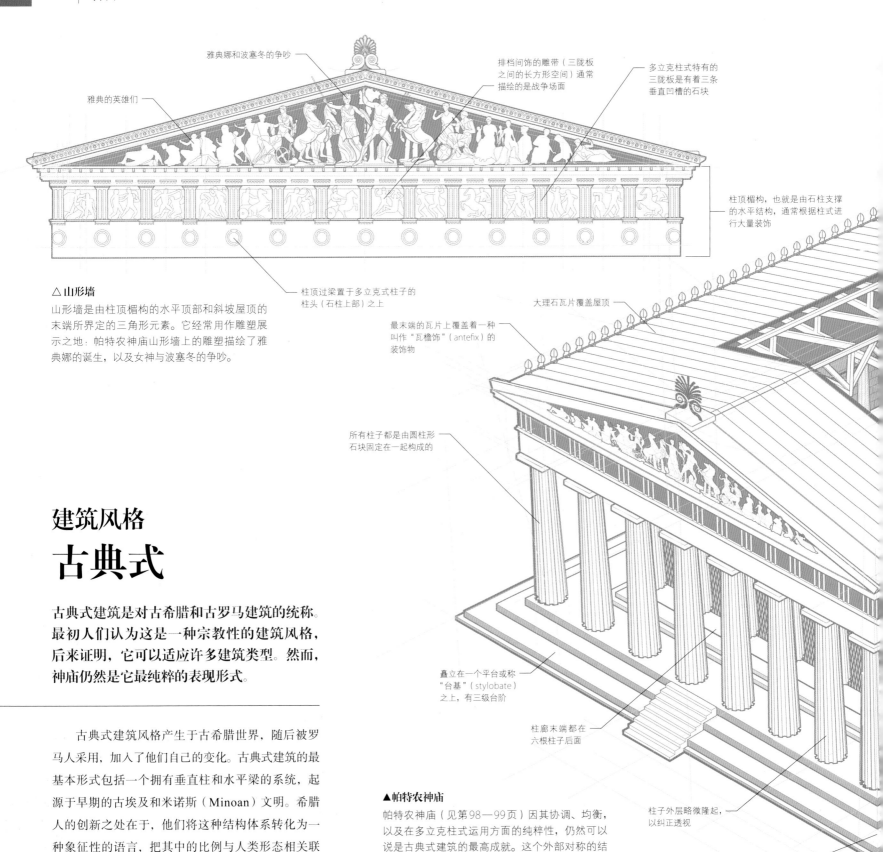

雅典娜和波塞冬的争吵

雅典的英雄们

排档间饰的雕带（三陇板之间的长方形空间）通常描绘的是战争场面

多立克柱式特有的三陇板是有着三条垂直凹槽的石块

柱顶楣构，也就是由石柱支撑的水平结构，通常根据柱式进行大量装饰

△山形墙

山形墙是由柱顶楣构的水平顶部和斜坡屋顶的末端所界定的三角形元素。它经常用作雕塑展示之地：帕特农神庙山形墙上的雕塑描绘了雅典娜的诞生，以及女神与波塞冬的争吵。

柱顶过梁置于多立克式柱子的柱头（石柱上部）之上

大理石瓦片覆盖屋顶

最末端的瓦片上覆盖着一种叫作"瓦檐饰"（antefix）的装饰物

所有柱子都是由圆柱形石块固定在一起构成的

建筑风格
古典式

古典式建筑是对古希腊和古罗马建筑的统称。最初人们认为这是一种宗教性的建筑风格，后来证明，它可以适应许多建筑类型。然而，神庙仍然是它最纯粹的表现形式。

古典式建筑风格产生于古希腊世界，随后被罗马人采用，加入了他们自己的变化。古典式建筑的最基本形式包括一个拥有垂直柱和水平梁的系统，起源于早期的古埃及和米诺斯（Minoan）文明。希腊人的创新之处在于，他们将这种结构体系转化为一种象征性的语言，把其中的比例与人类形态相关联起来。

古典式建筑的定义性元素是5个柱式：多立克式、爱奥尼式和科林斯式，后来加入了塔司干式和混合式。虽然通过石柱的特定类型来判断类型最容易，但古典柱式包括底座、柱子、柱头和檐部，每个柱式都有一套预定义的比例和装饰方案。这种结构性和象征性的有趣组合，正是古典式建筑具有持久吸引力的核心所在。

叠立在一个平台或称"台基"（stylobate）之上，有三级台阶

柱廊末端都在六根柱子后面

▲帕特农神庙

帕特农神庙（见第98—99页）因其协调、均衡，以及在多立克柱式运用方面的纯粹性，仍然可以说是古典式建筑的最高成就。这个外部对称的结构被广泛认为是多立克柱式的巅峰之作。

柱子外层略微隆起，以纠正透视

作为一种视觉上的优化，台基末端比中央低12厘米

许多希腊和罗马的古典建筑
最初并不像现在这样是白色的，
而是涂上了鲜艳的颜色

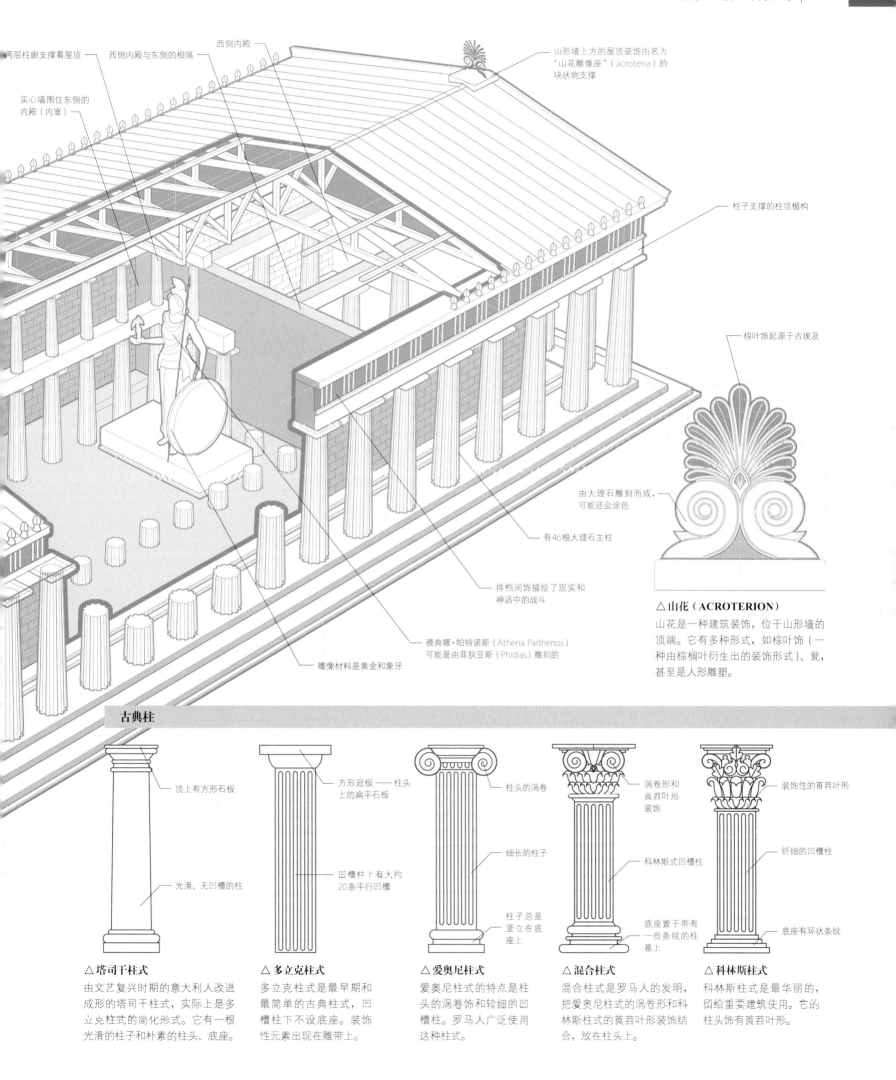

两层柱廊支撑着屋顶

西侧内殿与东侧的相隔

西侧内殿

山形墙上方的屋顶装饰由名为"山花雕像座"（acroteria）的块状物支撑

实心墙围住东侧的内殿（内室）

柱子支撑的柱顶楣构

棕叶饰起源于古埃及

由大理石雕刻而成，可能还会涂色

有46根大理石主柱

排档间饰描绘了现实和神话中的战斗

雅典娜·帕特诺斯（Athena Parthenos）可能是由菲狄亚斯（Phidias）雕刻的

雕像材料是黄金和象牙

△山花（ACROTERION）

山花是一种建筑装饰，位于山形墙的顶端。它有多种形式，如棕叶饰（一种由棕榈叶衍生出的装饰形式）、瓮，甚至是人形雕塑。

古典柱

顶上有方形石板

方形冠板——柱头上的扁平石板

柱头的涡卷

涡卷形和莨苕叶形装饰

装饰性的莨苕叶形

光滑、无凹槽的柱

凹槽柱上有大约20条平行凹槽

细长的柱子

科林斯式凹槽柱

纤细的凹槽柱

柱子总是竖立在底座上

底座置于带有一些条纹的柱基上

底座有环状条纹

△塔司干柱式

由文艺复兴时期的意大利人改进成形的塔司干柱式，实际上是多立克柱式的简化形式。它有一根光滑的柱子和朴素的柱头、底座。

△多立克柱式

多立克柱式是最早期和最简单的古典柱式，凹槽柱下不设底座。装饰性元素出现在雕带上。

△爱奥尼柱式

爱奥尼柱式的特点是柱头的涡卷饰和较细的凹槽柱。罗马人广泛使用这种柱式。

△混合柱式

混合柱式是罗马人的发明，把爱奥尼柱式的涡卷形和科林斯柱式的莨苕叶形装饰结合，放在柱头上。

△科林斯柱式

科林斯柱式是最华丽的，留给重要建筑使用。它的柱头饰有莨苕叶形。

帕特农神庙

雅典娜的神庙，希腊古典式建筑的缩影，从雅典卫城（Acropolis）俯瞰雅典

帕特农神庙是公认的希腊古典文明巅峰、多立克柱式建筑的典范，在雅典城上方的堡垒卫城中，让此地人民引以为豪。公元前480年波斯人入侵时，旧雅典娜神庙遭摧毁，便又建造了帕特农神庙。它和其他较小的神庙以及雅典卫城的宏伟入口一样，都为庆祝雅典抵抗侵略胜利而建。帕特农神庙用彭特利库斯山（Mount Pentelicus）出产的优质白色大理石建成，长70米、宽31米，是当时最大的神庙。

贞女之室（The House of the Virgin）

神庙的中心是一个内室，里面有一尊巨大的雅典娜·帕特诺斯（贞女雅典娜）的雕像，内室名字"贞女之室"就是由此而来。在雕塑家菲迪亚斯的监督下，建筑师伊克提诺斯（Iktinos）和卡利特拉提斯（Kallikratis）开发了一种设计方案，将新的爱奥尼柱式元素融入基本的多立克柱式。再对该建筑进行装饰，包括山形墙上的雕塑，以及内外两排柱子上方雕带处的浮雕石板。

帕特农神庙从6世纪起用作基督教教堂，1458年奥斯曼帝国征服雅典后，改建为清真寺。它一直保存得完好无缺，直到1687年威尼斯人轰炸雅典，才有所损毁。19世纪初，第七代埃尔金伯爵（7th Earl of Elgin）托马斯·布鲁斯（Thomas Bruce）搬走了许多幸存的雕塑，如今仍在伦敦的大英博物馆展出，备受争议。

▷ **大理石雕带**
在成排的柱子上方是刻有高浮雕的雕带，描绘了希腊神话中的神和人物。

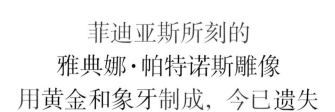

菲迪亚斯所刻的
雅典娜·帕特诺斯雕像
用黄金和象牙制成，今已遗失

△ **雅典娜·帕特诺斯神庙**
雅典卫城坐落在海拔149.3米的石山上,至今仍有大约20座建筑。其中最大的就是帕特农神庙,面积相当于8个网球场。

◁ **与众不同的柱子**
帕特农神庙以北的伊瑞克提翁神庙(Erechtheion Temple)中,一些名为"女像柱"(caryatids)的女性形象雕塑用来充当神庙柱子。

视错觉

如果按照完全垂直方案建造,帕特农神庙会因为透视的扭曲而出现奇怪的失衡。为了解决这个问题,建筑师们将神庙设计在一个略微拱凸的底座上,柱子微微弯曲、向内倾斜,中间稍稍凸起,这种技术名为"凸肚状"(entasis)。角落的柱子也比内侧的稍宽一些,而且更靠近隔壁柱子。为了从地面看过去不会出现渐渐远离的视觉效果,雕带几乎无法察觉地往前倾斜了一点。

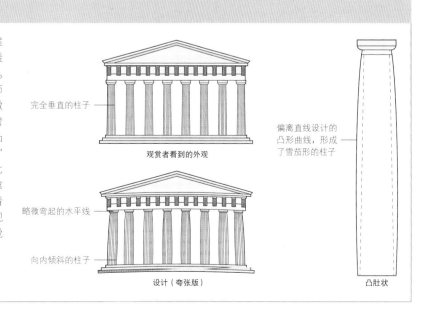

完全垂直的柱子

观赏者看到的外观

偏离直线设计的凸形曲线,形成了雪茄形的柱子

略微弯起的水平线

向内倾斜的柱子

设计(夸张版)

凸肚状

欧洲南部

德尔斐

献给阿波罗（Apollo）神的圣地，希腊人认为它是世界的中心

德尔斐位于帕纳索斯山（Mount Parnassus）的壮丽山峰间，是古代世界中一个具有神秘意义的地方。公元前7世纪在此建立的宗教圣殿是皮媞亚（Pythia）的所在地。她就是阿波罗神庙（Temple of Apollo）的女祭司，更广为人知的称号是德尔斐神谕（Oracle of Delphi）。皮媞亚依靠阿波罗的力量而展现了预言和判断的能力，因而广受追捧，成为古代世界中著名女性之一。

重建神庙

阿波罗神庙在一次火灾和一次地震后进行了重建，如今矗立在此的遗迹——神庙的地基和几根多立克式柱——正是于公元前330年建造的。神庙周围还有许多其他建筑，至今仍可看到它们的遗迹。其中最引人注目的是一座能容纳5,000名观众的剧院、一个举办皮提亚竞技会（Pythian games）的体育场、金库，以及几座较小的神庙，包括供奉雅典娜·普鲁娜娅女神的圆形神庙（Tholos）。

皮提亚竞技会在德尔斐举办，重要性仅次于奥林匹克运动会

△ **德尔斐的圆形神庙**
近代，人们对德尔斐进行了大量挖掘，并对圆形神庙等一些建筑开展了部分修复。圆形神庙最初有一圈20根多立克式柱围绕着10根科林斯式柱构成的核心。

坚韧的设计

加尔桥的强度源自精心切割的石头，让砂浆的需求量最少化。强度还基于3层设计：每一层都比下面一层略窄；主墩垂直排列；每个拱都单独建造，用来补偿可能出现的沉降。

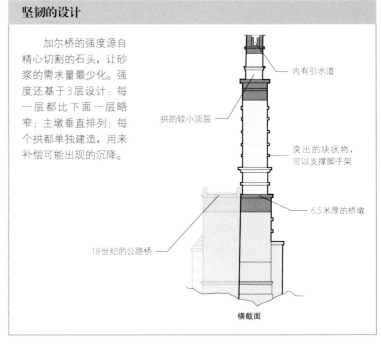

内有引水道

拱的较小顶层

突出的块状物，可以支撑脚手架

6.5米厚的桥墩

18世纪的公路桥

横截面

加尔桥

加尔河上壮观的3层桥，是从乌泽斯（Uzès）到尼姆（Nîmes）的罗马水渠其中一段

△ 石块

高架渠的石头每块重达6吨，用人力绞盘吊装到位。施工占用了超过1,000人的5年劳动力。

欧洲南部

加尔桥高出加尔河近50米，是罗马人建造的高架水渠中最高的。它是一条50千米长运河的一部分，将水从罗马城市乌塞提亚（Ucetia，今乌泽斯）附近的一个泉眼，输送到尼姆。运河建于1世纪，穿过了非常崎岖的地形，有时要经过地下通道，还越过了加尔河谷。

拱形的横渡桥

横跨峡谷的桥建成了3层拱道。上层承载着一个石制的导水槽。下层由6个拱组成，每个高22米。中层有11个类似的拱，支撑着上层47个更小的拱。上层拱高7米，其中35个留存了下来。在456米的桥梁跨度中，水渠的高度只下降了2.5厘米，倾斜度不到一万八千分之一。罗马帝国灭亡后，加尔桥不再用作水渠，但变成了一座渡河用的收费桥，让它始终维持着不错的修缮。18世纪时，在它低层一侧增加了公路桥。加尔桥于1885年进行了翻修，2000年关闭了公路桥的交通。

◁ 为民所用的水

尼姆城内精心雕刻的喷泉式饮水器中所喷出的水就是由那座水渠供应的。

欧洲南部

罗马斗兽场

罗马有史以来最大的露天剧场，已成为罗马市的一个标志性符号

▷石灰岩拱
斗兽场的外墙有3层拱，
拱上有半柱装饰，第四层
是普通的长方形小窗

罗马斗兽场建于1世纪，是尽失民心的尼禄皇帝（Emperor Nero）死后，城市复兴计划的其中一部分。它是由尼禄的继任者韦帕芗（Vespasian）在72年下令建造的，于80年开放。作为一个娱乐场所，它为角斗士和动物间的搏斗、竞争、神话情节的重构，以及公开处决，提供了一个巨大空间。

规模宏大的建筑

斗兽场主要用当地的石灰岩建成，内部还有一些砖砌体。它高达48.5米，占据了一块长188米、宽156米的椭圆形区域。该建筑的外部有多立克式、爱奥尼式和科林斯式的拱廊，拱上饰有雕像。露天剧场的地板覆盖着地下结构——一个由隧道和内室组成的迷宫，用来安置地上赛事的参与者。

404年后，竞技游戏废除了，露天剧场陷入失修状态。随着时间的推移，它遭受了地震、疏忽和掠夺的破坏。尽管偶尔有人尝试修复，但直到19世纪，人们才充分认识到这座建筑的重要性，要为后人把斗兽场留存下去。

斗兽场设计成一个可以容纳超过50,000名观众的场地

△壮观的遗迹
虽然只有一半外墙保存了下来，但现存的入口通道和地下室足以昭显规模的宏伟和建造技术的精湛。

阶梯式座位

竞技场周围的观众席是分层安排的，不同的社会阶层坐不同的层级。低层的环形座位为皇帝和议员保留；他们后面是骑士区；然后是中产阶级，分成两层；再上面是一个木制阶梯形平台，普通市民（平民阶层）站立在走道上。

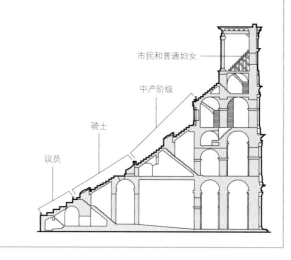

市民和普通妇女

中产阶级

骑士

议员

万神殿

保存最完美的古罗马遗迹，拥有世界上最大的无支撑砖石穹顶

欧洲南部

最初的万神殿是供奉所有罗马神的神庙，由执政官马库斯·阿格里帕（Marcus Agrippa）于公元前27年下令建造。他是一位伟大的政治家和军事领袖，也是一位多产的建筑家。大约150年后，在哈德良皇帝（Emperor Hadrian）统治时期，如今的建筑取代了原神庙。尽管后来还有些改变，但于125年左右建成的万神殿基本上就是今天仍矗立在罗马市中心的建筑。608年，它正式成为一座天主教堂。

混凝土结构

万神殿的设计与其他古罗马建筑不同。游客通过有着16根花岗岩柱子的巨大门廊和巨型青铜门，进入用镶板装饰的穹顶下方令人惊叹的圆形空间。内部的光线来自眼形窗（oculus），也就是穹顶顶部的一个洞，雨天里也会有雨水进入。

穹顶用混凝土制成，跨度为 43.3 米，没有支撑框架，着实为一个非凡的工程壮举。虽然没有人确切知道它是如何建造的，但它的秘密之一是顶部的建筑材料变得更薄、更轻，这种技术令建筑外部的穹顶比内部的要平坦得多。穹顶的重量由6米厚的砖面混凝土墙支撑。圆形内部用大理石进行了丰富装饰，里面还有艺术家拉斐尔（Raphael）和两位意大利君主的坟墓。

△ 壮观的门廊

万神殿柱式门廊令人印象深刻，它挡住了从建筑外面观看穹顶的视线。门廊的每根柱子高12.5米，周长为4.5米。

△眼形窗
自然光通过巨大穹顶顶部的眼形窗涌入万神殿。下方紧挨着眼形窗的是一圈圈凹陷的石板，或称镶板（coffers）。

几何完美

万神殿的内部是一个圆柱体，顶部是一个半球形的屋顶。圆柱体的高度正好等于穹顶的半径，所以建筑内部可以画出一个完整球体。天花板上的镶板排成5排，每排28个，尺寸从下到上逐渐缩小。

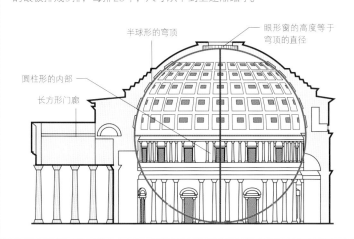

半球形的穹顶
眼形窗的高度等于穹顶的直径
圆柱形的内部
长方形门廊

欧洲南部

马可奥里略圆柱

一座庆祝罗马军队胜利的纪念碑，生动展示了古代战争的细节

马可奥里略圆柱矗立在罗马市中心圆柱广场（Piazza Colonna），是为纪念罗马皇帝于172年至175年对欧洲中部开展的军事行动而建造的。它可能建于176年至193年。

一个胜利的故事

马可奥里略圆柱由28块意大利大理石制成，柱身高26.5米。柱子是空心的，里面有一个200级的螺旋形楼梯。毫无疑问，它的灵感来自罗马另一座著名的纪念碑，113年建成的图拉真纪功柱（Trajan's Column）。与早期柱子一样，马可奥里略圆柱也覆盖着浮雕，从柱脚到柱头，呈螺旋状展开。在下半部分的浮雕中，描绘了马尔库斯·奥列里乌斯（Marcus Aurelius）带领军队与马尔科曼尼人（Marcomanni）作战，而上半部分则展示了他与萨尔马提亚人（Sarmatians）之战的胜利。其中一个最著名的场景表现的是172年的一起事件：当时罗马军队被敌人围困，快要渴死了，突然降临的暴雨救了他们。这些浮雕具有重要的历史意义，提供了关于罗马军事装备和战役技术的详细信息，如浮桥的建造。最初，马尔库斯·奥列里乌斯皇帝和妻子福斯蒂娜（Faustina）的雕像矗立在柱子顶部，但这些雕像在中世纪时消失了。1589年，圣保罗雕像取而代之。

◁胜利之柱
柱子是为了庆祝罗马军队在帝国边境的胜利而建造的，但如今顶部是一尊基督教雕像。圆柱浮雕中的战斗场面精确而形象。

欧洲南部

戴克里先宫

戴克里先皇帝（Emperor Diocletian）为他退位后的生活所建造的庞大罗马宫殿和防御建筑群

斯普利特（Split）坐落于克罗地亚海岸线上，它的中央老城区中，大部分街道和建筑都曾是如今名为"戴克里先宫"的墙内一部分。然而，这座宫殿本身也只是一片防御建筑群的一部分，那是戴克里先为迎接他于305年从罗马皇帝之位退位后的生活而建造的。

城堡的结构

城堡三面受高墙和瞭望塔保护，南面临海，西侧铁门和东侧银门之间的街道把它一分为二。北边是驻军和住宅区。北墙上有道宏伟的金门，门外是南北向的主道，一直通往中央广场，即"列柱广场"（Peristylum），构成了建筑群南侧入口。南半部包括公共建筑和皇帝俯瞰大海的豪华住宅。罗马人放弃城堡后，墙内的建筑和空间被众人接管，成为私人住宅和商店。如今，它们是城市组成不可或缺的一部分。

△ 改造后的城堡
圣杜金大教堂（Cathedral of St Domnius）的主体原来是罗马帝国的陵墓，12世纪时又增加了一座钟楼。

大教堂平面图

罗马和拜占庭元素的融合令大教堂结构复杂：整体八角形的平面内包含一个由拱形成的内部八角形，支撑着多层塔楼；前廊（narthex，即入口大厅）不同寻常地把切向设置在边界上，而不是与教堂的主轴对齐。

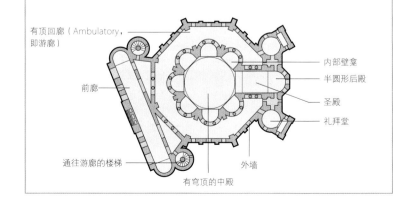

有顶回廊（Ambulatory，即游廊）

前廊

通往游廊的楼梯

有弯顶的中殿

内部壁龛

半圆形后殿

圣殿

礼拜堂

外墙

欧洲南部

圣维塔莱教堂

它是意大利拜占庭式建筑的最高点，内部有大量马赛克装饰

意大利城市拉文纳（Ravenna）拥有大量早期基督教建筑，可以追溯至5世纪或6世纪，历经罗马人、东哥特人（Ostrogoth）和拜占庭人的统治。拉文纳内被联合国教科文组织列为世界遗产的八座建筑中，圣维塔莱教堂是一座建于526年至547年的八角形建筑。

著名的马赛克

从建筑形式上看，它并不是一座"巴西利卡"大教堂（basilica一词指的是有中央大殿和耳房的长方形建筑），授予教堂这一称号是对其教会地位的认可。它是穹顶等罗马元素和拜占庭影响的混合体，特别体现在八角形的平面图，以及对砖块与厚层灰泥的使用。然而，教堂相当简朴的外表容易让人产生误解。内部宽敞的多边形中殿充满了自然光，以奢侈的马赛克进行了满满的装饰，描绘了圣徒和基督的生活，纪念拜占庭皇帝查士丁尼一世和他的妻子狄奥多拉成为拉文纳的统治者。

△ **拜占庭马赛克**

圣维塔莱教堂饰有保存完好的希腊-罗马风格马赛克。它也收藏了当时一些最重要的拜占庭艺术品。

▷ **查士丁尼的镶嵌画**

半圆形后殿的一面墙上有一幅马赛克镶嵌画，描绘了查士丁尼皇帝与宫廷官员、神职人员；对面是一幅展示他的妻子狄奥多拉皇后（Empress Theodora）的镶嵌画。

▽ **八角形的外观**

典型的拜占庭式八角形中殿支撑着上层穹顶。飞扶拱用来把横向、向外的力量传递至地面。

圣索菲亚大教堂

君士坦丁堡伟大的拜占庭式教堂，奥斯曼征服（Ottoman Conquest）后，改建为该城的主清真寺

欧洲东南部

圣索菲亚（希腊语中意为"上帝智慧"）大教堂是东罗马帝国皇帝查士丁尼大帝在527年至565年期间下令建造的，替代君士坦丁堡（今伊斯坦布尔）城内因暴乱而损毁的教堂。他设想要有一座担负得起东方帝国主教堂之名的建筑，建筑师据此提出了一个革命性的方案——一座上有巨大穹顶的方形建筑。建筑于537年完工，但其未经测试的设计，加上糟糕的施工方法，仅在20年后就导致了穹顶的坍塌。重建时，它的穹顶略薄了一些，并采用更耐用的加固措施，以这种样式留存至今天。

从教堂到清真寺

教堂内部采用的丰富装饰呈拜占庭风格，墙壁、天花板和地板上都有抛光的大理石板和耶稣、圣徒的马赛克图案。在1453年奥斯曼帝国征服君士坦丁堡之前，圣索菲亚一直是东正教最重要的大教堂。之后，教堂被改建为清真寺，增加了4座宣礼塔（minarets），安置了一个圣龛（mihrab，指示麦加方向的壁龛）和一座敏拜尔（minbar，即讲坛）。随着奥斯曼帝国的崩溃，凯末尔·阿塔图尔克（Kemal Atatürk）开始推行土耳其世俗化改革。改革方案的其中一部分是：作为清真寺的圣索菲亚大教堂于1931年关闭，于1935年作为博物馆重新开放。

> 圣索菲亚大教堂的穹顶曾是世界上最大的穹顶，直到15世纪被佛罗伦萨大教堂（Duomo in Florence）超越

△ 为城市景观加冕
拜占庭式的大教堂饰有4座宣礼塔，是一个独特的地标，主宰着历史名地伊斯坦布尔半岛的天际线。

◁ 空间和光线
圣索菲亚大教堂的正方形平面、高墙和巨大的穹顶，令教堂内部有一种开放和光明的感觉。

支撑穹顶

为了给圣索菲亚大教堂建造一个宽敞的中殿，建筑师们开发了一种创新设计，将一个圆形的穹顶置于一个方形的建筑之上。穹顶的重量由4个墙墩承担，墙墩又掩藏在帆拱之下——逐渐变尖的三角柱在穹顶下形成优雅的半圆拱。

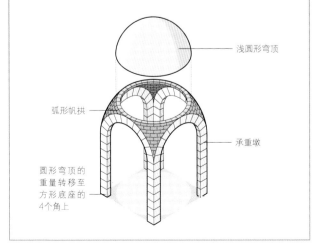

浅圆形穹顶

弧形帆拱

承重墩

圆形穹顶的重量转移至方形底座的4个角上

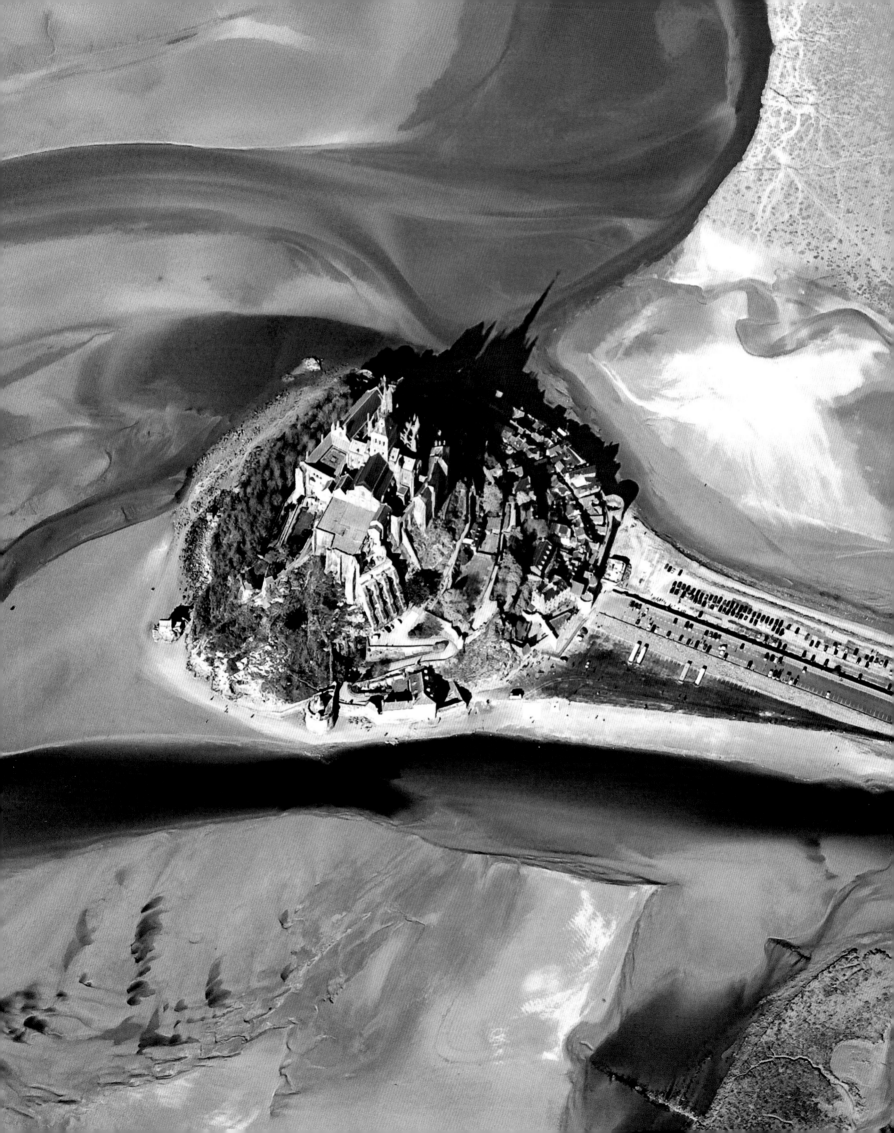

欧洲西北部

圣米歇尔山

一座坚固的中世纪修道院，在壮观的环境中融入了不同的风格

圣米歇尔山的花岗岩层露头位于诺曼底海岸边，只有在涨潮时才会完全变成岛屿。坐落在山顶上的建筑和防御工事有着惊人的历史，可以追溯至1,300多年前。

圣米歇尔山的第一座教堂建于709年。966年，一座本笃会（Benedictine）修道院建成。随着修道院的壮大，早期的建筑并入一个由地基、地下室和楼梯组成的迷宫中。13世纪时，增建了一座3层高的诺曼哥特式建筑杰作，名为拉梅维耶尔（意为"奇迹"）修道院。修道院下方的山坡上，开始发展出一个小城镇。

堡垒、监狱和纪念碑

修道院的命运在宗教改革后开始衰落，19世纪时成为一座监狱。1863年监狱关闭，不久后这座山丘就被列为历史遗迹。1874年建成了一条堤道，令前往该岛的旅程不再那么险恶。1966年，僧侣们回到了圣米歇尔山。1979年，它成为联合国教科文组织的世界遗产。

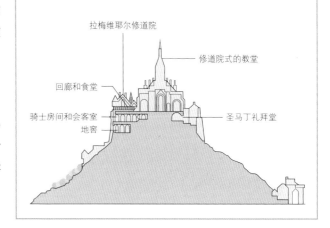

拉梅维耶尔修道院

这幅岛图展示了拉梅维耶尔的3个楼层，总高度达35米。这些楼层反映了中世纪的等级观念。贫穷的朝圣者会在地窖内用餐，骑士和重要的客人则前往骑士房间和会客厅。而作为精神上最接近天堂的人，僧侣们会在食堂用餐，在回廊休息。

拉梅维耶尔修道院

回廊和食堂

骑士房间和会客室

地窖

修道院式的教堂

圣马丁礼拜堂

圣米歇尔山是诺曼底地区
唯一没有在百年战争中落入英国人之手的地方

◁海上城堡

淤泥沉积和填海造地让这个曾经在海岸外有7千米之远的岛屿，如今只有2千米距离，最终可能成为大陆一部分。

▷城镇和修道院

修道院/教堂的塔楼和尖塔高出海湾170米。巨大的城墙在涨潮时保护着城镇。

科尔多瓦清真寺

庞大清真寺内有座文艺复兴式大教堂，是摩尔建筑和基督教建筑的独特结合

欧洲西南部

倭马亚王朝（Umayyad dynasty）发源于麦加，该王朝于750年在东方被推翻，但在西班牙继续蓬勃发展。

在倭马亚王朝的领袖阿卜杜勒-拉赫曼一世（Abd al-Rahman I）的一声令下，科尔多瓦清真寺工程于786年开启。它建在科尔多瓦的罗马神庙和后来西哥特（Visigoth）教堂的遗址上，许多材料都是从这些老建筑上拆下来的。

龛（祈祷壁龛），由倭马亚王朝的哈里发哈卡姆二世（al Hakam II，961—976年在位）于962年添置。

16世纪时，拆除了部分清真寺，为大教堂让位。同时，宣礼塔也改造成了一座钟楼，即阿尔米纳尔塔（Alminar Tower）。该塔于1984年列入联合国教科文组织的世界文化遗产名录，如今已获得全面保护。

柱和拱

这座清真寺最引人注目的特点是沿着主厅绵延的大理石柱和拱之森林。最初有1,200多根石柱，但现在只有850根左右。马蹄形拱由红砖和白石交替组成，特别与众不同。清真寺最富丽堂皇的地方是令人惊叹的圣

◁ **装饰图案**

科尔多瓦清真寺内的圣龛有一个房间大小，墙壁和天花板上都装饰着类似植物的图案。

◁ **祈祷厅**

大祈祷厅有一排又一排的马蹄形拱。柱的长度不等，因为许多是重新利用的早期建筑材料。

△ **圣龛上的穹顶**

雄伟的圣象之上有个壮观的穹顶，上有八角星形的马赛克装饰。

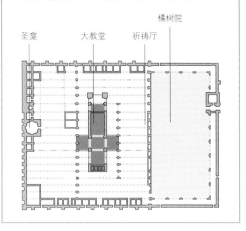

建筑物的平面图

原清真寺面积为180米×130米。入口处是"橘树院"（Court of the Oranges），通往圆柱排列的祈祷厅，尽头是圣龛。白1236年以米，这片建筑群一直用作基督教大教堂，增添了一个中央主祭台，在它两侧又增建了许多礼拜堂。

橘树院

圣龛　大教堂　祈祷厅

欧洲西北部

亚琛大教堂

欧洲古老的大教堂之一，查理曼（Charlemagne）的墓地，600年间一直是德国国王的加冕教堂

800年圣诞节当日，法兰克王国的国王、西欧和中欧大部分地区的统治者查理曼（查理大帝）接受加冕，成为神圣罗马皇帝。查理大帝借鉴罗马帝国和拜占庭帝国的建筑，在亚琛建造了一座新教堂。亚琛大教堂中心八角形的巴拉丁礼拜堂（Palatine Chapel）于805年落成，仿照了6世纪时拜占庭风格的圣维塔莱教堂（见第107页），不过它的筒形拱顶、棱拱以及科林斯式柱都是经典的罗马建筑风格。

天堂般的建筑

礼拜堂是查理曼帝国的精神中心。它那华丽的马赛克、大理石和湿壁画装饰象征着天堂和地面之间的联系。814年，查理大帝葬于礼拜堂内，并于1165年追认为圣徒。随着朝圣者人数不断增加，大教堂也逐步得以扩建。

一千年的发展

亚琛大教堂经历了几个世纪的发展变化，从为查理大帝建造的巴拉丁礼拜堂和十六边形回廊，到19世纪包含增建西塔的最后一次重大工程。1656年的一场大火和第二次世界大战中的炸弹破坏，让大教堂的部分建筑进行了重建。

圣尼古拉礼拜堂
（Chapel of St Nicholas）

查理大帝王座的位置

关键词

▨ 加洛林式
▨ 哥特式
■ 巴洛克式

八角形的
巴拉丁礼拜堂

查理大帝最初的坟墓

高坛

查理大帝的神龛

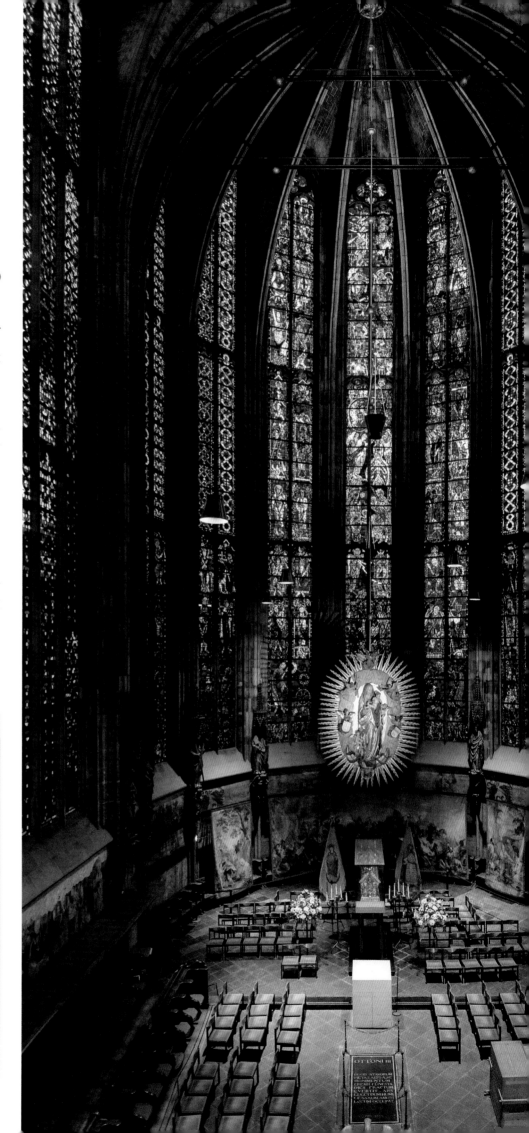

△ 风格变化

礼拜堂坐落于大教堂1350年前后增建的哥特式塔楼（左）和14世纪的哥特式高坛之间。它的穹顶原为加洛林式，1656年的一场火灾后，礼拜堂更换了屋顶。

△ 装饰门环

这是亚琛加洛林式"狼门"上两个狮头门环的其中一个。这些门是仿照罗马神庙的门设计的，大约在800年为巴拉丁礼拜堂而铸造。

◁ 皇帝的神龛

1215年，神圣罗马帝国皇帝腓特烈二世（Frederick Ⅱ）下令打造一个金银棺椁，来安置查理大帝遗体，封在亚琛哥特式高坛中央的玻璃中。高坛的建造期为1355年至1414年。

936年至1531年，
30位国王和12位王后
在亚琛加冕

欧洲西北部

达勒姆大教堂

英国现存完好的哥特式建筑范例之一

达勒姆大教堂始建于1093年，就在诺曼征服（Norman Conquest）后不到30年，于1133年前后完工。建造目的是安置圣卡斯伯特（St Cuthbert，7世纪时在英格兰北部传播基督教）的棺椁和学者兼神学家比德尊者（Venerable Bede，673—735年）的坟墓。大教堂是英国最完整的诺曼式建筑案例，保留了原有的诺曼式中殿、唱诗席和袖廊。

创新设计

大教堂的特点是坚固、秩序感和均衡感，以及以罗马式建造的半圆形拱门和拱顶。中殿还拥有世界上第一个结构性尖拱，而这在12世纪中期成为哥特式建筑的定义性特征之一。石匠们创新性地使用石制肋骨拱来组成尖拱，从而造出了这个时期现存最大的石拱顶天花板。尖拱也可以提供额外的支撑和更好的重量分配。达勒姆大教堂如今是一座仍在运营的教堂、一个广受欢迎的景点。它和杜伦城堡于1986年一起成为联合国教科文组织认定的世界文化遗产。

△ 坚固的支撑

结实的罗马式石柱支撑着唱诗席的半圆拱，引向九祭坛礼拜堂（Chapel of Nine Altars）和玫瑰窗。礼拜堂于1242年至1290年建造，以容纳越来越多的朝圣者前来拜谒圣卡斯伯特的棺椁。

欧洲中部

布拉格城堡

世界上最大的古城堡，千百年来一直是波希米亚国王和后来捷克政府的所在地

布拉格城堡坐落于伏尔塔瓦河上方的高处，经过了几个世纪的修建。它漫长而多样的历史反映在建筑群的混合建筑风格和各种宗教、皇家、军事建筑中。

不断变化的时代

城堡建筑群的历史可以追溯至9世纪末。当时，波希米亚的第一位基督教统治者波日沃伊王子（Prince Bořivoj）选择此地作为他的权力中心，建造了一座坚固的木制城堡，周围有护城河和城墙保护。这里最早的建筑还有圣母玛利亚教堂（Churches dedicated to the Virgin Mary），以及后来的圣维特和圣乔治（St George）教堂，但这些原始建筑后来遭到摧毁，或者进行了重建。11世纪，当城堡成为布拉格主教（Bishop of Prague）的住处时，一座更大的罗马式教堂取代了圣维特。在神圣罗马帝国皇帝查理四世（Charles IV，1316—1378

年）统治时期，又重建为一座宏伟的哥特式大教堂。当时的帝国十分庞大，从今丹麦南部到意大利北部，从比利时到波兰的克拉科夫（Krakow），都是其疆域，而布拉格是它的权力中心。12世纪时，罗马式的旧皇宫取代了木制城堡。旧皇宫在查理四世时期也进行了重建，用镀金的金属板覆盖了部分屋顶。

15世纪末，文艺复兴在弗拉迪斯拉夫二世（Vladislav II，1471—1516年在位）的旧皇宫大厅，和鲁道夫二世（Rudolf II，1576—1612年在位）为冶金师、仆人所建的黄金巷（Golden Lane）上，留下了痕迹。鲁道夫还建造了西班牙大厅（Spanish Hall）来存放他巨量的艺术收藏品，可惜在布拉格之战（1648年）中遭到掠夺。

◁ 大教堂的雕刻
圣维特大教堂西侧雕饰门上的这个细节描绘了基督生活的场景。

捷克作家弗兰兹·卡夫卡（Franz Kafka）于1916年至1917年住在黄金巷

城堡平面图

布拉格城堡建筑群占地70,000平方米，环绕着3个庭院，其中最大的庭院内矗立着哥特式的圣维特大教堂，它那103米高的主塔是布拉格引人注目的地标之一。今天，城堡是捷克总统的住所。

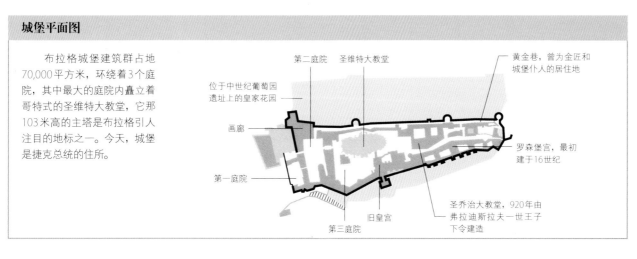

位于中世纪葡萄园遗址上的皇家花园

第二庭院　圣维特大教堂

黄金巷，曾为金匠和城堡仆人的居住地

画廊

第一庭院

罗森堡宫，最初建于16世纪

圣乔治大教堂，920年由弗拉迪斯拉夫一世王子下令建造

第三庭院　旧皇宫

权力之地

夜晚，灯光璀璨的圣维特大教堂（St Vitus Cathedral）。前景是伏尔塔瓦河（Vltava River）和查理大桥（Charles Bridge.）。

威斯敏斯特教堂

哥特式建筑的杰作，有九百年历史的英国君主加冕教堂，也是英国国王和民族英雄的陵墓

欧洲西北部

▽新兴风格

威斯敏斯特北袖廊的正立面，有着典型的哥特式尖拱和雕花门。玫瑰窗反映它受到了法国风格的影响，但狭窄、尖锐的"尖顶拱窄窗"也标志着英国风格的出现。

威斯敏斯特教堂由忏悔者爱德华国王（King Edward the Confessor）在1042年左右创建，见证了自征服者威廉（William the Conqueror，1066—1087年在位）以来，除爱德华五世（Edward V）和爱德华八世（Edward VIII）两位君主之外，所有英格兰君主的加冕仪式，以及16场皇家婚礼。1245年，爱德华的罗马式教堂，也是英格兰第一座这种风格的教堂进行了拆除，让位给亨利三世（Henry III）的新哥特式大教堂。几个世纪以来增建了很多礼拜堂，包括亨利七世（Henry VII）所建壮观的圣母礼拜堂（Lady Chapel）。由尼古拉斯·霍克斯穆尔（Nicholas Hawksmoor）设计的巨型西塔于1745年建成。

国家宝藏

教堂占地面积超过9,750平方米，建筑风格精致，也是纪念雕塑和中世纪壁画等非凡收藏的所在地。教堂里埋葬着约3,300人，纪念着更多的人。忏悔者爱德华到乔治二世（George II）这些英国君主，与一些英国最著名的人物躺在一起，包括查尔斯·达尔文（Charles Darwin）和萨克·牛顿（Isaac Newton），还有一些安置在"诗人角"（Poet's Corner）供人缅怀，如简·奥斯汀（Jane Austen）、威廉·莎士比亚（William Shakespeare）和查尔斯·狄更斯（Charles Dickens）。

> 这座教堂是
> "皇家特殊建筑"，
> 只服从于君主

威斯敏斯特的三拱式拱廊（TRIFORIUM）

许多哥特式大教堂在侧边耳房上方都有一个通道或游廊，称为"三拱式拱廊"。威斯敏斯特的三拱式拱廊俯瞰着16米之下的地板，为1953年伊丽莎白二世的加冕仪式提供了绝佳的视野，但长期用作储物空间。2018年，威斯敏斯特的东侧三拱式拱廊向公众开放，用作教堂宝藏的展示之廊。

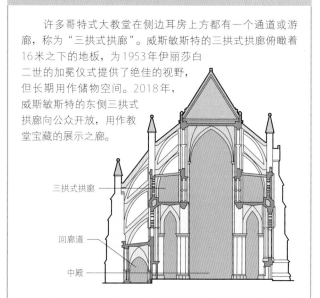

三拱式拱廊

回廊道

中殿

伦敦塔

征服者威廉的诺曼式堡垒，皇宫，臭名昭著的监狱，以及英国君主的国库

欧洲西北部

△ **城堡建筑群**

幕墙内，白塔（White Tower）在整个建筑群中十分显眼。它的后面是滑铁卢楼（Waterloo Block），即王室珠宝的贮存地。叛徒之门（底部）从泰晤士河通向后面的血腥塔（Bloody Tower）。

1066年，征服者威廉在黑斯廷斯战役（Battle of Hastings）中夺取了英国王位。他建造了一系列城堡，是当时正在开展的征服英格兰计划中的一部分，他手下的诺曼追随者可以在这些城堡中统治这个国家。最令人印象深刻的是建在伦敦泰晤士河畔的城堡。它的核心是一座坚固的方形堡垒，从13世纪起获名"白塔"，因为亨利三世曾下令粉刷过。1078年至1100年，这座巨塔用法国卡昂（Caen）运来的石头进行建造，尺寸为36米×33米。墙壁底部有4.6米厚，高27.5米。伦敦塔的高度是其邻居的3倍，命名了整个城堡群。伦敦塔是整片景观中最显眼的，也是乘船抵达伦敦时看到的第一个建筑。它有力地提醒人们，这个城市曾败于诺曼入侵者之手。

强化要塞

13世纪时，亨利三世和爱德华一世扩建了威廉的堡垒，增加了同心环状的"幕墙"（防御墙）、塔楼、护城河和"叛徒之门"（Traitor's Gate）。新增的建筑包括臭名昭著的"血腥塔"（Bloody Tower），1471年亨利六世在此遭谋杀，1483年爱德华四世的两个儿子在这里失踪，或许也惨遭杀害。后来的君主在塔中添置了更多建筑。1826年，伦敦塔的管理者威灵顿公爵（Duke of Wellington）开始对这片地区进行现代化改造，排干了护城河，关闭了皇家动物园。动物园由约翰王（King John）于13世纪下令建造，曾饲养狮子、熊和大象。伦敦塔曾作为监狱、皇室住所、皇家铸币厂和军械库，见证了战斗和斩首，自1600年以来一直是英国无价皇冠珠宝的存放地。

同心城堡群

白塔是英国最早的大型长方形石堡。此后，许多在征服时期建造的木制城堡都用岩石进行了重建。12世纪和13世纪时，部分城堡通过增建围墙而得到加固。伦敦塔是英国这些"同心"城堡中最大、最坚固的。

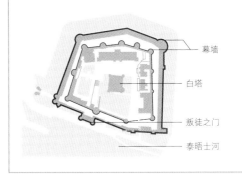

幕墙
白塔
叛徒之门
泰晤士河

比萨斜塔和教堂

一座标志性的钟楼，与其他外覆大理石的中世纪建筑奇迹一起，共享比萨的"奇迹广场"（Square of Miracles）

欧洲南部

比萨斜塔以无意间的倾斜而闻名，是意大利重要景点之一。12世纪时，它的最初规划是一座独立钟楼，也是大约200年前以罗马式建造的一座宏伟大教堂的其中一部分。

至高人气

大教堂矗立在一个有围墙的大广场上，铺筑的区域间有广阔的草坪间隔。广场上还有洗礼堂（Baptistery），北侧是纪念墓园（Camposanto Monumentale）。它们本身都具有非凡的建筑价值，但由于大教堂后方矗立的钟楼拥有了一点倾斜度，令它们黯然失色。

塔于1173年开始建造，设计高度为56米。不稳定的地基导致它只建了3层就开始向南倾斜，多次推迟后，才于14世纪完成。

△ 浮雕板
大教堂的布道坛上有雕刻着图案的大理石板，比如这幅《屠杀无辜》（Slaughter of the Innocents）。

◁ 独立钟楼

钟楼的上层楼面有一边比另一边高，以弥补倾斜带来的问题。

△ 独特的建筑群

洗礼堂（左）、大教堂（中）和钟楼（右）在大教堂广场形成了一个整体，被公认为比萨罗马式（Pisan Romanesque）建筑风格的最佳展现。

矫正倾斜度

　　尽管早先曾尝试过修复钟楼，但到了20世纪末，它的倾斜角度达5.5度，还是面临着倒塌的危险。补救工作于1992年开始。先用缆绳稳定塔身，再从其凸起的一侧下方挖出土壤，将倾斜角度降低到4度以下。这样做足以稳定建筑，又不会消除令它变得如此著名的倾斜。

钟室

塔楼向南倾斜

拉紧缆绳以稳定和拉直塔楼

从北侧下方挖出土壤

从钟楼底部到顶部的钟室有290多级台阶

圣马可大教堂

威尼斯一座充满异国风情的教堂，金色的马赛克熠熠生辉，教堂内存满了文化宝藏

832年，两名威尼斯商人向威尼斯总督（Doge of Venice）呈递了圣马可的尸体，据称是他们从亚历山大（Alexandria）的坟墓里偷来的。总督建造了一座大教堂来存放这一圣髑。如今的大教堂是在此处建造的第三座教堂。它建于1063年至1094年，几个世纪以来一直作为总督的私人礼拜堂和举行威尼斯国家仪式的场所，直到1807年才迟迟授予它威尼斯大教堂的地位。

拜占庭风格的影响

大教堂的5个穹顶和正立面的圆拱具有明显的东方风格，反映了中世纪时威尼斯与拜占庭帝国的密切关系。内部，金色的玻璃马赛克闪闪发光，其中大部分可以追溯到12世纪至14世纪。它们用《圣经》中生动的场景覆盖着墙壁和穹顶。花纹状嵌饰的大理石地板起伏不平，有着大胆的几何图案和动物图像，使装饰效果更加令人震撼。

大教堂是一座独特的文化艺术宝库，有些宝物比建筑本身还古老。闪亮的黄金祭坛（Pala d'Oro）由金箔镶嵌的珐琅片和近2,000颗宝石构成，部分是10世纪时的作品。圣马可的4匹铜马人称"驷马"（Quadriga），站立在大教堂正立面主入口上方，是在古罗马帝国时期制造的，可能是200年前后。1204年，威尼斯资助的第四次十字军东征（Fourth Crusade）洗劫了君士坦丁堡（今伊斯坦布尔），驷马雕像作为战利品来到了威尼斯。矗立在大教堂外的古罗马斑岩雕像，是另一件从君士坦丁堡掠夺来的艺术品。雕像由四个相连的人物组成，名为"四帝共治像"（Portrait of the Tetrarchs）。

保留特色

后期的一些扩建改变了正立面，如15世纪的哥特式尖顶和19世纪的马赛克。尽管有这些变化和现代旅游业带来的影响，大教堂仍然留存着古老的神圣气氛。

圣马可大教堂内的马赛克总面积达4,000平方米

◁ **十字架苦像的马赛克画**
大教堂内的马赛克画描绘的是《圣经》旧约和新约的场景。这幅是对耶稣受难的传统展示。

▷ **精美的正立面**
大教堂奢华的正立面顶部有座圣马可的雕像，下方是带翅膀的狮子，也是圣徒和威尼斯的标志。驷马是保存在大教堂博物馆中原作的复制品。

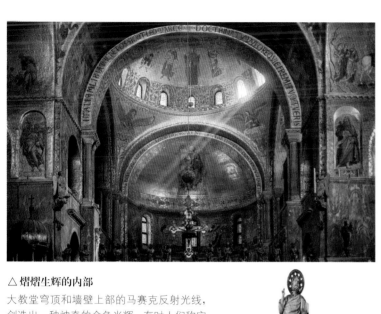

△ **熠熠生辉的内部**

大教堂穹顶和墙壁上部的马赛克反射光线，创造出一种神奇的金色光辉。有时人们称它为"黄金教堂"（Church of Gold）。

高高的穹顶

大教堂的基本结构主要由大理石饰面的砖块构成，近千年以来几乎没有什么变化。它显然是仿照拜占庭帝国的教堂建造的。13世纪时，大教堂的穹顶通过添置铅制屋顶的木制框架而抬高至外部。在教堂内部仍然可以看到原来穹顶的形状。

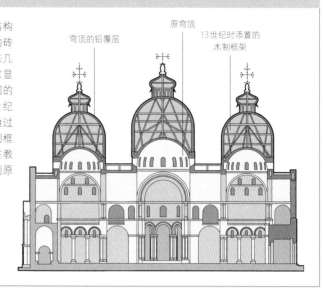

穹顶的铅覆层　　原穹顶　　13世纪时添置的木制框架

△ 哥特式艺术的诞生

大教堂的唱诗席以高大纤细的柱子为特色，支撑着高高的肋骨拱，间隔着3层彩色玻璃窗，为整个欧洲的哥特式大教堂树立了模板。

圣丹尼大教堂

13世纪哥特式建筑的发源地和法国国王的埋葬地

欧洲西北部

　　根据基督教传统，法国的主保圣人圣丹尼是3世纪时的巴黎主教，负责将基督教带来高卢地区（Gaul）。他的墓地就在巴黎郊外，成为基督徒朝圣的聚集地，7世纪时在此建造的修道院、教堂也发展成为欧洲富有的地方之一。1135年，圣丹尼修道院院长苏格（Suger）决定重建教堂。他以一种崭新风格，即哥特式风格，创造了一座令人眼花缭乱的大教堂，在之后3个世纪的欧洲教堂建筑中首屈一指。

光线和空间的设想

　　苏格在教堂西端建造了一个34米宽的正立面，墙上有3道门、双塔（北塔于1846年拆除）和一扇玫瑰窗。教堂东端有一个建于1140年至1144年的高坛，满足了他对一座充满阳光的宽敞教堂的设想。尖拱、肋骨拱、围绕半圆形后殿的礼拜堂，以及让大型高层窗户（侧天窗）的引入成为可能的飞扶拱等元素，第一次汇集到一个统一的哥特式风格中。此外，苏格的建筑师们用细长的柱子取代了通常的厚重隔墙，这样，正如他自己所说的，"从最明亮的窗户透入最美妙、不间断的光线，照耀着整个教堂"。光线透过彩色玻璃窗，洒在金色的祭坛和巨大的珠宝十字架上，但这两样东西后来都损毁了。

◁ 神圣雕塑

这幅耶稣受难的浅浮雕品来自西端的中央大门，门上还有另外7个以基督生平为题材的圆形饰。

沙特尔大教堂

法国保存最完好的哥特式建筑范例，因沙特尔蓝（Chartres blue）的
彩色玻璃而闻名于世

法国哥特式建筑风格在沙特尔大教堂达到了最协调的展现。许多
中世纪的大教堂花了几十年甚至几个世纪才建成，成果是建筑风格的拼
凑，但沙特尔并非如此。1194年，城镇上古老的罗马式大教堂烧毁后，
当地社群团结一致，在短短26年内建成了一座新的大教堂。因此，新教
堂完全是哥特式的：十字架形状，西立面上有两座塔楼，一间弧形的半
圆后殿，以及辐射状的礼拜堂，拔地参天、光线耀目。它的拱顶离中殿
地面34米，墙壁主要由彩色玻璃组成。

原始特征

很少有中世纪建筑能像沙特尔大教堂那样保持原样。它3,000平方
米的彩色玻璃大部分都是13世纪初的成品，入口处的叙事雕塑和中殿地
板周围引导朝圣者的铺砖迷宫也是如此。

▷ **不对称的正立面**
沙特尔西端的对称性被不匹配的塔楼所
打破。原来的哥特式北塔（左）于1506
年倒塌，一座晚期哥特火焰式的塔楼取
而代之。

◁ **皇室之门**
沙特尔的西门即皇室之门，门框上的雕
像可追溯至12世纪中期，人们认为它描
绘的是《旧约》中基督的皇室祖先。

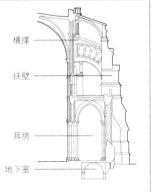

飞扶拱

作为哥特式大教堂的典型特点，
沙特尔大教堂的飞扶拱通过一系列
的半拱，将屋顶或拱顶的重量进行
转移。这些拱从墙壁上部"飞"到
了有点距离的扶壁上。这一创新使
中世纪的建造者能够比以前建造更
高的大教堂，使用更细的柱子和带
有大孔径、可以安上彩色玻璃窗的
墙壁，极大地开阔了内部空间，充
满光线。

横撑
扶壁
耳房
地下室

建筑风格
哥特式

哥特式建筑是中世纪的代名词。它于12世纪起源于法国，而后迅速扩散至整个欧洲。

哥特式从之前的罗马式风格中产生。罗马式建筑拥有巨大的柱子和厚实的墙体，而哥特式建筑则轻盈、开放，通常装饰精细。这种差异源于一些结构上的创新。其中意义最为重大的是尖拱，它比罗马式建筑的半圆拱更坚固、轻巧，让石匠能够建造更高的建筑。它还把建筑的重量分担给薄薄的肋骨拱和支柱，而不是墙壁，这样就可以大面积地使用彩色玻璃，让室内充满色彩和光线。

建筑变得更高，意味着需要从侧面支撑结构。保留室内光线的解决方案是飞扶拱，基本上是用一个或一系列的明拱来取代沉重的支撑墙。

哥特式建筑经历了相当大的演变，在各地各有特色，到了15世纪初至17世纪初，文艺复兴式建筑（见第146—147页）取代了它的地位。但它仍然与基督教神学紧密相连，是日常生活与神灵联系的主要途径。

英国的林肯大教堂
（Lincoln Cathedral）是第一个在高度上超过吉萨金字塔的建筑

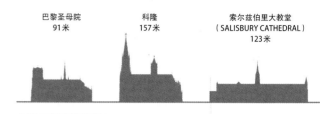

大教堂尖塔的形状
尖塔是建造在塔顶上的锥形结构。它们是哥特式建筑的一个重要特征——从远处就能昭示大教堂（或其他建筑）的存在。

（图顶标注）
巴黎圣母院 91米　科隆 157米　索尔兹伯里大教堂（SALISBURY CATHEDRAL）123米

滴水兽代表邪恶和危险

△滴水兽（GARGOYLES）
滴水兽是哥特式建筑侧面突出的怪物或野兽，内部有一个喷嘴，可以引走雨水。

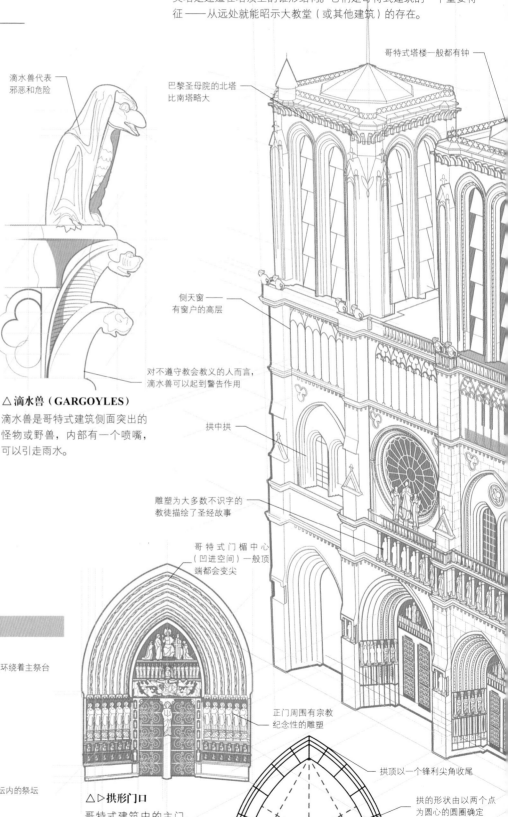

哥特式塔楼一般都有钟

巴黎圣母院的北塔比南塔略大

侧天窗——有窗户的高层

对不遵守教会教义的人而言，滴水兽可以起到警告作用

拱中拱

雕塑为大多数不识字的教徒描绘了圣经故事

哥特式门楣中心（凹进空间）一般顶端都会变尖

正门周围有宗教纪念性的雕塑

拱顶以一个锋利尖角收尾

拱的形状由以两个点为圆心的圆圈确定

圆的半径等于拱的跨度

△▷拱形门口
哥特式建筑中的主门，也称正门，通常用同心拱来突出。

大教堂的组成部分

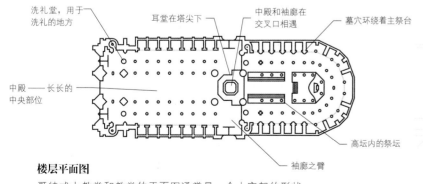

洗礼堂，用于洗礼的地方

耳堂在塔尖下

中殿和袖廊在交叉口相遇

墓穴环绕着主祭台

中殿——长长的中央部位

高坛内的祭坛

袖廊之臂

楼层平面图
哥特式大教堂和教堂的平面图通常是一个十字架的形状。动线为从中殿到交叉口再到高坛，两侧各有袖廊作臂。

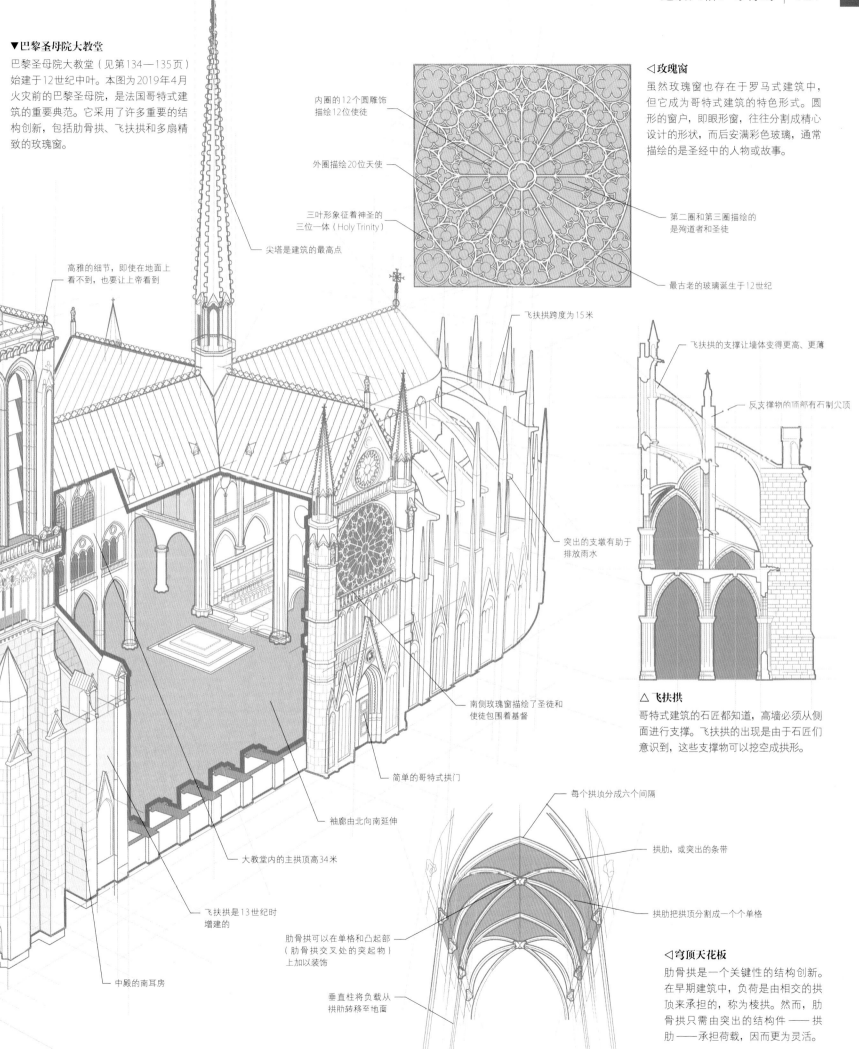

▼巴黎圣母院大教堂

巴黎圣母院大教堂（见第134—135页）始建于12世纪中叶。本图为2019年4月火灾前的巴黎圣母院，是法国哥特式建筑的重要典范。它采用了许多重要的结构创新，包括肋骨拱、飞扶拱和多扇精致的玫瑰窗。

内圈的12个圆雕饰描绘12位使徒

外圈描绘20位天使

三叶形象征着神圣的三位一体（Holy Trinity）

尖塔是建筑的最高点

高雅的细节，即使在地面上看不到，也要让上帝看到

◁玫瑰窗

虽然玫瑰窗也存在于罗马式建筑中，但它成为哥特式建筑的特色形式。圆形的窗户，即眼形窗，往往分割成精心设计的形状，而后安满彩色玻璃，通常描绘的是圣经中的人物或故事。

第二圈和第三圈描绘的是殉道者和圣徒

最古老的玻璃诞生于12世纪

飞扶拱跨度为15米

突出的支墩有助于排放雨水

飞扶拱的支撑让墙体变得更高、更薄

反支撑物的顶部有石制尖顶

南侧玫瑰窗描绘了圣徒和使徒包围着基督

简单的哥特式拱门

△飞扶拱

哥特式建筑的石匠都知道，高墙必须从侧面进行支撑。飞扶拱的出现是由于石匠们意识到，这些支撑物可以挖空成拱形。

袖廊由北向南延伸

大教堂内的主拱顶高34米

飞扶拱是13世纪时增建的

中殿的南耳房

肋骨拱可以在单格和凸起部（肋骨拱交叉处的突起物）上加以装饰

垂直柱将负载从拱肋转移至地面

每个拱顶分成六个间隔

拱肋，或突出的条带

拱肋把拱顶分割成一个个单格

◁穹顶天花板

肋骨拱是一个关键性的结构创新。在早期建筑中，负荷是由相交的拱顶来承担的，称为棱拱。然而，肋骨拱只需由突出的结构件——拱肋——承担荷载，因而更为灵活。

欧洲西北部

海达尔木板教堂

挪威最大的木板教堂，精雕细琢，是中世纪木结构建筑的杰作

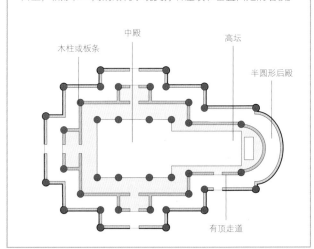

△ "主教之椅"（BISHOP'S CHAIR）
这把雕刻于13世纪的华丽椅子安放在高坛上，椅上有动物头像的装饰，描绘了屠龙勇士西格德（Sigurd the Dragon-slayer）的传说。

海达尔木板教堂高近25米，是挪威现存最大的木板教堂。挪威在中世纪时建造了大约1,500座这种巨型建筑，它们由坚固的木柱支撑着沉重的横梁，但其中只有28座幸存至今。

木材中的历史

考古学家通过分析教堂的木材，确定了教堂的年代。这些木材是在1196年之前采伐的，所以他们认为教堂应该在斯韦勒·西居尔松国王（King Sverre Sigurdsson，1177—1202年）统治时期建成。这一时期的教堂建筑规模普遍很大。几个世纪以来，教堂有所变化，但到了1939年，教堂得以修复，恢复至接近中世纪时的状态。

四扇海达尔的雕饰大门保存了下来。门上的动物母题、叶饰和面具等细节展示了中世纪的工艺水平。教堂内的一些珍品已经搬进了博物馆，但精心制作于17世纪的一幅描绘耶稣受难的祭坛画仍在教堂内供人瞻仰。

平面图和结构

教堂外观的精致掩盖了平面图的简单。它遵循其他基督教教堂的传统，只是用承重木柱代替了石柱，沉入地洞中。地面上，箱形和三角的结构系统支撑着屋顶和垂直固定的墙板。

木柱或板条　中殿　高坛　半圆形后殿　有顶走道

▽ 木制杰作
教堂已经有800多年历史，建造基础是一个木制框架。独特的木瓦令它的外观越发醒目。

欧洲西北部

乌普萨拉大教堂

北欧国家中最大、最高的大教堂

乌普萨拉大教堂始建于1270年前后，此前位于几千米外的一座大教堂被火烧毁。恶劣的天气、瘟疫的爆发和资金的短缺共同导致了施工进度的缓慢。最后在1435年举行祝圣仪式时，其实它仍未完工。西端的塔楼是在1470年至1489年增建的，17世纪时进行了重新设计，在1702年因火灾遭受严重损坏。

后来的扩建

1885年，瑞典建筑师赫尔戈·泽特瓦尔（Helgo Zettervall）作为一位新哥特风格的支持者，对大教堂进行了重大的（也饱受批评的）改动。他增建了高高的尖顶，使大教堂的高度与它的长度相同。几个世纪内，乌普萨拉一直是瑞典国王加冕的场所。直到1719年，斯德哥尔摩大教堂取代了这个地位。宗教改革后，数位瑞典国王和王后都葬于此，还有几位主教和著名的科学家，包括植物学先驱卡尔·林奈（Carl Linnaeus）。

△ **新哥特式的翻修**

加冕穹顶（Coronation Vault）高27米，于19世纪80年代装饰成新哥特风格。翻修工程中还发现了一些中世纪的壁画。

▷ **砖砌大教堂**

乌普萨拉大教堂主要用砖建成，是整个西北欧和中欧都能见到的波罗的海哥特式风格（Baltic Gothic style）。这片地区可用于建筑的石料非常少。

波罗的海哥特式

大教堂是由数位法国建筑大师设计的，其中包括艾蒂安·德·博诺伊（Étienne de Bonneuil）。它的平面图呈拉丁十字形，是12世纪哥特式大教堂的典型。然而，由于当地缺乏可用石材，大教堂用红砖建成，只有高坛支柱和一些细部用更常见的石灰石块建造。这种独特的风格称为波罗的海哥特式或砖砌哥特式（Brick Gothic）。

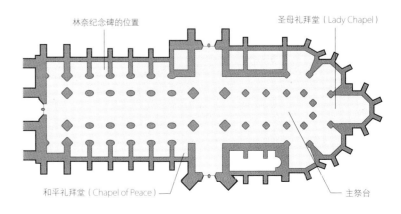

林奈纪念碑的位置

圣母礼拜堂（Lady Chapel）

和平礼拜堂（Chapel of Peace）

主祭台

△ 中世纪的庄严宏伟

教皇宫占地15,000平方米，四周环绕着3米厚的城墙和诸多塔楼，矗立于阿维尼翁镇上。

阿维尼翁教皇宫

14世纪展现教皇权力的宏伟纪念建筑，世界上最大的哥特式宫殿

欧洲西部

1309年，教皇克雷芒五世（Pope Clement V）放弃了罗马，将教廷搬至隆河（River Rhône）畔的阿维尼翁。从此，这里便一直是教廷所在地，直到1377年才再度变动。1335年至1352年，两位教皇在不到20年的时间里建造了这座庞大的教皇宫。教皇本笃十二世（Pope Benedict XII）的旧宫（Palais Vieux）于1342年建成，围绕着一条中央回廊。里面有宗教法庭（教皇法庭，consistory）、金库、两座礼拜堂，以及一个大宴会厅（Great Tinel）——用作接待和宴请的大厅，枢机主教们聚集在此，选举新教皇。整个宫殿的两侧有几座巨大的塔楼。1342年，教皇克雷芒六世（Pope Clement VI）开始扩建这座宫殿，增建了新宫（Palais Neuf）。教皇回罗马后，宫殿状况恶化，此后又因军事占领进一步损毁。1906年开启修复，1995年该宫殿列入世界文化遗产。现存的绘画和壁画展现了原装饰的动人之美。

宫殿平面图

该图显示了宫殿主要建筑的建造阶段，确定了本笃十二世旧宫和克雷芒六世新宫的范围。宫殿的特征是塔楼的数量、厚度和高度，以及稚堞状的墙，让它成为一个不可攻克的堡垒。

圣-让礼拜堂（Saint-Jean chapel）

图注
- 旧宫
- 新宫
- 塔楼

大殿

教皇法庭

14世纪初，超过1,500名教会和非教会官员在教皇宫内工作

△ 无价的壁画

作为艺术的主要资助者，各位教皇在教皇宫内放满了画，包括这些来自圣马蒂亚尔教堂（Chapel of St Martial）的壁画。

▷ 内部景观

从旧宫回廊周围的走道上，可以看到坎帕恩塔（Tour de la Campane）和镀金的圣母玛利亚雕像。

阿尔汗布拉宫

一座壮观的城堡和宫殿，耸立在格拉纳达（Granada）城市的上方，
是西班牙现存最佳的摩尔式（Moorish）建筑案例

欧洲南部

阿尔汗布拉宫坐落在山丘上的战略要地，可以看到周围地区，最初建于9世纪，是一个军事要塞。"阿尔汗布拉"意为"红色"，指的是它独特的砖块。但它远远不止一座堡垒。在最后一个统治伊比利亚（Iberia）的穆斯林王朝纳斯里德（Nasrids，1232—1492年）时期，部分要塞改造成了一座奢华宫殿。

主要的改良工作是14世纪时在优素福一世（Yusuf I）和穆罕默德五世（Muhammad V）的令下完成的。用于装饰的材料很简单，主要是瓷砖、粉饰灰泥和木材，但工艺质量非常出色。每一个可装饰的表面都有植物、几何图案的装饰穗，或书法式的铭文。更令人印象深刻的是大接待厅中精致的蜂窝拱顶和拱上复杂的钟乳形装饰。

摩尔人之后

15世纪收复伊比利亚后，天主教的几位国王在阿尔汗布拉宫居住了一段时间，增建了一座属于他们自己的宫殿，但18世纪时又遗弃了它，令其陷入失修状态。此外，它成为过吉卜赛人营地、军事医院和监狱。19世纪时，浪漫主义者重新发现了它，陶醉于它的衰败之美。阿尔汗布拉宫遗址的重要性最终得到了承认，并于1870年宣布成为国家纪念古迹。此后，它又成为世界文化遗产（1984年）。

▽ 狮庭（COURT OF THE LIONS）
喷泉位于宫殿内后宫住处的中心位置，围绕着12头大理石狮，可以追溯至穆罕默德五世（1338—1391年）的统治时期。

建筑阶段

阿尔汗布拉宫保留了历史上每个阶段的元素。阿尔卡萨瓦（Alcazaba）是最初堡垒的遗迹；大使厅（Hall of the Ambassadors）是苏丹接待来访贵宾的王座室和接待间；而圣玛丽亚教堂（Church of Santa María de la Alhambra）是收复后用清真寺改建的。

阿尔卡萨瓦　　大使厅　　圣玛丽亚教堂

阿尔汗布拉宫的许多内部拱
都没有结构性功能，
完全是出于装饰目的而作的设计

◁摩尔式装饰
此图中看到的是皇家浴场休憩厅（Relaxation Hall of the Royal Baths）的部分装饰，位于狮庭附近。

▽壮观的远景
阿尔汗布拉宫的城墙和塔楼俯瞰着格拉纳达市和更远处的格拉纳达平原。

巴黎圣母院

法国著名的中世纪哥特式大教堂，以玫瑰窗和受维克多·雨果（Victor Hugo）喜爱的石像怪雕像而闻名遐迩

欧洲西北部

巴黎圣母院大教堂矗立在巴黎西堤岛（Île de la Cité）东端，由巴黎主教莫里斯·德·苏利（Maurice de Sully）下令于1163年开始建造。经过4位建筑大师的努力，到1250年完成了唱诗席、西侧立面和中殿；之后的一个世纪中，增建了更多礼拜堂。

哥特式杰作

两座3层大塔楼、飞扶单拱和3扇大玫瑰窗，令巴黎圣母院成为典型的哥特式建筑（见第126—127页）。然

大教堂的10座钟里，最大的名为埃马纽埃尔（Emmanue），重达13吨

而，它因雕塑的自然主义与规模而有别于当时的教堂建筑。它的3个巨大正门装饰着生动的《圣经》场景，以及中世纪科学、哲学符号。这些形成了一本《贫困书》（liber pauperum，即"穷人的书"），即使目不识丁，也能通过它来理解《圣经》故事。大教堂的外部还装饰着非凡的石像怪雕刻品。这些幻想中的怪兽或用来驱除邪恶，或可以引导雨水。它们还为维克多·雨果1831年所著小说《巴黎圣母院》（The Hunchback of Notre-Dame）提供了灵感。大教堂在1789年法国大革命期间遭受亵渎，但雨果的小说恢复了人们对这座建筑的兴趣。1845年，法国建筑师欧仁·维欧勒-勒-杜克（Eugène Viollet-le-Duc）着手修复大教堂。2019年4月，尖塔和大部分屋顶都因大火烧毁，但大教堂的主要石材结构得以幸存。

◁ **尖塔和圣徒**
12座使徒的铜制雕像围绕着19世纪的镀铅橡木尖塔。2019年的火灾烧毁了尖塔。

△ **圣岛**
从东边眺望圣母院和西堤岛，可以看到半圆形后殿周围的大型飞扶拱和南侧袖廊的玫瑰窗。

哥特式正立面

巴黎圣母院的哥特式西侧正立面跨度为41米。它有3道大门，最大的是"审判之门"（Portal of the Last Judgment）；还有一扇9.6米宽的玫瑰窗。高大塔楼的垂直感因水平的长廊而有所平衡，形成了一个优雅而有力的立面。

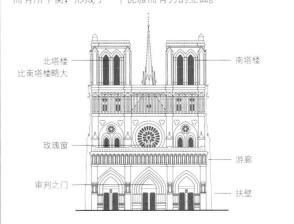

北塔楼
比南塔楼略大

南塔楼

玫瑰窗

游廊

审判之门

扶壁

费拉邦多夫修道院

俄罗斯湿壁画大师的作品之家，15世纪至17世纪俄罗斯修道院建筑群中最完整的案例

欧洲东部

费拉邦多夫由圣费拉蓬特（St Ferapont）于1398年在莫斯科以北的沃洛格达（Vologda）地区建成，在首位全俄君主伊凡三世（Ivan III，1440—1505年）后代的赞助下，成为俄罗斯强大的修道院之一。1490年，全俄君主的精神导师约阿萨夫院长（Abbot Ioasaf）用砖块重建了原来木制的圣母教堂（Church of the Nativity of the Virgin），并委托著名艺术家季奥尼西（Dionisy）绘制教堂内部。季奥尼西的壁画覆盖了教堂的每一面墙和天花板，基本上至今仍未损坏，而且色彩丰富，描绘了一系列的奇迹、大天使、圣徒、教父，以及基督普世君王（"万物主宰"）的形象。16世纪初，增建了圣母领报堂（Church of the Annunciation）、食堂、金库和王室建筑。后来修道院又增添了圣马丁教堂（Church of St Martinian）、门廊教堂和钟楼，并从空位时期（Time of Troubles，1598—1613年）的破坏中幸存了下来。费拉邦多夫修道院拥有优雅的白色正立面、帐篷状塔楼和洋葱形穹顶，为15世纪至17世纪俄罗斯建筑的主要特点，提供了一个美丽组合。

俄罗斯屋顶

洋葱形穹顶（从13世纪开始）和陡峭的多边形帐篷式塔楼（从16世纪开始）是俄罗斯教堂建筑的常见特征，一直延续至17世纪末。如图所示，费拉邦多夫同时拥有这两个特征。穹顶和塔楼建造在木制框架上，对建筑用石料匮乏的地方而言，这种设计极具价值，而且在防止教堂屋顶积雪方面非常有用。

洋葱形穹顶

帐篷式四边塔楼

帐篷塔楼

△ 简约之美
此图展示了费拉邦多夫建筑纯粹和简洁的美丽外观。从左至右分别为圣马丁教堂、圣母教堂、钟楼和圣母领报堂。

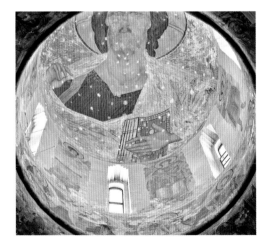

△ 鲜艳的内部
费拉邦多夫修道院的圣母教堂穹顶内有幅基督普世君王（"万物主宰"）壁画，由俄罗斯艺术家季奥尼西于1502年前后绘制。

捷克克鲁姆洛夫城堡

建于14世纪至19世纪的城堡群，位于伏尔塔瓦河（Vltava River）形成的岩石岬角上

欧洲中部

13世纪中期，强大的维特克（Witgonen）家族兴建了捷克克鲁姆洛夫城堡，他们当时是克鲁姆洛夫的领主。城堡于1947年移交给捷克政府之前，曾在3个捷克贵族阶级家族间转过手——罗森伯格家族（Rosenbergs，1302—1602年）、埃根伯格家族（Eggenbergs，1602—1719年）和什瓦岑伯格家族（Shwarzenbergs，1719—1947年）。1989年城堡列入国家古迹，1992年又成为联合国教科文组织的世界遗产。

向历史致敬

城堡发展至今，已包含40多座建筑，如宫殿、马厩、盐屋、槽坊和牛奶场，围绕五座庭院和一个大型规整式园林而建。这些建筑反映了一系列风格，从哥特式到文艺复兴式和巴洛克式。其中，哥特式的小城堡（Hrádek）拥有极美的文艺复兴式正立面、塔楼和湿壁画，还有一座于1766年建造的巴洛克式剧院，是世上这种类型建筑中最完整的案例。克鲁姆洛夫的巨大城墙提示着城堡最初的防御功能，但从来没有受过真正测试；而剧院和护城河中栖息的熊则是个奇特的提示：它曾是南波希米亚的重要社会和文化中心。

▽ 拔地倚天
部分哥特式、部分文艺复兴式的6层城堡塔楼粉刷着鲜艳的颜色，拥有一座钟楼和一个通往时钟装置的长廊阳台。时钟装置封住了钟铃。

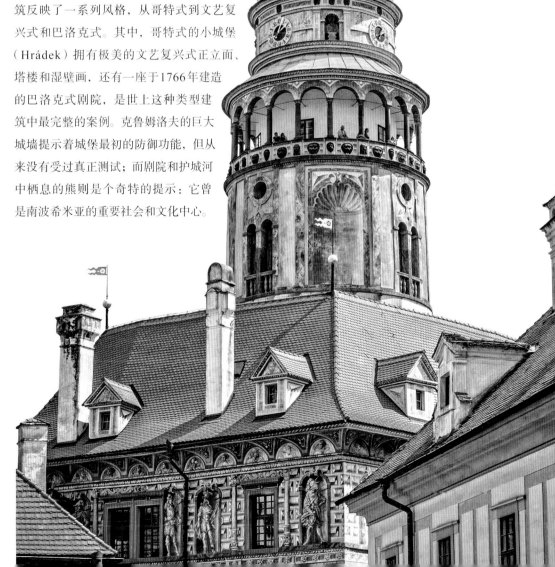

欧洲东南部

布兰城堡

俗称德古拉城堡（Dracula's castle），是喀尔巴阡山脉（Carpathian mountains）中的哥特式堡垒和宫殿

600多年来，布兰城堡一直矗立于特兰西瓦尼亚（Transylvania）和瓦拉几亚（Wallachia）这两块历史地区间的一个山口。14世纪时，它的所在地属于匈牙利国王领地，如今属于罗马尼亚。1377年至1388年，来自萨克森（Saxony）的德国定居者经皇家许可，建造了这座城堡。后来证明，高大厚实的外墙是必要的防御要素；穆斯林奥斯曼帝国的军队从土耳其和巴尔干半岛向北推进，堡垒若暴露于基督教主宰的欧洲地区边缘，很容易受到他们攻击。

德古拉城堡？

穿刺者弗拉德三世（Vlad III the Impaler）是15世纪瓦拉几亚臭名昭著的残酷统治者，据说是虚构人物吸血鬼德古拉的灵感来源。很多历史学家认为，城堡与他的联系是现代旅游产业的发明创造。弗拉德因为喜欢把敌人钉在尖桩上，而获得了"穿刺者"这个名号。爱尔兰小说家布莱姆·斯托克（Bram Stoker）创造了德古拉，但从未参观过这座城堡。然而，弗拉德有可能在1462年曾短暂地被囚禁在城堡地窖里。

第一次世界大战后，城堡从匈牙利转手至罗马尼亚，以浪漫的孤独吸引了罗马尼亚玛丽女王（Queen Marie）的目光，成为她最钟爱的宫殿。如今城堡展览着女王的珍贵家具和艺术收藏品。尽管城堡与德古拉的联系可能是假的，但那令人不安的气氛和壮观的环境令它保持着罗马尼亚著名旅游目的地之一的地位。

重塑城堡

14世纪所建的原堡垒以木材和岩石构成，占据了一片倾斜的长方形地区。它的墙壁上有很多火孔，如今已改造成窗户。16世纪时建造了新塔楼，改变了原建筑平面图，并增添了玻璃窗和屋顶瓦片。

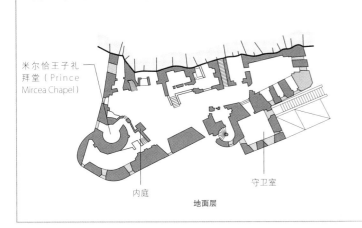
米尔恰王子礼拜堂（Prince Mircea Chapel）
内庭
守卫室
地面层

欧洲东南部

米斯特拉斯

斯巴达平原（Spartan plain）的高地上，一座保存得非常完美的中世纪城市遗迹

1249年，法国十字军骑士维拉杜安的威廉（William of Villehardouin）在希腊南部伯罗奔尼撒半岛（Peloponnese）的泰格托斯山（Mount Taygetos）上建造了一座城堡。希腊拜占庭帝国吞并了他的堡垒，而后，一座城镇开始在山坡上逐渐扩大。到14世纪时，米斯特拉斯已是繁荣的文化和学习中心，丰富的修道院和教堂都装饰着美丽的壁画。

最终的衰落

城镇于1460年被奥斯曼土耳其人占领，从此开始衰落，因而几个世纪间没什么变化。这是一个几乎完美的拜占庭后期建筑群，囊括了宗教和世俗建筑。1989年，它成为联合国教科文组织认定的世界文化遗产。

◁佩里卜勒普托斯修道院
14世纪中叶，城堡式的佩里卜勒普托斯修道院建于悬崖边上，是米斯特拉斯众多宗教建筑的其中之一。

▽俯瞰米斯特拉斯
维拉杜安的城堡坐落在米斯特拉斯的山顶上，下方是拜占庭统治者的宫殿，人们称城堡为"莫雷亚的暴君"（Despots of Morea）。

◁佛罗伦萨的杰作
佛罗伦萨大教堂用规模和美展现了一
个气势恢宏的结构。这个著名穹顶的
建造使用了400万块砖。

佛罗伦萨大教堂

文艺复兴式建筑的杰作，高耸入云的穹顶主宰着佛罗伦萨市的天际线

欧洲南部

1296年，佛罗伦萨是托斯卡纳地区（Tuscany）一个富裕而独立的城邦，它的市民宣布了一项建造大教堂的计划："这座建筑……高度和质量都将非常惊人，会超过希腊和罗马的任何同类建筑。"人们挑选建筑师阿诺尔夫·迪·坎比奥（Arnolfo di Cambio，约1240—1310年）进行设计。他设计了一座规模宏大的建筑，中殿两旁有巨大支柱支撑着拱形的石制屋顶。建筑东端，一个穹顶将会覆盖巨人的八角形空间。不幸的是，尽管古罗马人曾建造过大型穹顶，但他们的工程知识却随着时间的推移而遗忘殆尽了。

重拾古典知识

一个多世纪内，佛罗伦萨大教堂一直没有完工，直到这个任务交给了建筑师菲利普·布鲁内莱斯基（Filippo Brunelleschi，1377—1446年）。布鲁内莱斯基忠于文艺复兴精神，重新发掘古代世界的学问，前往古罗马遗迹进行研究。他回到佛罗伦萨后，为1420年开启的穹顶建设做了准备。1436年终于宣布穹顶建成，这成果既是工程的胜利，也是对美的追求。布鲁内莱斯基还在穹顶的顶端设计了一个石制采光塔，在他死后由追随者米开罗佐（Michelozzo）完成建造。

大教堂内部很朴素，但外部却装饰了彩色大理石带，呼应附近的乔托钟楼（Giotto Campanile）和佛罗伦萨洗礼堂（Florence Baptistery）。教堂极为精致的正立面是19世纪时的作品。教堂的正式名称为花之圣母大教堂（Cattedrale di Santa Maria del Fiore），位于一个联合国教科文组织世界文化遗产的中心，是世界上游客参观量巨大的教堂之一。

△ 大教堂的时钟
大教堂内的一个单指针时钟可以估量从日落到另一次日落的时间。钟面由保罗·乌切洛（Paolo Uccello，1397—1475年）绘制。

▽ 洗礼堂天花板
矗立在大教堂旁边的八角形洗礼堂内部装饰十分丰富。天花板上的马赛克画可以追溯至13世纪。

大教堂的穹顶横跨42米，离地有114米高

布鲁内莱斯基设计的穹顶

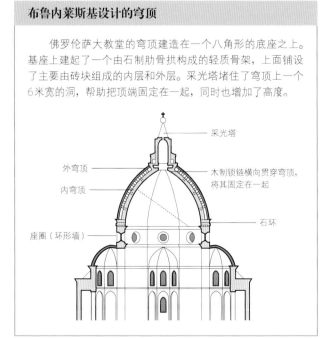

佛罗伦萨大教堂的穹顶建造在一个八角形的底座之上。基座上建起了一个由石制肋骨拱构成的轻质骨架，上面铺设了主要由砖块组成的内层和外层。采光塔堵住了穹顶上一个6米宽的洞，帮助把顶端固定在一起，同时也增加了高度。

采光塔
外穹顶
木制锁链横向贯穿穹顶，将其固定在一起
内穹顶
石环
座圈（环形墙）

△ 拱形通道

有着3个拱的维琪奥桥
将佛罗伦萨的中心与
南部的奥尔特拉诺区
（district of Oltrano）连
接了起来；"奥尔特拉
诺"意为"横跨阿尔诺
河"（across the Arno）。

维琪奥桥

中世纪的幸存建筑，一座横跨阿尔诺河的商业纪念碑

欧洲南部

维琪奥桥坐落于意大利佛罗伦萨，横跨了阿尔诺河的最窄处，桥上商店林立。1345年建成时，它并没有多特别。当时，大多数城市桥梁上都排满了商店和摊位，以及供商人放置桌子展示商品的空间。维琪奥桥的特别之处在于，这些商店一直保留至今。最初，在桥上做买卖的是屠夫，如今成了珠宝、艺术品和旅游纪念品的销售处。有趣的是，"破产"（bankruptcy）这个概念就是始于该桥——如果货币兑换商无法偿还债务，士兵就会砸碎（rotto）他的桌子（banco）。

第三次幸运

维琪奥桥是建于此处的第三座桥。第一座桥由罗马人建成，有石墩和木制的上部结构。这座桥于1117年遭洪水摧毁，后又重建，但在1333年再次被冲走。如今的桥主拱跨度为30米，两个侧拱的宽度各为27米。拱高出河面3.5米至4.4米。瓦萨里回廊（Vasari's Corridor）沿着桥顶延伸，是一条封闭的私人走廊，由美第奇（Medici）统治家族的宫廷建筑师乔治·瓦萨里（Giorgio Vasari）于1565年建造。这条走廊连接着佛罗伦萨的市政厅维琪奥宫（Palazzo Vecchio）和南岸的美第奇家族宫殿皮蒂宫（Palazzo Pitti）。

欧洲西南部

塞维利亚大教堂

一座巨大的基督教建筑

1172年，西班牙南部的穆瓦希德（Almohad）哈里发下令在塞维利亚建造大清真寺。1248年，信奉基督教的卡斯蒂利亚人（Castilians）重新征服塞维利亚后，大清真寺改建成为大教堂，一直服务至1401年，因为这座城市的领导者决定在同一地点建造一座新的礼拜场所。这座献给圣玛丽的新大教堂于1528年竣工。

它以哥特式风格建造，布满了装饰和雕饰，装满了雕塑、绘画、陵墓和纪念物。原清真寺有两个部分保留了下来：大教堂的钟楼（希拉达塔，La Giralda）建于大清真寺的宣礼塔之上；而庭院的入口则直接沿袭了摩尔人的原入口。

希拉达塔

最初的伊斯兰宣礼塔（左）建于1198年，类似于摩洛哥马拉喀什（Marrakech）的主清真寺宣礼塔（见第228页）。基督教重新征服塞维利亚后，宣礼塔改造成为大教堂的钟楼，然后在1568年时扩建得更高。

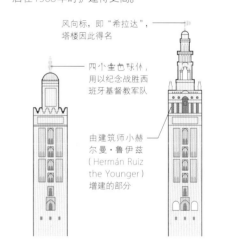

风向标，即"希拉达"，塔楼因此得名

四小金色球体，用以纪念战胜西班牙基督教军队

由建筑师小赫尔曼·鲁伊兹（Hermán Ruiz the Younger）增建的部分

▽ **巨大规模**
塞维利亚大教堂长135米、宽100米、高42米，是基督教世界中最大的大教堂——至今仍是最大的。

△ **有趣的添加物**
店主们通过增置窗户和外部百叶窗，改造桥的上部结构，令它看起来色彩斑斓、杂乱无章。

欧洲南部

威尼斯总督府

一座奢华的建筑，展现了历史上威尼斯共和国的荣耀和残酷

从726年到1797年的一千多年里，威尼斯这个海洋城邦是一个选举产生总督或公爵来进行统治的共和国。14世纪和15世纪时为总督和行政中心所建的豪华宫殿，显示了这个城市曾经的非凡财富和影响力，而这些主要因水手的技能和商人的贪婪而获。威尼斯的大部分贸易是与穆斯林世界进行的，这一点反映在宫殿正立面的独特风格上，给这座欧洲哥特式建筑带来了独特的伊斯兰色彩。

法律和政府中心

宫殿具有多种功能：总督居住区、政府办公室、接待外国大使的会场、议会、法院和监狱。国家套房的巨大房间里有几十幅文艺复兴时期艺术家的画作，大多是宣扬威尼斯共和国的荣耀和胜利。宫殿里也有很多关于威尼斯国家黑暗面的证据，它因无情和机密赢得了可怕的声誉。秘密审判的政治犯关押在宫殿屋顶下名为"皮翁比"（Piombi，意为"线索"）的牢房里，或者是名为"波齐"（Pozzi，意为"水井"）的地下阴暗房间内。1600年，宫殿旁边建造了一座新监狱，通过优雅的叹息桥与之相连。人们认为囚犯们必然是一脸悲哀，桥因而得名。总督时代结束后，宫殿仍然是行政办公场所，直到1923年才成为博物馆，它的现代使命变成了吸引游客。

△ 奢华的天花板
宫殿的国家套房内有华丽的镀金天花板，上面装饰着维罗内塞（Veronese）和丁托列托等威尼斯文艺复兴时期大师的绘画。

宫殿里有世界上巨大的油画之一，丁托列托（Tintoretto）的《天堂》

◁ 天使雕像
这个石雕天使是放置在总督府正立面拐角处的人物之一。惊人的原建筑创造了独特的威尼斯哥特式建筑风格。

△ 漂浮的宫殿
这座宫殿似乎漂浮在自己的倒影上。它由砖砌成，饰面为大理石，是一个适合矗立丁岛屿淤泥地基上的轻型结构。

威尼斯哥特式风格

宫殿的正立面在两个低层处有开放的拱廊，和典型的威尼斯哥特式尖拱门。柱头上精巧的石雕和柱子上方的四叶草给人一种神奇的轻盈效果。上层墙面用粉色和白色大理石铺贴成大胆的装饰图案。

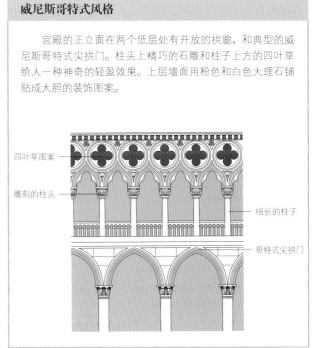

四叶草图案

雕刻的柱头

细长的柱子

哥特式尖拱门

建筑风格
文艺复兴

文艺复兴风格起源于意大利,见证了古典学问在欧洲的复苏。在建筑方面,它表现为与中世纪传统的决裂和对古罗马世界建筑风格的拥护。

文艺复兴一词源自意大利语"la rinascita",意为"复兴"。15世纪时,这种复兴是指学问、哲学、文学、艺术和建筑的古典模式(见第96—97页)。其中的核心是人文主义思想的出现,将人的力量置于已公认的智慧和教会教义之上。在建筑方面,它表现为对古代世界建筑兴趣的恢复,以及试图将建筑重新定位为一种知识性的、自由的艺术,而不是工艺。建筑师莱昂·巴蒂斯塔·阿尔伯蒂(Leon Battista Alberti)是文艺复兴早期最重要的理论家,他的专著《建筑的艺术》(De re aedificatoria,1454年)极具影响力,论证了古典建筑的根本基础在于自然中的几何学。之后的专著又进一步编纂了文艺复兴风格建筑的原则,令这种风格在整个欧洲范围内得以传播和应用。

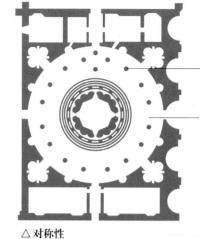

△ 对称性

文艺复兴时期的建筑师非常关注将自然界中的对称性融入他们的建筑。这幅平面图展示了布拉曼特(Bramante)对坦比哀多礼拜堂(Tempietto)的最初设计,但从未完全得以实现。

环形回廊环绕着坦比哀多

圆形置于正方形中是文艺复兴式设计的一个共同特征

饰有基督教主题的排档间饰,如圣彼得的十字形钥匙

根据多立克柱式装饰的雕带

三陇板浅槽饰间隔开排档间饰

△ 雕带

一些文艺复兴时期的建筑师利用一些机会,例如雕带的装饰,为特定的建筑类型和赞助人定制古典建筑规则和系统。

> ## 古代世界现存唯一一本关于建筑的书
> ## 是罗马建筑师维特鲁威(Vitruvius)的
> ## 《建筑十书》(De Architectura)

半球形穹顶

三陇板浅槽饰和排档间饰成为檐部的一部分

柱子是多立克柱式中的塔司干形式

文艺复兴时期的建筑师们认为,塔司干柱式坚固而阳刚,因此这种柱式契合坦比哀多的主题——圣彼得

古典建筑的重生

第二个山形墙叠在第一个山形墙上

△ 层叠式山形墙

层叠式山形墙是指一个山形墙置于另一个山形墙之上或之后。它可以有两个不同高度的天花板,但也可以只是一种表现形式。

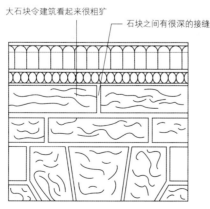

大石块令建筑看起来很粗犷

石块之间有很深的接缝

△ 粗琢石制品

粗面石工突出石块的重量和坚固,能加强相邻石块之间的连接性。这种建造方式经常用在低层。

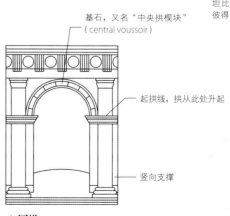

基石,又名"中央拱楔块"(central voussoir)

△ 圆拱

哥特式建筑的基本特征之一是尖拱门。文艺复兴风格建筑则恢复了罗马人的圆拱,并以新方式进行利用。

起拱线,拱从此处升起

竖向支撑

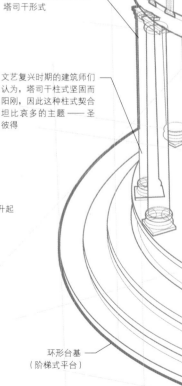

环形台基(阶梯式平台)

有棱有角的正立面

◀坦比哀多礼拜堂

罗马蒙托里奥（Montorio）的坦比哀多礼拜堂由多纳托·布拉曼特进行设计，是文艺复兴风格的一个定义性作品。它由环形柱廊支撑着的圆柱形鼓座和半球形穹顶组成，体现了古典式的和谐理念。

装饰性小采光塔

穹顶内部饰有壁画

简洁的加肋穹顶为罗马的圣彼得大教堂提供了灵感

中央鼓座的内部直径为4.5米

鼓座和穹顶的高度相等

小柱子构成的栏杆

圣彼得的雕像，据说他是在此地被钉死的

科斯马蒂（Cosmati）风格的装饰性马赛克——用彩色石头和玻璃精心镶嵌的几何图案

16根柱子构成了列柱围廊——一个连续环绕着建筑边界的门廊

穹顶的肋拱

彩绘玻璃窗

内部装饰着8根壁柱

△穹顶天花板

穹顶的底部通常有两种方式进行衔接或分割：采用尺寸越来越小的凹陷石板，称为镶板；或者如坦比哀多中所见，利用具有象征意义的湿壁画（在湿灰泥上作画）。

里面的柱顶楣构与外面的相呼应

壁柱是装饰性的，只是给人感觉有支撑作用

圣彼得的雕像，一手拿着天堂的钥匙，一手拿着《福音书》

▷壁柱

壁柱的形式是墙边扁平的柱子，是文艺复兴风格建筑的一个关键元素。它没有任何结构性的目的，只作为一种装饰性的元素，用于明晰墙壁范围。

佛罗伦萨大教堂　　威尼斯救主堂（IL REDENTORE）　　圣彼得大教堂

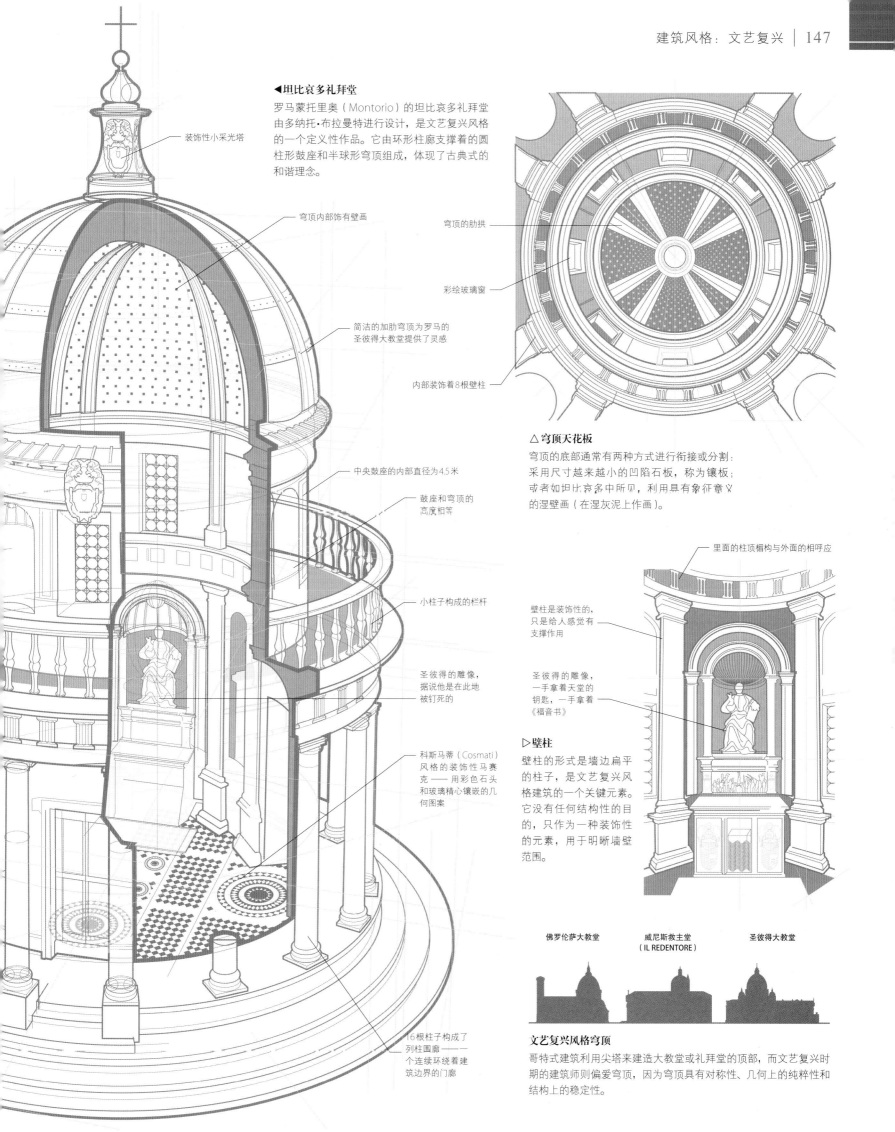

文艺复兴风格穹顶

哥特式建筑利用尖塔来建造大教堂或礼拜堂的顶部，而文艺复兴时期的建筑师则偏爱穹顶，因为穹顶具有对称性、几何上的纯粹性和结构上的稳定性。

维琴察圆厅别墅

帕拉第奥（Palladian）设计的别墅，是西方建筑史上最具影响力的建筑之一

欧洲南部

维琴察圆厅别墅矗立在意大利北部维琴察外的一座山上，又名"拉罗通达"（La Rotonda），由威尼斯建筑师安德烈亚·帕拉第奥（1508—1580年）进行设计。它是为一位高级神职人员——主教保罗·阿尔梅里科（Paolo Almerico）所建造的乡村别墅。梵蒂冈宫廷的工作结束后，他回到了维琴察。别墅内部鲜艳生动，装饰着颂扬基督教美德的壮观壁画。

和谐与安宁

圆厅别墅反映了帕拉第奥从1567年起对古罗马建筑开展的深刻研究。它是一个几乎完美的对称结构，有一个穹顶覆盖的圆柱形中央大厅，四周是相同的柱式门廊，四个侧面仿照了以万神殿（见第104—105页）为例的罗马神庙。因此，无论从哪个角度看，这座别墅都显得平衡而精致，而且它精心布置于景观中，令周围的"自然剧场"呈现一派和谐的景象。帕拉第

▽ **古典风格**
帕拉第奥对古典比例和自然空间的运用灵感，使他成为当时成功的建筑师之一。他在威尼托（Veneto）地区建造了20多座别墅。

奥去世后，1580年，他的学生文森佐·斯卡莫齐（Vincenzo Scamozzi）完成了别墅的建造，此后，这座建筑一直是整个西方世界建筑师的灵感来源，他们都着迷于它那无可挑剔的形式之美。

完美原则

帕拉第奥的设计以严格的数学比例为基础，目的是在建筑的各个元素之间创造一种神秘的和谐。基本的平面图是方中有圆——对文艺复兴时期的思想家来说，这种形式象征着宇宙的完美性。建筑的方向很精准，因此南北和东西轴线贯穿了广场的4个角。

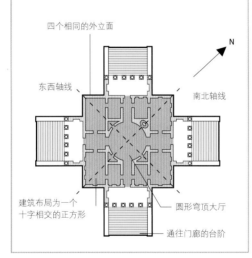

四个相同的外立面

N

东西轴线

南北轴线

建筑布局为一个十字相交的正方形

圆形穹顶大厅

通往门廊的台阶

城市宫殿

卡斯蒂利奥内（Castiliogne）称这座宫殿为"宫殿形状的城市"。1464年劳拉纳（Laurana）接手建造时，增建了带有双角楼的正立面、庭院和建筑群的其他部分。

宫殿平面图

公爵宫围绕着一座庭院而建，主要生活区在2楼，也就是这里显示的主要楼层（piano nobile）。俯瞰山谷的正立面在双塔之间有一个阳台。公爵的书房是一个只有3.6米宽的小房间，却用嵌饰的木板装饰得非常精致。

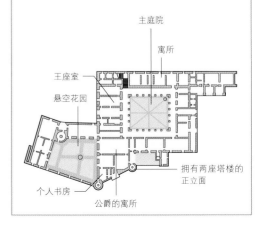

主庭院

寓所

王座室

悬空花园

个人书房

公爵的寓所

拥有两座塔楼的正立面

公爵宫

文艺复兴时期为高雅宫廷生活而造的建筑杰作

欧洲南部

公爵宫位于意大利马尔凯（Marche）地区用围墙围起的乌尔比诺（Urbino）镇，十分醒目，当初是为了满足费德里科·达·蒙特费尔特罗（Federico da Montefeltro，1422—1482年）的社会、文化野心而建造的。他是一个小贵族，曾以佣兵将军的身份赢得了名声和财富。费德里科公爵渴望让他的宫殿成为著名的人文主义学习和文明礼仪的中心。

宫廷生活

从1465年起，费德里科雇用建筑师卢西亚诺·劳拉纳（Luciano Laurana）重建和扩建乌尔比诺的现有城堡。劳拉纳建造了两座细长的塔楼，塔楼之间有一条凉廊（有顶区域），提供了眺望周围山丘的良好视野。建筑内部，一条重要的楼梯从带有拱廊的庭院通向上层。

1472年后，工程师弗朗西斯科·迪乔治·马蒂尼（Francesco di Giorgio Martini）接替劳拉纳，安装了创新的管道系统，证明定期洗澡是公爵文明生活理想的一部分。乌尔比诺宫殿生活的智慧和优雅后来在巴尔达萨雷·卡斯蒂利奥内（Baldassare Castiglione）的《廷臣》（1528）中得以颂扬。如今宫殿收藏了大量文艺复兴时期的艺术品。

△ 主庭院
具有古典式比例的拱廊庭院是宫殿中古老的部分之一。它用浅色的石材和砖块建成，顶部有赞颂费德里科荣耀的铭文。

城中之城

在克里姆林宫红墙的后面，可以看到大教堂的金穹顶塔楼和庞然的大克里姆林宫。皇宫于1849年建成，包括17世纪建的多稜宫（Terem Palace）、9座礼拜堂和700多个房间。

△ **典型的俄罗斯风格**

大克里姆林宫装饰着俄罗斯风格的窗围，上面有双拱和吊饰，还饰有俄罗斯鹰。

欧洲东部

克里姆林宫

600多年来俄罗斯权力中心的象征

莫斯科克里姆林宫是莫斯科河（River Moskva）畔一片固若金汤的三角地带，曾是莫斯科大公的所在地和沙皇的居所、现在是俄罗斯总统的官方住所。它那有雉堞的红砖墙长2.5千米，是在15世纪末应莫斯科大公伊凡三世（大帝）之令建造的，墙上间隔出现了20座塔楼。砖墙包围了近300,000平方米区域，墙内的建筑组合兼收并蓄，包括3座大教堂和4座宫殿。

风格融合

从15世纪为王公建造的意大利-拜占庭风格圣母升天大教堂（Cathedral of the Assumption），到17世纪凯瑟琳大帝（Catherine the Great）统治时期建造的莫斯科古典风格参议院大楼，再到用玻璃和混凝土所构成的现代主义风格国会大厦，克里姆林宫内各种建筑风格几乎应有尽有。

△壮观的大门
救世主塔（Spasskaya）曾经是克里姆林宫的主入口，人们认为它有保护克里姆林宫不受侵略的力量。

> 克里姆林宫是城内的坚固建筑群；
> 5座俄罗斯克里姆林宫是
> 联合国教科文组织的世界遗产，
> 包括莫斯科的克里姆林宫

◁缤纷多彩的大教堂
描绘圣经场景和圣徒生活的壁画覆盖了克里姆林宫圣母升天教堂（Dormition Cathedral）的内部。这座教堂是1547年至1896年俄罗斯君主的加冕教堂。

鹰与星

1935年，克里姆林宫4个塔楼上的帝国之鹰金属制品被拆除，代之以红色五角星。五角星很快变暗，再度取而代之的是0.9吨的玻璃五角星，直径达3.75米，可以发光和旋转。

面朝东和西的头部

红色玻璃星星，由白炽灯从内部照亮

莫斯科的盾形纹章

球体

权杖

双头鹰

克里姆林星

圣巴西勒教堂

16世纪时，"恐怖伊凡"（Ivan the Terrible）下令建造的色彩斑斓、无与伦比的东正教教堂，以一位莫斯科鞋匠、圣徒的名字命名

欧洲东部

　　1554年，沙皇伊凡·瓦西里耶维奇（Ivan Vasilyevich）——人称"恐怖伊凡"——下令建造一座大教堂，纪念他征服了喀山和阿斯特拉罕汗国（khanates of Kazan and Astrakhan）。大教堂于1561年建成，正式名称为"护城河上的圣母升天教堂"（Cathedral of the Intercession of the Virgin on the Moat），因为它建在隔开克里姆林宫（见第150—151页）与城市的护城河上，更多人称它为圣巴西勒教堂。

宗教和世俗用途

　　圣巴西勒教堂建在白色的石基上，红砖围住内部的木制框架，用石材建造之处也涂成了砖的样子。它的洋葱形穹顶最初是镀金的半球形，从17世纪开始加入了鲜艳的色彩。后来，教堂内部也覆盖了复杂的壁画和圣像。圣巴西勒大教堂从多次火灾中幸存下来。1929年，它成为一座博物馆，如今是红场和克里姆林宫世界文化遗产的一部分。每年10月的升天日，这里会举行一次宗教仪式。

> 圣巴西勒教堂象征着《圣经》中的天国之城，
> 古老的手稿中描绘的天国之城就是一座有塔楼的城堡

大教堂的礼拜堂

　　大教堂建筑群由9个礼拜堂组成。圣母升天中央礼拜堂（Central Chapel of the Intercession of the Virgin）是最大的，内部高度为46米。4个较大的礼拜堂对齐罗盘4点；4个较小的礼拜堂则建得更高。献给圣巴西勒的礼拜堂是在1588年增建的。

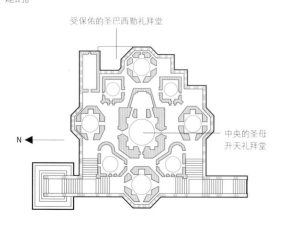

受保佑的圣巴西勒礼拜堂

N

中央的圣母升天礼拜堂

△ 洋葱形穹顶
鸟瞰图显示了礼拜堂的洋葱形穹顶、钟楼（右上）的帐篷状塔顶，以及连接各栋建筑的绿顶游廊。

巍峨的大教堂
圣母升天中央礼拜堂耸立于圣巴西勒的其他礼拜堂之上，它们的高度代表着对应圣徒在天国层次体系中的重要程度。

舍农索城堡

卢瓦尔河（Loire）畔最优美的城堡，也是继凡尔赛宫之后参观人数最多的法国城堡

欧洲西北部

建于15世纪的圆塔离城堡主体略有距离，是当初庄园宅第仅存的遗迹。1513年，庄园由王室侍从官汤玛斯·波黑尔（Thomas Bohier）接手。他的妻子凯萨琳·布里索内（Katherine Briçonnet）将庄园重建为如今的城堡。

女士城堡

舍农索有"女士城堡"（Ladies' Castle）之名，因为女性在其建造和保护过程中发挥了重要作用。亨利二世的情妇黛安娜·德·普瓦捷（Diane de Poitiers，1500—1566年）的影响最大，她委托建筑师菲利贝尔·德洛姆（Philibert de lTimes New RomanOrme）建造了精美的拱桥和横跨谢尔河（Cher River）的游廊；她还监督建造了瑰丽的花园。亨利的遗孀凯瑟琳·德·美第奇王后（Queen Catherine de' Medici）后来逼迫黛安娜将舍农索换作另一座城堡。在凯瑟琳的要求下，建筑师让·布兰特（Jean Bullant）于1576年至1578年增建了游廊的上层空间。苏格兰女王玛丽（Mary）曾短暂地住过这座城堡。最悲惨的居住者是路易丝·德·洛林（Louise de Lorraine），在丈夫亨利三世被暗杀后，她在此隐居。这座城堡目前归著名的巧克力世家梅尼尔（Meniers）家族所有。

情敌夫人们的房间

这两位伟大的对手喜欢居住在城堡里的同一区域。黛安娜·德·普瓦捷的房间在一楼，凯瑟琳·德·美第奇的卧室在其正上方。后者目前摆放着一些早期弗拉芒（Flemish）挂毯和华丽的四帷柱大床。

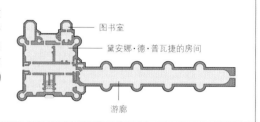

图书室
黛安娜·德·普瓦捷的房间
游廊

◁ 大游廊

舍农索的迷人游廊有60米长，地板由优雅的白垩板岩地砖铺成。在城堡的全盛时期，这里曾是一个宴会厅。

▽ 情敌们的花园

照片中，黛安娜·德·普瓦捷的花园在城堡的右侧，而凯瑟琳·德·美第奇的花园则在左侧。

文艺复兴的辉煌
香波城堡的整体设计呈现出一种优雅的简洁和对称。相比之下，其大量的烟囱和角楼则显得非常多样化。

香波城堡

它最初建作狩猎屋，后来成为卢瓦尔河畔最大的城堡、文艺复兴风格的杰作

欧洲西北部

香波城堡是国王弗朗索瓦一世（François I，1494—1547年）年轻时候的心血结晶。1519年，他拆除了此处的堡垒，取而代之的是一座巨大的狩猎屋。规模就是一切，他想给来访的客人和贵宾留下深刻印象。这项工程耗时多年，花费巨大；完工后，香波城堡有440个房间、365个壁炉和83个楼梯。城堡内还有座饲养了大量鹿的鹿苑，栅栏的长度与巴黎环形公路（périphérique）长度相同。

令人印象深刻的天际线

香波城堡最壮观之处是它的双螺旋楼梯。它的屋顶也很引人注目，有许多惊人的烟囱、小穹顶和镀金采光塔（屋顶角楼）。弗朗索瓦似乎想与君士坦丁堡的天际线一争高下。香波城堡从来就不是一个家，高高的天花板和开放的凉廊令它很冷。尽管后来它有了居住者，但在很长一段时间内，它都是空荡荡的。香波城堡于20世纪80年代列入联合国教科文组织认定的世界文化遗产名录。

双螺旋

巧妙的楼梯能让两组人在使用楼梯时不会迎面而遇，尽管他们可以通过结构中的缝隙看到对方。有传言说设计师是莱奥纳多·达·芬奇，他在城堡建设时期是弗朗索瓦一世的客人。

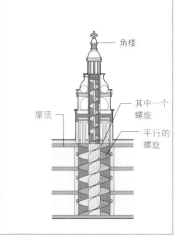

角楼

屋顶

其中一个螺旋

平行的螺旋

◁**螺旋式楼梯**
香波城堡的楼梯间设置在一个类似提灯的巨大箱子里，位于城堡的中轴线上。在当时的建筑中，它是无与伦比的。

基日岛木结构教堂

一对多穹顶的教堂，和一座完全用木材建造的俄罗斯传统风格钟楼

在俄罗斯西北部奥涅加湖（Lake Onega）中央的岛上，有两座18世纪时建造的非凡教堂，即主显圣容教堂（Church of the Transfiguration）和圣母教堂（Church of the Intercession），以及一座19世纪时所建的钟楼。这3座建筑完全由木材建造：墙壁由苏格兰松原木建成；屋顶是云杉木板和木瓦；穹顶覆盖着白杨木瓦，风化后呈银色。对多个洋葱形穹顶的独特使用，令基日岛教堂独具特色。八角形的主显圣容教堂与其他拥有简单金字塔式屋顶的俄罗斯传统木制教堂不同，它有22个带装饰性木瓦的小穹顶。

▽ 传统的木制建筑

主显圣容教堂（中间），以及后方的圣母教堂（左）和钟楼（右），都是俄罗斯细木工的杰作，建造时只使用了基本的工具，如斧头和凿子。

以木材建造

教堂的建造采用了传统的俄罗斯木匠技术。墙壁的水平方向原木以互锁或燕尾榫的方式安装在一起。建筑中唯一使用钉子之处是用来固定多层的木制屋顶瓦片，以建成洋葱形穹顶。

中央木柱
层叠木瓦
支柱
嵌接接头连接着两块木材

腓特烈堡

文艺复兴时期丹麦–挪威国王克里斯蒂安四世（King Christian IV）的住所，
如今是丹麦国家历史博物馆（Danish Museum of National History）

欧洲西北部

△骑士厅（THE KNIGHTS HALL）
宽敞的中央大厅与城堡内部的其他地方一样，拥有大量精致的建筑特征。它采用了巴洛克风格的华丽装饰，内有大量挂毯和艺术品。

雄伟的腓特烈堡建于17世纪初，坐落之处为哥本哈根北部希勒勒市（Hillerød）城堡湖（Castle Lake）中的3个小岛之一。它的主楼国王翼（King's Wing）是对称的，中心是一个四方院子。然而，包括教堂翼（Chapel Wing）、公主翼（Princess's Wing）和露台翼（Terrace Wing）在内的建筑群整体并不对称。

从城堡到博物馆

建筑主要由红砖制成，以砂岩装饰。它们有荷兰文艺复兴风格的陡峭屋顶和山墙，但也有一些塔楼和尖塔，还有大量赞颂国王克里斯蒂安四世（1588—1648年在位）统治时期的雕塑装饰。城堡在1859年的一场大火中几乎完全损毁，但后来尽可能地按照原设计，由里至外进行了重建。建成后，城堡于1882年作为博物馆向公众开放。

巴洛克式花园

腓特烈堡矗立在广阔的土地上，最初是一片狩猎鹿的园区。弗雷德里克四世（1699—1730年在位）委托宫廷园丁约翰·考纳柳斯·克瑞耶（Johan Cornelius Krieger）建造一个正式的花园，让城堡的巴洛克风格更趋完美。喷泉和瀑布是花园的特色，流经几何形花坛的阶梯。

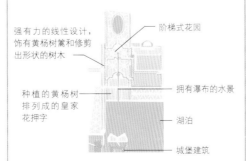

强有力的线性设计，饰有黄杨树篱和修剪出形状的树木 —— 阶梯式花园

种植的黄杨树排列成的皇家花押字 —— 拥有瀑布的水景

—— 湖泊

—— 城堡建筑

△国王翼
城堡主楼的正立面结合了荷兰文艺复兴风格的严肃和巴洛克式的装饰、花纹，俯瞰着湖泊和花园。

圣彼得大教堂

罗马天主教最著名的礼拜场所，其规模和奢华的装饰令人敬畏

欧洲南部

圣彼得大教堂建在推测为使徒彼得的墓址上。它位于梵蒂冈城，是罗马的一个独立城邦，由教皇统治，每年吸引了数百万朝圣者和游客。建筑物内部以大理石、镀金和马赛克作装饰，规模之大率先给人留下了深刻印象：中殿长186米，穹顶高出地面136米。

建造第二座大教堂

此处的第一座大教堂建于约330年。1506年，教皇尤利乌斯二世（Pope Julius II）决定用从古罗马遗迹中掠夺来的石材建造一座新建筑。他最喜欢的建筑师多纳托·布拉曼特（Donato Bramante，1444—1514年）开始着手建造一座史诗般规模的教堂。

项目完成时，尤利乌斯二世和布拉曼特都已去世。许多文艺复兴时期的名人都曾在圣彼得教堂工作过，譬如米开朗琪罗（Michelangelo，1475—1564年）设计了穹顶。在巴洛克雕塑家和建筑师乔凡尼·洛伦佐·贝尼尼（Gianlorenzo Bernini，1598—1680年）的领导下，内部装饰工作继续进行，他也负责了圣彼得墓上巨大的青铜华盖（baldacchino）。

△ 多人之作
雕像在圣彼得教堂的正立面上排成一行，后方是巨大的穹顶。许多最著名的意大利艺术家都参与了大教堂的建造。

圣彼得广场

圣彼得广场（St Peter's Piazza）位于大教堂的正前方，提供了一个富丽堂皇的戏剧性环境。广场由贝尼尼设计，建于1656年至1667年，环绕着两行塔司干式柱子，每行有四排深。顶部是巴洛克式雕像的柱子将信徒们聚集到大教堂的正面。这样的设计可以让看到教皇在正门上方阳台上讲话的人数达到最多。

大教堂的正面

圣彼得广场

贝尼尼的柱廊

△ 鸟瞰图
这个视角展示了贝尼尼所设计大教堂周围的壮丽环境。古埃及方尖碑于1586年在广场中央竖起。

奢华的装饰
圣彼得教堂内部是一个文艺复兴和巴洛克艺术的宝库。左边是贝尼尼青铜华盖的其中一处墙墩。

西斯廷教堂

用一些文艺复兴时期最伟大的艺术杰作点缀的梵蒂冈礼拜堂

欧洲南部

西斯廷教堂是罗马梵蒂冈教皇宫的一部分，由教皇西斯都四世（Pope Sixtus IV）于1475年下令建造。它是红衣主教召开秘密会议选举新教皇的房间，但它名气如此响亮，更多是因为其中的艺术品质量。西斯都委托他那个时代的一些主要画家用壁画覆盖教堂墙壁，包括彼得罗·佩鲁吉诺（Pietro Perugino）、桑德罗·波提切利（Sandro Botticelli）和多梅尼哥·基尔兰达约（Domenico Ghirlandaio）。1508年，西斯都的侄子教皇尤利乌斯二世要求佛罗伦萨艺术家米开朗琪罗·博那罗蒂绘制教堂天花板。米开朗琪罗花了四年时间完成了这项惊人的作品，绘制面积超过500平方米。1536年至1541年，他老了许多，但又回来画了《最后的审判》（Last Judgment）这幅壁画，众人公认是他的杰作。

天花板和祭坛墙

米开朗琪罗在西斯廷教堂的天花板上绘制了《创世纪》（Book of Genesis）中的场景，从世界的创造，到亚当和夏娃的堕落，再到诺亚的故事。祭坛墙上的壁画描绘了基督的第二次降临，和上帝对人类的最后审判。

图注

- 诺亚的三个故事
- 先知
- 亚当和夏娃的堕落
- 巫女
- 创世纪
- 基督祖先
- 帆拱
- 最后的审判之墙

祭坛　　上帝创造亚当　　亚当和夏娃受到诱惑，被逐出伊甸园

▽ **天花板壁画**

米开朗琪罗所绘的西斯廷教堂天花板色彩鲜艳，特色是肌肉发达的巨大人物。

西斯廷天花板上的画中包含300多个人物

蓝色清真寺

一座雄伟的奥斯曼帝国礼拜场所，尤以奢华蓝色瓷砖所铺陈的内部而闻名遐迩

欧洲东南部

△ 奥斯曼帝国的辉煌

蓝色清真寺是奥斯曼建筑古典时期的最后一座主清真寺。图中，它的6座宣礼塔直插伊斯坦布尔老城的天空。

苏丹艾哈迈德清真寺（Sultan Ahmet Mosque），又名蓝色清真寺，主宰着土耳其伊斯坦布尔老城区的天际线，是一个衰落中帝国的晚期之作。1609年，当19岁的奥斯曼苏丹下令建造该清真寺时，他的帝国正因对战奥地利和伊朗中遭遇的失败而陷入困境。清真寺正是以他名字命名的。他无视奥斯曼帝国财政的萎靡之况，建造了一座巨大的穆斯林建筑。

基督教盟友威尼斯的礼物。大厅里铺有来自帝国陶瓷生产中心伊兹尼克（İznik）生产的20,000块蓝色瓷砖。这座清真寺在1617年艾哈迈德苏丹去世前不久完成，当时他27岁。

铺着蓝色瓷砖的内部

艾哈迈德苏丹的建筑师塞德夫卡·穆罕默德·阿加（Sedefkar Mehmed Aga，约1540—1617年）设计了清真寺建筑群，包括一所宗教学校（伊斯兰教学校，madrasa）、一座慈善安养院，以及祈祷大厅和庭院。清真寺规模宏大，顶部是一个中央穹顶，周围有4个半圆顶和6座细长的宣礼塔。朴素的灰石外观与祈祷大厅内部的辉煌装饰形成了鲜明的对比。祈祷大厅由200扇彩色玻璃窗照亮——这是奥斯曼人的

▽ 铺满瓷砖的内部

光透过穹顶大量窗户照射下来，让清真寺内色彩鲜艳的伊兹尼克瓷砖彰显出它们的华美夺目。

欧洲西北部

圣保罗大教堂

克里斯托弗·雷恩（**Christopher Wren**）的巴洛克式杰作，
300多年来，它的穹顶一直定义着伦敦的天际线

圣保罗大教堂是伦敦主教的所在地，矗立在伦敦市最高点勒盖德山（Ludgate Hill）的山顶上。它是坐落于此的第五座圣保罗大教堂。大教堂由英国建筑师和博学家克里斯托弗·雷恩建造，于1697年12月2日举办祝圣仪式开启使用。

古典特征

大教堂采用英国巴洛克风格，有一个标志性的穹顶（类似于罗马圣彼得大教堂的穹顶，见第158—159页），西面有一个古典式柱廊。大教堂立于8个支撑着它重量的巨大支墩上。

大教堂在现代英国国民生活中继续发挥着关键作用。它在第二次世界大战中成为抵抗的象征。1965年温斯顿·丘吉尔（Winston Churchill）的葬礼和1981年查尔斯王子（Prince Charles）与戴安娜·斯宾塞（Diana Spencer）的婚礼都是在这里举行的。

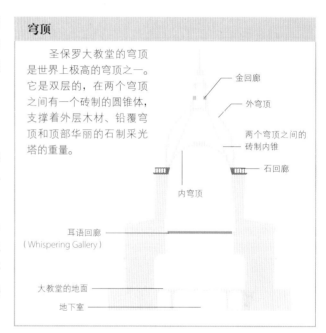

穹顶

圣保罗大教堂的穹顶是世界上极高的穹顶之一。它是双层的，在两个穹顶之间有一个砖制的圆锥体，支撑着外层木材、铅覆穹顶和顶部华丽的石制采光塔的重量。

金回廊
外穹顶
两个穹顶之间的砖制内锥
石回廊
内穹顶
耳语回廊（Whispering Gallery）
大教堂的地面
地下室

圣保罗教堂高111米，从1710年到1967年，它是伦敦最高的建筑

▷内穹顶

穹顶由詹姆斯·桑希尔（James Thornhill，1675年或1676—1734年）绘制，有8幅圣保罗的生活场景，中央有一个眼形窗，即眼睛形状的开口。穹顶灵感来自罗马的古代万神殿（见第104—105页）。

◁遗世独立

伦敦市的规划法限制了新建筑的高度，以保证圣保罗大教堂在市内重要位置都能看到。

建筑风格
巴洛克和洛可可

巴洛克风格于17世纪时出现，以幻象和戏剧效果为特征，是反宗教改革（Counter-Reformation）精神的体现。它起源于意大利，在欧洲传播开来。随后出现了它的变种形式，洛可可。

巴洛克的起源与反宗教改革的信条紧密相连。作为对16世纪新教改革的回应，反宗教改革试图重申天主教信仰的原则，而新教徒正是对这些原则提出了质疑。艺术和建筑成为这一过程中的重要工具，一些教堂的委托则成了表达天主教会权力的机会。贝尼尼、博罗米尼（Borromini）和瓜里尼（Guarini）等建筑师采用了大胆的形式、流畅的曲线和戏剧性的光影效果，创造了具有惊人力量和戏剧效果的建筑。随着巴洛克风格在欧洲的传播，本土化风格变化也出现了。虽然巴洛克风格起源于教会建筑，但经常应用于宫殿建筑，且在其中更广泛地发挥着建筑力量的作用。正是在这种背景下，18世纪时，它发展成为洛可可风格。

△ 弯曲的柱顶檐构
虽然巴洛克在建筑词汇上仍依赖于古典式语言，但它夸大了形状和比例。最容易辨认的例子之一是，笔直的柱顶檐构可能改变为凹陷或凸起的弯曲表面。

沿着雕带刻写的铭文

巴洛克一词源自葡萄牙语，意为变形的珍珠

雕像、装饰和楼梯

小天使经常在演奏乐器

雕塑看起来栩栩如生

△ 小天使
小天使是一个有翅膀的小男孩，一般都很胖，经常出现在巴洛克艺术和建筑的神圣场景中。

精心设计的镀金框架

植物形式

△ 装饰镜子
洛可可是一种室内建筑风格。室内建筑风格中，古典式归纳为一种几乎抽象性的装饰语言。

引人注目的戏剧化阶梯

白和灰的对比

△ 多层外部阶梯
巴洛克特征中，多层阶梯是大胆的层叠装饰和交叉体量的一个重要例子。

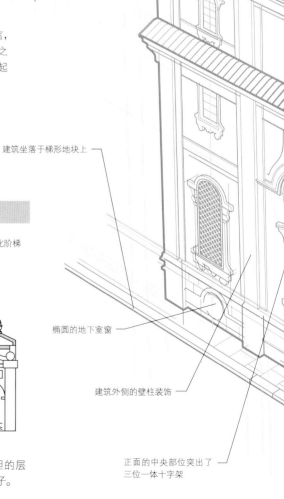

穹顶没有鼓座，而是直接靠在檐口上

建筑坐落于梯形地块上

椭圆的地下室窗

建筑外侧的壁柱装饰

正面的中央部位突出了三位一体十字架

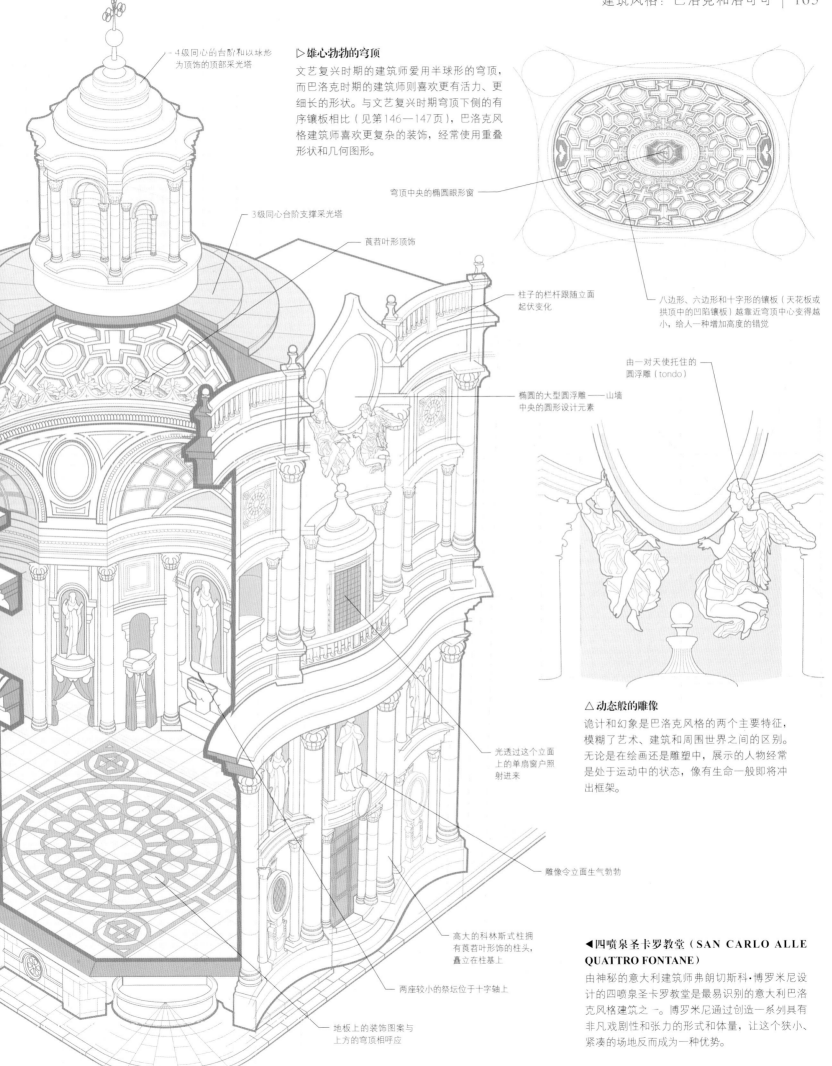

4级同心的台阶和以球形
为顶饰的顶部采光塔

▷ 雄心勃勃的穹顶

文艺复兴时期的建筑师爱用半球形的穹顶，
而巴洛克时期的建筑师则喜欢更有活力、更
细长的形状。与文艺复兴时期穹顶下侧的有
序镶板相比（见第146—147页），巴洛克风
格建筑师喜欢更复杂的装饰，经常使用重叠
形状和几何图形。

3级同心台阶支撑采光塔

莨苕叶形顶饰

穹顶中央的椭圆眼形窗

八边形、六边形和十字形的镶板（天花板或
拱顶中的凹陷镶板）越靠近穹顶中心变得越
小，给人一种增加高度的错觉

柱子的栏杆跟随立面
起伏变化

椭圆的大型圆浮雕——山墙
中央的圆形设计元素

由一对天使托住的
圆浮雕（tondo）

光透过这个立面
上的单扇窗户照
射进来

△ 动态般的雕像

诡计和幻象是巴洛克风格的两个主要特征，
模糊了艺术、建筑和周围世界之间的区别。
无论是在绘画还是雕塑中，展示的人物经常
是处于运动中的状态，像有生命一般即将冲
出框架。

雕像令立面生气勃勃

高大的科林斯式柱拥
有莨苕叶形饰的柱头，
叠立在柱基上

两座较小的祭坛位于十字轴上

地板上的装饰图案与
上方的穹顶相呼应

◀ 四喷泉圣卡罗教堂（SAN CARLO ALLE
QUATTRO FONTANE）

由神秘的意大利建筑师弗朗切斯科·博罗米尼设
计的四喷泉圣卡罗教堂是最易识别的意大利巴洛
克风格建筑之一。博罗米尼通过创造一系列具有
非凡戏剧性和张力的形式和体量，让这个狭小、
紧凑的场地反而成为一种优势。

欧洲西北部

凡尔赛宫

为展示法国"太阳王"（Sun King）路易十四（Louis XIV）的
财富和权力而建造的宫殿

17世纪30年代，路易十三（Louis XIII）将巴黎郊外凡
尔赛镇附近的一座狩猎小屋改造成了简陋的城堡。他的继
任者，路易十四，有着更大的野心。1661年，他命令建筑
师路易·勒沃（Louis le Vau）将这座建筑改造成适合完全神
权统治君主的宫殿，而内部的装饰则由艺术家查尔斯·勒布
伦（Charles le Brun）负责。

宫廷生活

路易十四让凡尔赛成为王国的核心——政府中心和宫
廷仪式场所，法国贵族们在这里成了礼仪的奴隶。新任建
筑师儒勒·阿尔杜安–芒萨尔（Jules Hardouin-Mansart）为
凡尔赛宫增添了辉煌的镜厅（Hall of Mirrors），该工程于
1684年完工。宫殿不断扩大，迷宫般的走廊和楼梯间连接
了700多个房间。大特里亚农宫（Grand Trianon）是一座覆
盖着粉红色大理石的小宫殿，也是国王和他的亲信们可以
放松的地方。1789年法国大革命之前，凡尔赛宫一直是皇
家住所。如今，它有了新的使命——成为世界上受欢迎的
旅游景点之一。

△ 雕像园
花园里有250多座神话
人物的雕像，其中许多
在壮观的喷泉内。这种
雕像具有古典式的影子，
是巴洛克花园设计中的
一个重要元素。

△ 水景
从宫殿里向外望，视线穿过规整式园林，就能看到大运河，路易
十四和他的廷臣们会在这里举办优雅的划船聚会。从塞纳河抽来的
水提供了喷泉的水源。

△ 大理石宫廷
为路易十三建造的凡尔
赛宫原始城堡，仍然存
在于更宏伟的路易十四
宫殿的中心位置。一座
用黑白大理石铺成的庭
院环绕着它。

◁ 镜厅
镜厅于1684年建成，它
最知名的事迹是，第一
次世界大战结束时，在
此签署了《凡尔赛条约》
（Treaty of Versailles）。
镜厅共有357面镜子。

凡尔赛宫的花园

著名的景观设计师安德烈·勒诺特尔（André le Nôtre）最初为凡尔赛宫设计了大量花园，内有喷泉、橘园、铺满碎石的小路和一条观赏性的运河。他的作品公认为法国规整式园林风格的最高杰作。随着时间的推移，园地也发生了各种变化。路易十六（King Louis XVI）送给他的王后玛丽·安托瓦内特（Marie Antoinette）一座属于她自己的城堡，即迷人的小特里亚农宫（Petit Trianon）。她还建造了一座假村庄，在里面扮演牧羊女。

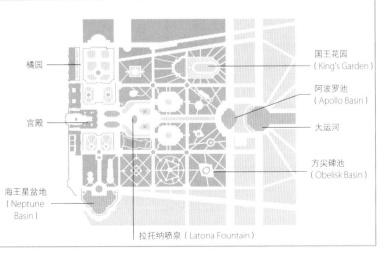

橘园

宫殿

海王星盆地
（Neptune Basin）

拉托纳喷泉（Latona Fountain）

国王花园
（King's Garden）

阿波罗池
（Apollo Basin）

大运河

方尖碑池
（Obelisk Basin）

在路易十四时代，
皇宫里挤满了
多达7000名侍臣和仆人

无忧宫

为普鲁士"开明的暴君"(enlightened despot)腓特烈大帝(Frederick the Great)建造的一座娱乐行宫

欧洲中部

洛可可式正立面

宫殿的主立面上雕刻着酒神祭司(bacchants)的有趣形象,十分活泼,他们是古希腊酒神巴克斯(Bacchus)难以控制的追随者。

普鲁士国王腓特烈二世(1740—1786年在位,又称腓特烈大帝)将小无忧宫作为逃避政府和战争负担的场所——法语短语sans souci意为"无忧"。1745年至1747年,它在柏林郊区的波茨坦(Potsdam)建造,由宫廷建筑师乔治·温彻斯劳斯·冯·克诺伯斯多夫(Georg Wenzeslaus von Knobelsdorff)设计。国王在项目的构思和执行过程中也发挥了直接作用,最终与克诺伯斯多夫闹翻了,在建筑完工前就解雇了他。

轻松精神

无忧宫的设计采用了轻盈的洛可可风格(见第164—165页),在18世纪中期的欧洲,这是最时尚的风格。洛可可源于巴洛克风格,但显然没有那么笨重和浮华,它常用

神话主题来创造一个令人愉快的幻想世界。它是一种享乐主义的风格,完全适合为愉悦而建的住宅,而不是浮夸的公共展示。

园地景观

宫殿的主要部分由10个主房间组成,位于同一个楼层。宫殿坐落在葡萄园梯田上方的一座小山上,周围是庭园,点缀着有趣的装饰性神庙和凉亭。内部最初是洛可可风格,后来重新装饰成新古典风格。

腓特烈生前经常在无忧宫度过夏天,要求他死后要埋葬在这里。这个愿望一直遭忽视,直到1991年,他的遗体才从波茨坦驻军教堂(Potsdam Garrison Church)运来,安葬在葡萄园的梯田里。

> 爱狗的腓特烈要求与他最喜欢的灵猩一起埋葬在无忧宫

布莱尼姆宫

一座历史悠久的乡村宅第,向英国战争英雄马尔伯勒公爵(Duke of Marlborough)致敬

欧洲西北部

1704年,在布伦海姆战役(Battle of Blenheim)中指挥英军的马尔伯勒公爵获得了牛津郡(Oxfordshire)的一块皇家土地。他聘请没什么建筑经验的剧作家约翰·范布勒(John Vanbrugh)设计一座宫殿。范布勒和尼古拉斯·霍克斯穆尔(Nicholas Hawksmoor)当时已经开始在约克郡建造一座奢侈的住宅,而布莱尼姆宫在宏伟程度上将与之匹敌。与

其说布莱尼姆宫是一座宅第,不如说是一座纪念馆,它是按照英国巴洛克风格建造的。著名的景观设计师兰斯洛特·"万能"·布朗(Lancelot "Capability" Brown)改造过它的花园。

▽ **奢华的巴洛克风格**
范布勒把布莱尼姆宫设计得规模非常宏大。他的灵感来自当时路易十四的法国正在建造的巴洛克式宫殿案例。

主要楼层

宫殿的2楼(主要楼层)有国事厅。这里装饰着许多庆祝马尔伯勒在战场上赢得胜利的绘画。礼拜堂里安放着他和妻子莎拉(Sarah)的石棺。

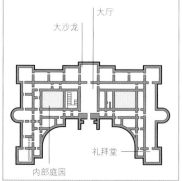

大厅

大沙龙

礼拜堂

内部庭园

白金汉宫

自维多利亚女王（Queen Victoria）时代以来，英国君主在伦敦的主要住所

欧洲西北部

乔治三世国王（King George III）在1761年买下了白金汉宫。这是一座位于圣詹姆斯公园（St James's Park）旁的豪宅，为他的家人提供了一个便利的伦敦住所。1826年，他的继任者乔治四世（George IV）命令建筑师约翰·纳什（John Nash）将该建筑扩建为一座皇家宫殿。1837年维多利亚女王登基后，成为第一位入住新宫的君主。

一座宫殿，多种风格

时间斗转星移，白金汉宫经历了许多变化。现在矗立在海德公园旁边的大理石拱门（Marble Arch），原本是通往宫殿庭院的宏伟入口。东立面上有个著名的阳台，皇室成员在婚礼等场合都会现身于此，但直到20世纪初才变成现在的模样。如今国宴厅已对游客开放，但皇宫仍为皇室居所、行政大楼，以及官方仪式和宴会的场所。

◁ 君主制的中心
鸟瞰图显示，白金汉宫面朝着东边的1911年维多利亚纪念碑和广场（1911 Victoria Memorial and the Mall）。夏季时，建筑物后方和侧边的公园会用于皇家花园聚会。

欧洲中部

维尔茨堡居住区

洛可可时期大量涌现的艺术和工艺品的奢华展示

维尔茨堡如今是德国南部巴伐利亚州的一个城市。18世纪时，它是一个由采邑主教（Prince-Bishop）统治的独立小国。1720年，采邑主教约翰·菲利普·弗朗茨·冯·施波恩（Johann Philipp Franz von Schönborn）命令建筑师巴尔塔扎·诺伊曼（Balthasar Neumann）开始建造一座豪华的新宫殿。在其他德国和法国知名建筑师的帮助下，诺伊曼创造了一座融合欧洲巴洛克风格的建筑，耗资150万盾（guilder），当时一个工人的周薪是1盾。1744年建成了宫殿外部，但内部的工作又持续了四分之一个世纪。这是一个装饰性雕刻、粉饰灰泥、玻璃和镀金的杰作，尤其是色彩丰富的巨大天花板，和威尼斯洛可可艺术家乔凡尼·巴蒂斯塔·提埃坡罗（Giovanni Battista Tiepolo）创作的壁画。

重建历史

1945年，轰炸摧毁了大部分建筑。幸运的是，保存完好的部分包括皇帝厅（Imperial Hall）、主楼梯、门厅及其不可替代的提埃坡罗壁画，还有白厅（White Hall）与其巨大的粉饰灰泥作品。在现代工匠的努力下，原来室内的其他部分也得以重现。这个居住区于1981年成为联合国教科文组织认定的世界文化遗产。

◁ **喷泉雕像**
这座雕像构成了居住区前院弗兰科尼亚喷泉（Frankonia fountain）的一部分，刻画的是瓦尔特·冯·德尔·弗格尔瓦伊德（Walther von der Vogelweide），著名的中世纪德国爱情诗人。

花园

维尔茨堡居住区的花园必须设计得正好契合城镇防御工事的形状，因此它们依循着棱堡有棱有角的轮廓。居住区旁边，巴洛克风格的规整式宫廷花园延伸到英国风格的草地和树林中。

尖形棱堡

东花园

苗圃地

宫殿建筑

东宫廷花园

景观花园

罗森巴赫庭院

弗兰科尼亚喷泉

南花园

◁ 宫殿和纪念碑
公园山顶上的新古典式凯旋门（Gloriette）纪念碑俯瞰着蜂蜜色的巨大美泉宫。

欧洲中部

美泉宫

奥地利帝国哈布斯堡（Habsburg）统治者的奢华夏日居所

18世纪40年代，维也纳郊区的一座狩猎小屋开始改造成奥地利哈布斯堡王朝女王玛丽亚·特蕾莎的夏宫。哈布斯堡家族习惯于以极大规模进行建设，美泉宫也不例外。根据建筑师约翰·菲舍尔·冯·埃拉赫（Johann Fischer von Erlach）的原始设计，从巨大的接待厅、宴会厅，到皇室成员的居住套房，这座庞大的巴洛克式宫殿最终应有1,441个装饰精美的房间。宫殿坐落在广阔的花园和景观公园中。花园里有动物园、温室、橘子园、一座模仿罗马废墟的装饰性建筑，以及备受赞誉的凯旋门——位于宫殿后方山顶上的新古典式纪念碑，根据建筑师约翰·赫岑多夫·冯·霍恩伯格（Johann Hetzendorf von Hohenberg）1775年的设计所建。

丰富的历史

美泉宫是一个充满历史感的地方。神童沃尔夫冈·阿玛多伊斯·莫扎特（Wolfgang Amadeus Mozart）6岁时就在此为玛丽亚·特蕾莎女王演出。19世纪下半叶，它成为广受爱戴的伊丽莎白女王（Empress Elizabeth）最喜爱的宫殿，她于1898年不幸被一个无政府主义者暗杀。最后，它是奥地利最后一位皇帝卡尔一世（Karl I）于1918年退位的场所。宫殿和花园在第二次世界大战中遭到破坏，如今恢复了帝国时期的辉煌，成为维也纳的主要旅游景点之一。花园从宫殿中绵延而出，体现了巴洛克式的理想，即建筑和自然应该交织在一起。花园里的花坛高度有序，与建筑本身一样，是哈布斯堡权力的象征。

△ 破坏下的幸存
宏伟的皇帝厅（Kaisersaal）装饰着乔凡尼·巴蒂斯塔·提埃坡罗和他儿子乔凡尼·多梅尼科的绘画。它在1945年维尔茨堡轰炸中幸存了下来。

◁ 宫廷花园
鸟瞰图展示了维尔茨堡居住区和规整式东花园，由巴伐利亚园林设计师约翰·普罗科普·迈亚（Johann Procop Mayer）创造。

特雷维喷泉

一座热情洋溢的巴洛克式喷泉，罗马最受欢迎的旅游景点之一

欧洲南部

特雷维喷泉以白色凝灰石和大理石建成，是罗马市中心的一座纪念性喷泉。它的创造者是建筑师尼科洛·萨尔维（Niccolo Salvi，1697—1751年），从1732年教皇克雷芒十二世（Pope Clement XII）举办的竞赛中脱颖而出。萨尔维设计了一个火焰式建筑风格的戏剧化方案：水池宽20米，点缀着巨型雕像，后方宫殿上增建了一面装饰性的立面，成了喷泉的背景。喷泉的水是通过处女水道桥（Aqua Vergine），把罗马城外的泉水引进城来的。文艺复兴时期翻修了原有的古罗马地下水道，成为今天的处女水道桥。萨尔维没有活着看到喷泉完工，他的继任者朱塞佩·帕尼尼（Giuseppe Pannini，1691—1765年）于1762年完成项目建造。

喷泉雕像群的主题是"水的驯服"（the taming of the waters）。巨大的俄刻阿诺斯（Oceanus）驾着一辆由马牵引的贝壳战车，吹着海螺的特里同（tritons）在前方带路。意大利雕塑家彼得罗·布拉奇（Pietro Bracci，1700—1773年）创作了俄刻阿诺斯和特里同的形象。

大众想象中的喷泉

几部著名的电影已经掘尽喷泉的浪漫潜力，其中著名的是威廉·惠勒（William Wyler）的《罗马假日》（*Roman Holiday*，1953）和费德里科·费里尼（Federico Fellini）的《甜蜜生活》（*La Dolce Vita*，1960）。把硬币扔进水池里，许愿收获幸运或再回罗马，成了著名的旅游习俗。

每年扔进喷泉的硬币
价值超过100万美元

△ 具有象征意义的形象
后墙上的凯旋拱框住了俄刻阿诺斯雕像。他的左边是象征富裕的人物形象，手持丰收号角；右边是象征健康的形象，手持一个大杯子，蛇正从杯中喝水。

△ 极具意义的大门
勃兰登堡是柏林唯一现存的历史城市大门。这座新古典式建筑由砂岩制成，高26米，长65.5米，深1米。

◁ 威武的俄刻阿诺斯
中心的俄刻阿诺斯高5.8米，右手持一根权力之杖。喷泉上的其他雕塑还包含30多种植物等细节。

勃兰登堡门

一座雄伟的纪念性建筑，为柏林市提供了一个仪式性的焦点

欧洲中部

1788年，普鲁士的腓特烈大帝命令建筑师卡尔·格特哈德·朗汉斯（Carl Gotthard Langhans，1732—1808年）在柏林城墙上建造一座纪念性大门，朗汉斯设计时模仿了雅典卫城的精致门道（propylaeum，见第98—99页）。大门于1791年建成，每侧有六根巨大的多立克式柱。普鲁士雕塑家约翰·戈特弗里德·沙多（Johann Gottfried Schadow，1764—1850年）于1793年创作了置于大门顶部的驷马战车（Quadriga）——四匹马拉着载有和平女神的双轮战车。

1806年，法国皇帝拿破仑偷走了驷马战车，但1814年法国战败后又将其归还。大门在第二次世界大战中遭严重损坏，然后在1961年至1989年，成为分隔柏林之墙的核心特征。如今，它又恢复了昔日的辉煌，象征着德国的统一。

▽ 驷马战车
驷马战车最初建成的时候，是罗马和平女神厄瑞涅（Firene）驾着战车的雕像。1814年普鲁士击败法国后，胜利女神维多利亚（Victoria）取代了她的位置。

卢浮宫

如今是收藏着世界上最著名绘画的博物馆，但在当时也是一座堡垒、宫殿、掠夺战利品的仓库。

欧洲西部

卢浮宫位于巴黎塞纳河畔，每年吸引800多万游客前来参观，对卢浮宫巨量的艺术和文物收藏品啧啧惊奇。它最初是12世纪90年代由法国国王菲利普-奥古斯特（Philippe-Auguste，1180—1223年在位）建造的一座堡垒，14世纪时成为皇家住所。之后弗朗索瓦一世（François I，1515—1547年在位）邀请莱奥纳多·达·芬奇（Leonardo da Vinci）前来法国，同时也带来了《蒙娜丽莎》（Mona Lisa）。

弗朗索瓦的宫殿由皮埃尔·莱斯科（Pierre Lescot，约1515—1578年）设计，让·古戎（Jean Goujon，约1510—1568年）制作了绝佳的浮雕作品。后来的君主们在这里留下了自己的印记，其中最出色的作品也许是克劳德·佩罗（Claude Perrault）的古典式优雅柱廊。

艺术的博物馆

法国统治者将他们的私人艺术收藏品保存在卢浮宫，但直到1793年，卢浮宫的大门才向公众开放。1803年，当波拿巴（Bonaparte）用卢浮宫来展示他在战役中掠夺的艺术品时，它曾改名为拿破仑博物馆（Musée Napoléon）。这些战利品后来大部分都完璧归赵，但藏品和参观人数与日俱增，因此近代卢浮宫还是得以扩展。

卢浮宫的金字塔

20世纪80年代，密特朗总统（President Mitterrand）启动了他的"大卢浮宫"（Grand Louvre）项目，这是一个雄心勃勃的博物馆改造计划。其中最壮观的部分是位于拿破仑宫的钢铁玻璃金字塔，由美籍华裔建筑师贝聿铭（I.M. Pei，1917—2019年）设计。它构成了博物馆的主入口。

△ 正立面装饰

拿破仑宫的一个细节，展示了优雅的女像柱（caryatids）支撑着代表诗歌历史的象征性人物形象。

▽ 后来增建部分

卢浮宫最初是作为一个堡垒进行建造的。几个世纪以来，法国历代统治者都进行了扩建。1989年，主庭院中增建了引人注目的玻璃金字塔。

卢浮宫内有蒙娜丽莎的邮箱，用来接收寄给她的情书

凯旋门

位于巴黎市中心的一座不朽拱门，是法国爱国精神的象征

欧洲西部

△ 焦点

凯旋门如今的鼎鼎大名很大程度上要归功于奥斯曼男爵（Baron Haussmann），他于1853年至1870年对巴黎进行了彻底的改造，重新设计了星形广场（Place de l'Etoile）。

凯旋门建于1806年至1836年，是拿破仑时代遗留下来的宏伟建筑，由波拿巴本人下令建造，用来庆祝1805年奥斯特里茨战役（Battle of Austerlitz）的胜利。但他没有活着看到凯旋门落成。1840年他的遗体送回法国时，送葬队伍穿过了凯旋门。

国家性意义

拱门由让-弗朗索瓦·夏格朗（Jean-François Chalgrin）设计，高50米，从顶部可以望见城市的壮观景色。它的设计方案大致参照了罗马的凯旋门，为纪念法国的军事成就而建。这座古迹的外部是精美的雕刻石板和纪念著名胜仗的雕带，而内墙则列出了杰出军官的名字。无名战士之墓位于凯旋门下方，永恒之火每天都会重新点燃。凯旋门已成为法国庆祝和哀悼时的中心地点，也是每年巴士底狱日游行（Bastille Day parade）的传统起点。

星形广场

凯旋门位于12条大道交会处的环岛上，位置醒目。道路布局是对称的，形成了一个星星的形状，并由此诞生了"Place de l'Etoile"（星形广场）这个名字，但1970年时它改名为戴高乐广场（Place Charles de Gaulle）。

香榭丽舍大道 马索大道（Avenue Marceau）
耶纳大道（Avenue d'Léna）
戴高乐广场
凯旋门
大军团大道（Avenue de la Grande-Armée）
福煦大道（Avenue Foch）
N

△ 内墙

刻在凯旋门内墙上的是660位车队指挥官的名字，大部分可追溯至拿破仑时代。

冬宫

一座宏伟的巴洛克式宫殿，曾是沙皇在圣彼得堡的住所

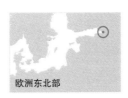

欧洲东北部

冬宫建在圣彼得堡的涅瓦河（River Neva）畔，由意大利建筑师巴托洛米奥·拉斯特雷利（Bartolomeo Rastrelli）为1741年至1762年统治俄国的伊丽莎白女皇设计。建筑落成时，令人敬畏的凯瑟琳女皇（Empress Catherine，1762—1796年在位）已经登基。她是与这座宫殿最紧密关联的统治者。

拉斯特雷利创造了一座巨大的3层建筑，拥有修长的正立面。他将内部装饰成奢华的洛可可风格，但大部分都毁于1837年一场损失惨重的火灾。在凯瑟琳统治的晚期，冬宫进行了扩建，增建了艾尔米塔什部分。

从权力之地到博物馆

1880年之前，皇室一直使用着这座宫殿。但1880年，餐厅内发生了炸弹爆炸，证明政治刺客十分容易渗透进宫殿内部。1917年俄国革命期间，它曾短暂地成为临时政府所在地，但布尔什维克党（Bolsheviks）冲进皇宫时，又把临时政府赶了出来。冬宫如今是艾尔米塔什博物馆，内藏世界上部分最重要的绘画和雕塑。

△ 帝国之鹰
皇权以双头鹰为象征。镀金版的双头鹰出现在冬宫的一扇大门上。

▽ 洛可可式楼梯
约旦楼梯（Jordan Staircase）是拉斯特雷利原版冬宫的洛可可式室内设计中，为数不多的完整保存至今的元素之一。

冬宫内有1,500个房间和大厅，
1,945扇窗户和117座楼梯

大教堂的起重机

大教堂工程在15世纪中断时，建设者们在未完成的南部尖塔顶上留下了一台起重机。作为中世纪工程学的典范，这台起重机在高处停留了400年。直到1868年恢复启动尖塔建成工作，才拆除了起重机。

由三根梁组成的起重臂
（jib，即伸出的臂）

总高度：25米

中央巨大的橡木树干

石板围住的橡木框架

科隆大教堂

一座中世纪哥特式建筑的杰作，奇迹般地在战时轰炸中幸存了下来

欧洲中部

△ **大教堂的大门**

大教堂的西立面有3扇巨大的门，用雕刻品和雕像进行了大量装饰，两侧是两座拥有高耸尖塔的塔楼。

1164年，德国科隆市的大主教获得了据称是三圣王（Three Kings）的遗骸。根据《圣经》记载，三圣王曾给初生的耶稣带来礼物。神圣的遗骸封存于德国金匠制作的黄金圣髑盒中，吸引了成千上万的朝圣者从欧洲各地前来科隆。1248年，一座庞大的新教堂开始建造，用来安置圣物，接待大量来访的朝拜者。

施工中断

大教堂的设计方案采用了当时欧洲流行的盛期哥特式（High Gothic）优雅风格。15世纪末，大教堂仍未完工，资金和灵感却都已耗尽。直到1842年，大教堂的建设工作才得以恢复。1880年，作为教堂无上荣耀的双尖塔终于完工，高157米，成为当时世界上最高的人造建筑。

第二次世界大战期间，科隆遭受了猛烈的轰炸，大教堂遭到高爆炸药和燃烧弹的多次袭击。令人惊讶的是，建筑基本上完好无损地保存了下来，后来开展的修复工作让它恢复了原有的光彩。

◁ **多彩的玻璃**

大教堂以其彩色玻璃窗而闻名，部分可以追溯至14世纪。这幅画描绘了拉文纳的圣阿波利纳里斯（St Apollinaris of Ravenna）。

◁ 引人注目的外观
国会大厦的建筑风格不拘一格，文艺复兴式的穹顶覆盖着哥特式的尖塔和尖拱。俯瞰多瑙河（Danube River）的正立面长268米。

▽ 中央穹顶
中央穹顶的内部装饰非常豪华。穹顶之下是一座十六边形的大厅，里面陈列着皇室服饰，包括12世纪的圣斯蒂芬王冠（Crown of St Stephen），曾用于匈牙利君主的加冕仪式。

匈牙利国会大厦

布达佩斯（Budapest）多瑙河岸边的辉煌建筑，反映了匈牙利民族的黄金时代

欧洲东部

匈牙利国会大厦建于1884年至1904年，是当时布达佩斯市自信和繁荣的光辉展示。作为奥匈帝国二元君主制中公认的平等伙伴，匈牙利人当时正在经历一场民族复兴。大厦项目选择的建筑师是匈牙利人伊姆雷·斯坦德尔（Imre Steindl，1839—1902年），建筑中使用的几乎每件材料都来自匈牙利。88座匈牙利历史统治者的雕像点缀着大厦。

宏大的规模

修长正立面的哥特复兴风格是向伦敦威斯敏斯特宫的致敬（见右页），但国会大厦的规模要大得多。它的建造和装饰需要4,000万块砖、约50万块宝石以及约40千克的黄金。两个国会厅中，其中一个仍用作国民大会（National Assembly）场地；另一个是装饰丰富的参议院（Chamber of Peers），向游客开放，可以在那里看到匈牙利王冠上的珠宝，如今陈列于圆顶大厅（Dome Hall）。自1987年以来，国会大厦一直是联合国教科文组织世界遗产的一部分，整个遗产还包括多瑙河对岸的布达城堡区（Buda Castle quarter）和横跨多瑙河的19世纪链子桥（Chain Bridge）。

国会大厦的穹顶高96米

威斯敏斯特宫

举世闻名的伦敦地标，也是英国议会所在地

欧洲西北部

1834年10月16日，老威斯敏斯特宫在一场大火中烧毁。中世纪时，宫殿作为皇室居所而建；1265年之后，成为议会的会议场所；自16世纪以来，一直是上议院（House of Lords）和下议院（House of Commons）的永久所在地。旧宫中唯一在火灾中幸存下来的实质性部分是威斯敏斯特大厅（Westminster Hall），内有法院。英国建筑师查尔斯·巴里（Charles Barry，1795—1860年）在为此地设计新建筑的竞赛中获胜。在年轻的设计师奥古斯都·普金（Augustus Pugin，1812—1852年）的启发帮助下，巴里创造了举世瞩目的哥特复兴风格的建筑，并屹立至今。

千室之宫

宫殿坐落在泰晤士河北岸。最著名的是它的钟楼，那是普金的杰作，于1859年完成。钟楼内有数个直径7米的钟盘，还有5座钟，最大的名为大本钟（Big Ben）。维多利亚塔（The Victoria Tower）位于建筑的另一端，高度为98.5米，是议会档案馆的所在地。宫殿内部有1000多个房间，成为无数维多利亚时代绘画、雕塑、壁画、马赛克画、木雕和彩色玻璃作品的聚集之地。

宫殿平面图

英国议会两院 —— 上议院和下议院的辩论厅只占了宫殿的一小部分。女王在国会开幕大典上使用的皇家入口（Sovereign's Entrance），位于维多利亚塔的底部。威斯敏斯特大厅则用于仪式性的场合。

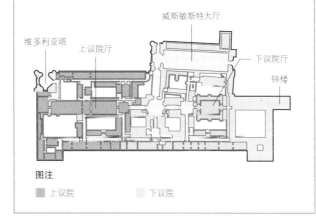

威斯敏斯特大厅

维多利亚塔

上议院厅

下议院厅

钟楼

图注

上议院　　　　下议院

▷**伦敦的象征**

宫殿中，由普金设计的哥特式钟楼已成为该市的一个标志。钟楼由石灰石包砖建成，有一个铸铁的尖塔。

埃菲尔铁塔

曾是世界上最高的建筑,也是19世纪工程的一项光辉壮举,成为巴黎的标志

欧洲西北部

为庆祝法国大革命100周年,法国政府决定于1889年举办巴黎世界博览会,埃菲尔铁塔是世博会的一个壮观入口。铁塔由古斯塔夫·埃菲尔(Gustave Eiffel,1832—1923年)公司的员工设计,埃菲尔本身也是一位以建造桥梁、高架桥和火车站而著名的工程师。埃菲尔铁塔从100多个竞争设计中脱颖而出,成为展会的入口,因为人们认为它最能象征一个世纪来科学和技术的进步。

工厂模式建设

埃菲尔铁塔高达300米,几乎是在它之前最高人造建筑的两倍之高。它由18,000块工厂生产的锻铁片构成。这些锻铁片装运至塞纳河畔的施工现场进行组装,用250万个铆钉连接在一起。铁塔的锻铁格构彰显着它与传统的砖或纪念性砌石建筑彻底不同。巴黎的美学家们讨厌它,抗议这座"无用、畸形"的塔,因为它将破坏"巴黎迄今未受损坏的美丽"。然而,大众从一开始就喜欢上了它,在展会的6个月里,几乎有200万人蜂拥而至,购买门票,登上塔楼。

新用途

古斯塔夫·埃菲尔拥有20年的合同权限,可以对铁塔进行商业开发,而后应该拆除它。然而,1904年时塔顶放置了一个无线电发射器,令它有了实际性用途,免于被毁。1930年,纽约的克莱斯勒大厦(见第42页)超越它,成为世界上最高的建筑。但作为巴黎市的象征,它的名声日渐高涨。21世纪时,它成了世界上游客众多的旅游景点之一。

巴黎世博会期间,铁塔1楼的4个餐厅为游客提供服务

观景层

埃菲尔铁塔与现代90层的摩天大楼一样高,是巴黎最高的建筑。但由于其精致的网格结构,以及附近没有可以比较高度的建筑,所以显得没那么气派。参观者可以登上3个观景层。在晴朗的日子里,从最高层可以看到西南方向77千米外的沙特尔(Chartres)镇。人们可乘坐电梯上升,电梯在较低的楼层时以弧线方式移动。

第三层 276米

第二层 116米

第一层 58米

△建造中
几台小型蒸汽起重机、12个高30米的临时木制脚手架,4个40米高的大脚手架,用来组装塔的第一层。

复杂的网格结构

埃菲尔铁塔底部的装饰性拱门成为1889年巴黎世界博览会的一个时髦入口。这座建筑证明了锻铁也可以很美丽。

塔桥

一座新哥特式桥梁，它的巧妙设计能让航运顺利通过

欧洲西北部

19世纪末，伦敦的公路交通日益繁忙，首都桥梁的通行量超出负荷，在拥挤的伦敦桥下游再修建一座桥梁的必要性渐渐突出。然而，在这样的位置建造一座新桥，需要能让商船通过，再前往伦敦池（Pool of London），也就是河两边的码头。1884年，经过多次讨论，工程师约翰·沃尔夫·巴瑞（John Wolfe Barry，1836—1918年）和建筑师霍勒斯·琼斯（Horace Jones，1819—1887年）的巧妙设计获得批准，并在第二年的议会法案中确定了设计规格。桥的路面分成两片名为桁架（bascules，源自法语中的"天平"一词）的薄板，薄板可以抬起来让航运通过。

盛大的开幕式

塔桥采用了当时流行的新哥特式风格，与附近的伦敦塔相得益彰。施工于1886年开始，历时8年。两个巨大的桥墩沉入河床，填充了超过71,120吨的混凝土，以支撑大桥的两座塔楼和人行道。塔楼和人行道由钢制成，外面包裹着康沃尔花岗岩（Cornish granite）和波特兰岩石（Portland stone）。大桥最终于1894年6月30日由威尔士亲王（Prince of Wales）爱德华（Edward，后来的爱德华七世）宣布开幕。从此，它一直开放通行，或为船只通过而吊起。

△ 发动机室
一名工人在为塔桥下面的发动机上油。这些发动机将蒸汽泵入液压蓄能器，来抬起或降下大桥的桁架。

▷ 夕阳下的大桥
塔桥每天傍晚都会亮起灯光，展示着它精美多样的建筑特色，尤其是两座塔楼的砖雕和两条上层走道。

开桥

桥打开时，薄板也就是桁架的重量由两座塔下方的重物来平衡。提升桁架的动力最初来自两台360马力的蒸汽机对蓄水池中的水进行的加压；需要时，把水释放出来，驱动升降发动机。开启和关闭桥梁可能只需要5分钟的时间。1974年，塔桥安装了一个新的电动液压驱动系统。

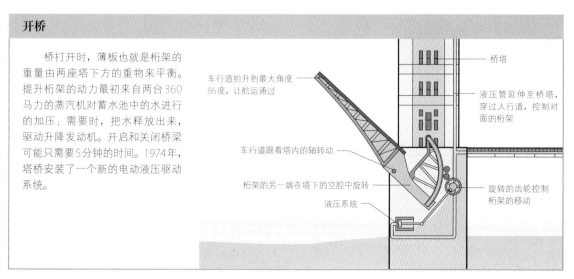

车行道抬升到最大角度86度，让航运通过

桥塔

液压管延伸至桥塔，穿过人行道，控制对面的桁架

车行道跟着塔内的轴转动

桁架的另一端在塔下的空腔中旋转

液压系统

旋转的齿轮控制桁架的移动

欧洲南部

圣家族大教堂

安东尼·高迪（Antoni Gaudí）未完成的实验性杰作，象征着他对上帝和家乡
加泰罗尼亚（Catalonia）的热爱

巴塞罗那的圣家族大教堂（Sagrada Familia）有着高耸入云的尖塔和宏伟的大门，巧妙地将哥特式教堂建筑元素与安东尼·高迪（1852—1926年）流畅、有机和富有个性的新艺术派风格（Art Nouveau style）相结合。教堂于1882年开始施工，由弗朗西斯科·德·保拉·德尔·维拉（Francisco de Paula del Villar）按照传统的新哥特式十字形教堂进行设计，但与高迪在项目方向上产生了分歧。次年高迪接任总建筑师一职。

信仰的表达

高迪将教堂的建造视为一种信仰行为，并将一生都奉献给了这项工作，甚至住在工地上的一个小屋里。维拉的设计很快就让位于高迪的非凡想象力。这座建筑的每一寸都反映了高迪对光线、色彩和自然形式的热爱，且充满了基督教的象征意义。1926年高迪在教堂外的电车事故中丧生，当时巨大的耶稣诞生袖廊工程正进展顺利。它有钟乳形饰的山墙和高高的锥形尖塔，顶上有彩色碎瓦做成的旋钮顶饰，与从前的教堂都不一样。在高迪具有高度实验性的中央中殿里，树状的柱子撑起了向日葵形状的雕刻天棚，创造了一片内部森林。自教皇本笃十六世（Pope Benedict XVI）于2010年为圣家族大教堂举行祝圣仪式以来，教堂内每天都举行弥撒，每年有数百万人前来参观。2005年它被联合国教科文组织认定为世界文化遗产。他们的捐款协力资助了每年所需2500万欧元的持续建设工作。希望结构工程最终能在2026年完成，装饰工程能在2032年完成。

尖塔和象征意义

教堂的18个尖塔各自代表了《圣经》中的一个重要人物。最高的塔楼近180米高，代表基督，两侧是代表福音书作者的4个尖塔。象征玛利亚的塔尖在中殿的中心位置，而12个代表使徒的尖塔则位于诞生、受难和荣耀3个立面的上方。

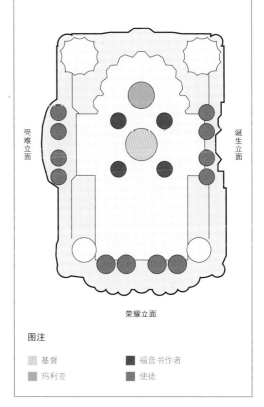

受难立面

诞生立面

荣耀立面

图注

■ 基督　　　■ 福音书作者
■ 玛利亚　　■ 使徒

竣工后，圣家族大教堂将成为世界上最高的教堂建筑

▷**颜色和光线**
彩色玻璃窗和彩绘屋顶凸饰使高迪非凡的45米高中殿充满了色彩和光线，它也是世界上极高的教堂中殿之一。

◁**施工中**
自1882年以来，教堂的建设工程一直在不停地进行，将于2032年最终完成，历时150年。这个庞大的建筑工地是西班牙游客最多的旅游景点。

△**符号和雕塑**
诞生立面（Nativity Façade）独特的"滴蜡"式雕刻将具有异国风情的自然形态与象征基督诞生的传统雕刻人物相结合。

新天鹅城堡

瓦格纳乐曲（Wagnerian）幻想中的童话城堡，由巴伐利亚国王路德维希（Ludwig）建于壮丽的悬崖顶上

欧洲中部

新天鹅城堡因它是加州迪士尼乐园中睡美人城堡的原型而闻名。这是一个恰当的原型选择，因为这座位于巴伐利亚南部岩石露头上的德国城堡本身就是一个浪漫的仙境。它是戏剧性的杰作，看起来像是座中世纪的城堡，但它于19世纪建成。它有个吟游诗人厅（Minstrels' Hall），但里面从未有音乐家表演过；还有一个王座室（Throne Room），也从未安装过王座。

中世纪幻想

新天鹅城堡是巴伐利亚国王路德维希二世（1864—1886年在位）的作品。他有个艰辛的童年，痴迷于中世纪历史，尤其对亚瑟王文学（Arthurian literature）中的人物罗恩格林（Lohengrin）格外着迷。路德维希决定建造一座圣杯城堡，据亚瑟王的传说所言，圣杯就存放在这里。他聘请了布景画家克里斯蒂安·扬克（Christian Jank），来设计他雄心勃勃的项目。

不幸的是，路德维希没有活着看到梦想实现。他遭巴伐利亚政府罢免，并神秘死亡。新天鹅城堡现已经成为一个极受欢迎的旅游目的地。

◁保护工作
路德维希的城堡建造在一个戏剧化的环境中。但它纯岩石所制的墙和地基受到严密监控，并定期进行维护。石灰岩正立面也很容易风化。

现代建筑

除却外观，城堡就是一座完完全全的19世纪建筑。它坐落在混凝土地基上，用石灰石覆层的砖块建成。城堡长130米，最高的塔楼伸至65米高空。计划中的六层楼有200多个房间，但只建成了14个，包括拜占庭风格的王座室（Throne Room），有个镀金穹顶。

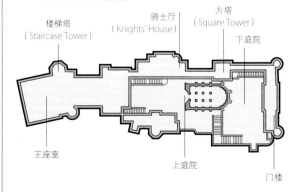

楼梯塔
（Staircase Tower）

骑士厅
（Knights' House）

方塔
（Square Tower）

下庭院

王座室

上庭院

门楼

奥塞博物馆

将从前的火车站改造成了一座以印象派绘画而闻名天下的博物馆

欧洲西北部

△ 铸铁拱门

拉卢（Laloux）的宏伟大厅现在是博物馆的主干道。它为各种旧奥塞火车站全盛时期创作的艺术品提供了一个恰如其分的美妙环境。

奥塞火车站位于塞纳河的左岸，建于1900年，用来满足同年巴黎世界博览会上大量游客的需求。这是世界上第一个全电气化的铁路终点站。由于内部没有蒸汽循环，建筑师维克多·拉卢（Victor Laloux）可以将车站安置在一个巨大的铁和玻璃建成的封闭穹顶中。遗憾的是，火车站的寿命有限，因为它的站台很短。到1939年时，它只运行郊区服务。关闭的威胁迫在眉睫，拆除建筑而后在原址上建酒店的计划都出现了。然而，在公众的强烈要求下，政府否决了这个建筑许可。1973年，火车站列入历史遗迹目录。

崭新生命

车站空着的时候，成为停车场、电影拍摄场景、拍卖行和剧院。20世纪70年代末，它开始改造成博物馆。ACT建筑公司负责建筑改造，意大利建筑师、设计师盖·奥伦蒂（Gae Aulenti）负责新建内部环境。博物馆的布局分3层。大厅包含中央正厅和夹层上的露台，这些露台也开放给侧面更多的展厅。顶层安置在大厅之上。主钟后面的玻璃走道连接各层。标志性的时钟等原来的关键特征保留了下来，其他的部分都进行了改造。譬如，拱顶上的玫瑰形饰物变成了空调通风口，而车站的自助餐厅则成了一家书店。博物馆于1986年12月向公众开放，主要展出1848年至1914年的艺术作品，这段时期是法国文化丰富多彩的时期之一。与众不同的是，博物馆涵盖了艺术的所有分支——绘画、雕塑、摄影、建筑和装饰艺术。

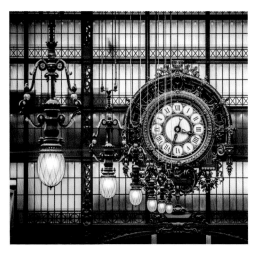

△ 标记时间

老车站的"美好时代"巨型时钟已经成为博物馆的标志性特征。这座钟代表着主展厅，而正立面的玻璃则提供了巴黎的壮观景色。

△ 内部庭院
在高迪的巧妙设计中，米拉之家整个建筑群的布置围绕着两个大庭院。不规则形状的竖井将更多光线和通风引导进所有的公寓中。

米拉之家

一个令人惊叹的现代主义建筑案例，突破性的生物形态设计，也是高迪的最后一项私人委托

欧洲南部

米拉之家位于巴塞罗那市中心，是加泰罗尼亚建筑师安东尼·高迪伟大的作品之一。由于它"对现代建筑遗产做出了杰出的创造性贡献"，成为联合国教科文组织世界遗产名录中的7处地产之一。1906年，富有的纺织企业家佩雷·米拉（Pere Milà）委托高迪设计米拉之家。他和妻子很欣赏高迪的另一座建筑巴特罗之家（Casa Batlló），希望拥有类似的建筑。但是，高迪是一个有着远见卓识的天才，不喜欢重复他的建筑实验。他在施工过程中改变了设计，创造

出了非常与众不同的建筑，米拉夫妇对成果很不满意。公众的反应也同样消极，称它为"采石场"（La Pedrera）。

有机灵感

米拉之家本质上是一座位于两条街道拐角处的公寓楼。米拉家族占据整个2楼，上面几层则分割成较小的单位进行出租。高迪没有使用他大多数作品中富有特色的彩色瓷砖和马赛克。相反，他选择了一种非同寻常的生物形态设计：砌石外墙像波浪一般起伏；雕塑般的锻铁制品类似于植物形态；阁楼上洗衣区的天花板令人联想到鲸鱼之类巨大生物的肋骨。

但在高迪的奇思妙想背后，隐藏着实用的目的。屋顶平台上的奇怪形象实际上隐藏着通风口和楼梯井，而地下室内是巴塞罗那的第一个车库。

◁ 起伏的正立面
高迪的建筑表面传递着一种运动感，像波浪一样起伏。但外立面就像一面窗帘，不承载任何重量，掩藏着身后的坚实结构。

圣心堂

巴黎著名的地标性建筑，在国家灾难之后作为团结的象征而建，
从这里可以看到城市的绝美景观

圣心堂是巴黎大受欢迎的旅游景点之一，位于蒙马特
（Montmartre）的中心地带。从教堂往外望，可以看到法国
首都的美景——对那些爬完237级台阶抵达穹顶的人来说
更是如此。

城市中的灯塔

这座教堂是法国在普法战争（Franco–Prussian War，
1870—1871年）中失败后建造的，人们视其为赎罪和希望
的象征。1873年，议会批准通过这个建设项目，还举办了
一次竞赛来决定设计方案。获胜者是保罗·阿巴迪（Paul
Abadie），他以古代建筑的修复而闻名。有人不怀好意地把
保罗的设计方案比作婴儿奶瓶或搅打奶油甜点。但阿巴迪
的高招是使用兰登堡石材，这种石材随着时间的推移会变
硬变白。因此，这座大教堂如今在法国首都上空熠熠生辉。
圣心堂最终在1919年举行了祝圣仪式。教堂供奉着耶稣的
圣心（也是一个天主教节日的纪念内容）。法国艺术家吕
克–奥利维尔·默森（Luc-Olivier Merson）的巨大马赛克画
描绘的正是圣心，装饰着祭坛后面的半圆形后殿。

△ 穹顶内侧
主马赛克画上方的穹顶有一个侧天窗和两个环绕阳台。
游客可以通过登上一个令人生畏的螺旋形楼梯抵达穹顶。

▷巴黎的大教堂
这张圣心堂的照片清楚地展示了其中两个著名的蜂
巢式穹顶。门廊上方的青铜雕像描绘了高举宝剑的圣
路易，由法国雕塑家希波利特·勒费布雷（Hippolyte
Lefèbvre）创作。

暗淡的建筑

明亮的白色外观让内部显得暗淡而沉静。
罗马式和拜占庭式的混合风格反映了阿巴迪在
历史遗迹委员会（Commission for Historical
Monuments）中的地位。祭坛后方半圆形后殿
中的巨大马赛克画展现了基督的所有威严和他
的金色心脏。

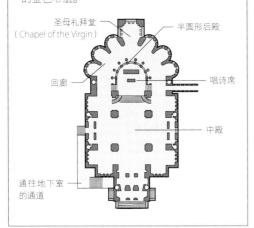

圣母礼拜堂
（Chapel of the Virgin）

半圆形后殿

回廊

唱诗席

中殿

通往地下室
的通道

COR JESU SACRATISSIMUM

◁公园入口

这张在公园入口上方拍摄的航拍图显示了门卫楼（Warden's House，右下角），以及通向柱厅和上方露台的阶梯。

△百柱厅（HALL OF COLUMNS）

柱厅原本设计用作市场区域。它的顶部由86根柱子支撑，饰有高迪助手制作的马赛克碎瓷片拼贴画。

名为"龙"（El drac）的巨大蜥蜴全身覆满马赛克，迎接进入公园的游客

▷马赛克和有机形态

色彩斑斓的马赛克装饰着公园入口处门卫楼屋顶上的有机形态和蘑菇尖顶。马赛克画结合了碎瓷片装饰与几何图案。

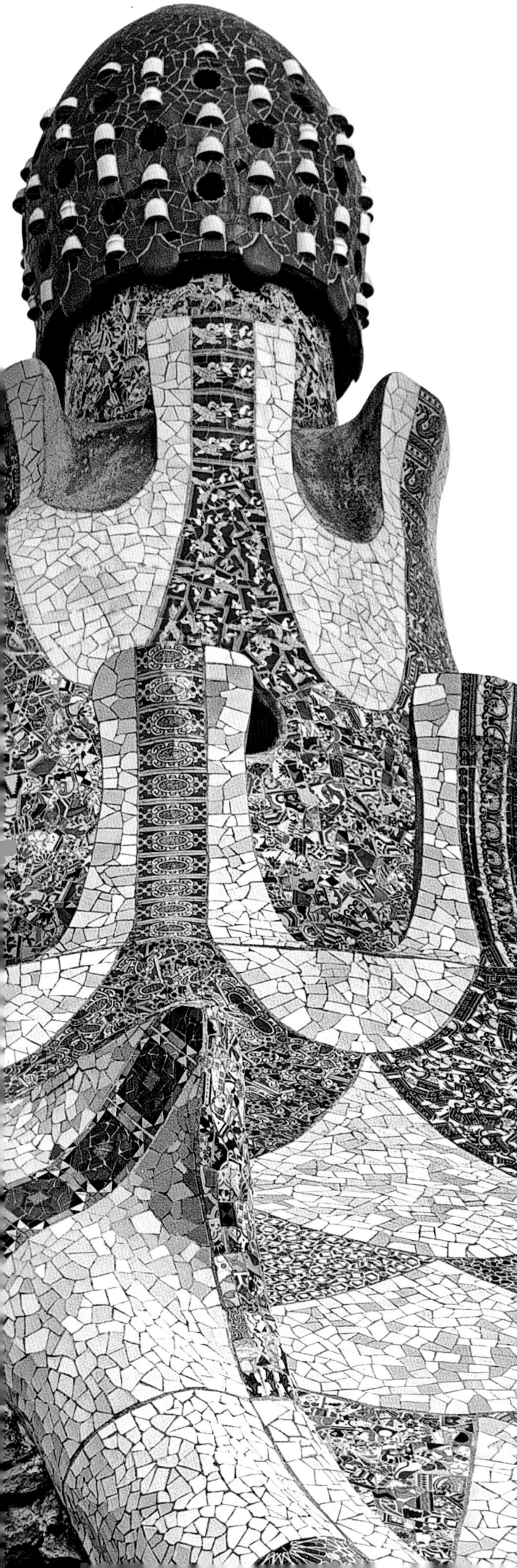

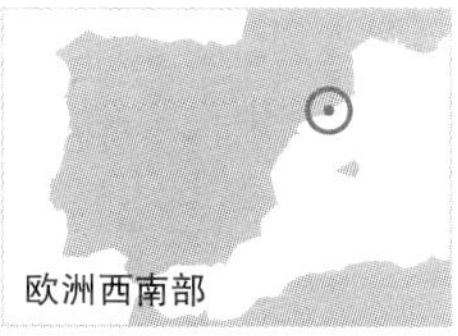

奎尔公园

一座山坡改造成了色彩斑斓、充满异域风情的花园，为巴塞罗那人民带来了快乐

1900年，加泰罗尼亚现代主义建筑师安东尼·高迪受朋友、赞助人乌塞比·奎尔（Eusebi Güell）所托，设计了巴塞罗那郊外山上的一片独立近郊住宅区。设计方案包含60座花园式房屋。1900年至1914年，高迪建造了一座非同寻常的公园，充满了各种象征意义。

失败之美

高迪表达了独特的自然主义风格，以及对色彩和有机形态的热情。他设想在一片凹凸不平的柱子森林中，为居民建造一个有顶的市场。一条弯曲有致的多色瓷砖石凳沿着露台边缘蜿蜒。高迪没有对场地进行平整，而是创造了一个由高架桥承载的道路网络，棕榈树形状的支柱支撑高架道路。他还安装了一个灌溉系统，帮助这片名为"荒山"（Muntanya Pelada）的地方变成了野生动植物的天堂。1926年奎尔去世时，这个项目在商业意义上明显失败了——只建了两座房屋。最终，巴塞罗那市政府于1922年买下奎尔公园，并于1926年向公众开放。

来自大自然的灵感

公园的布局表明了高迪的信念：既然自然界中没有绝对的直线，那么建筑中也不应该有。道路和小径沿着山坡绵延，以"之"字形降至较低处，形成了水母般的图案。

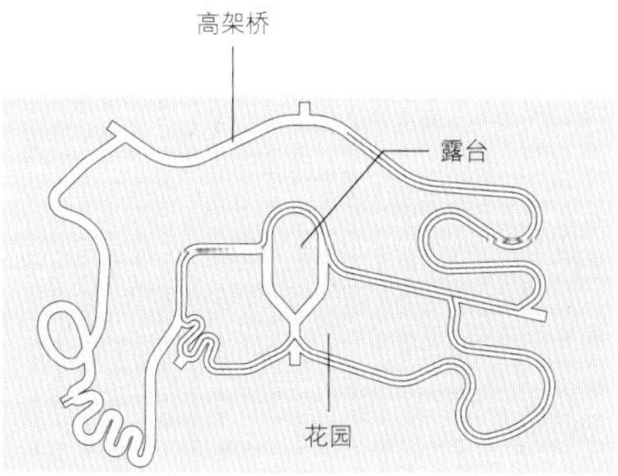

高架桥
露台
花园

材料和细节

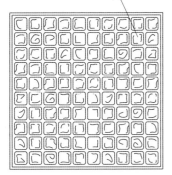

△ 玻璃砖

玻璃砖是现代主义建筑的一个常见特征。它们可以形成一堵字面意义上的玻璃墙，而它们的半透明性又保证了建筑内部的部分隐私性。

玻璃砖通常会建成一堵方墙

△ 遮阳板（BRISE-SOLEIL）

遮阳板是一种附着在建筑物表面的结构，旨在阻挡阳光直射——当一个立面有着大面积的玻璃时，这一点很重要。

水平和竖直的翅片制造出荫翳

混凝土制成的翅片

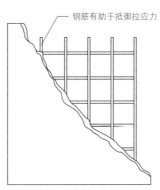

△ 钢筋混凝土

钢筋混凝土是由混凝土和钢筋组成的复合材料，在压缩和拉伸的情况下都能保持一定强度，成为重要的现代建筑材料。

钢筋有助于抵御拉应力

建筑风格
现代主义

现代主义推崇使用新型建筑材料和技术，来打造反映20世纪新精神的建筑。现代主义拒绝装饰而支持抽象，改变了全球城市。

20世纪初，一些建筑师开始争辩，当前实行的建筑理念已经走到了尽头。虽然工业革命几乎改变了日常生活的方方面面，但建筑仍依赖于越来越不合时宜的历史风格。现代主义的出现，是一种创新建筑形式的协同尝试，这种尝试不仅要反映工业的变革，还要把变革成果应用于积极和先进的目的方向。

在试图阐明这一新方向的过程中，瑞士裔法国人查尔斯-爱德华·让纳雷（Charles-Édouard Jeanneret）是有影响力的建筑师之一，也就是更广为人知的勒·柯布西耶（Le Corbusier）。他概述了著名的"新建筑五要素"，在结构和美学上帮助建筑师们指明了前进方向。实际上，勒·柯布西耶主张形式应该服从于功能，建筑的外观和布局应该由其预期用途决定。一种新鲜、洁净和所谓理性的美学取代了点缀和装饰。

事实证明，现代主义原则在全世界都产生了影响，特别是在第二次世界大战后的重建工作中。虽然现代主义的贡献已十分深远，但也受到了高度争议，特别是当它与特定的政治理想相结合时。

▼ 萨伏伊别墅（VILLA SAVOYE）

萨伏伊别墅体现了勒·柯布西耶的"五要素"。架空底层用支柱取代支撑墙（第一点）；这让建筑内部规划完全自由（第二点）；相应地，立面也自由了（第三点）；带形窗户让自然光最大化（第四点）；还有一个屋顶花园（第五点）。

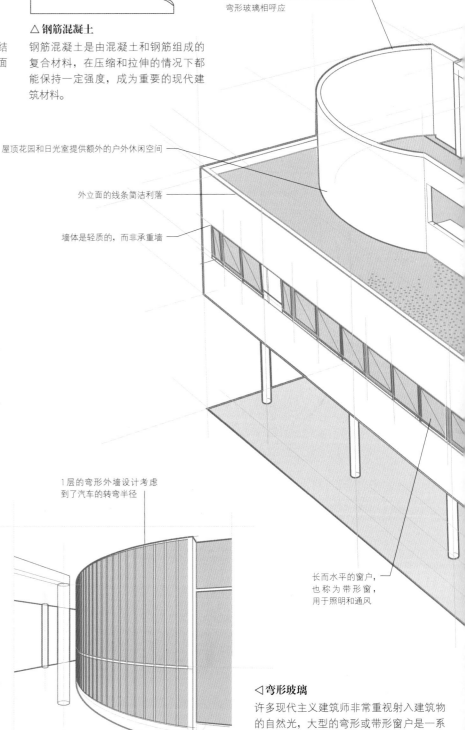

屋顶上的曲线造型与1层入口处的弯形玻璃相呼应

屋顶花园和日光室提供额外的户外休闲空间

外立面的线条简洁利落

墙体是轻质的，而非承重墙

长而水平的窗户，也称为带形窗，用于照明和通风

1层的弯形外墙设计考虑到了汽车的转弯半径

◁ 弯形玻璃

许多现代主义建筑师非常重视射入建筑物的自然光，大型的弯形或带形窗户是一系列建筑类型的共同特征。

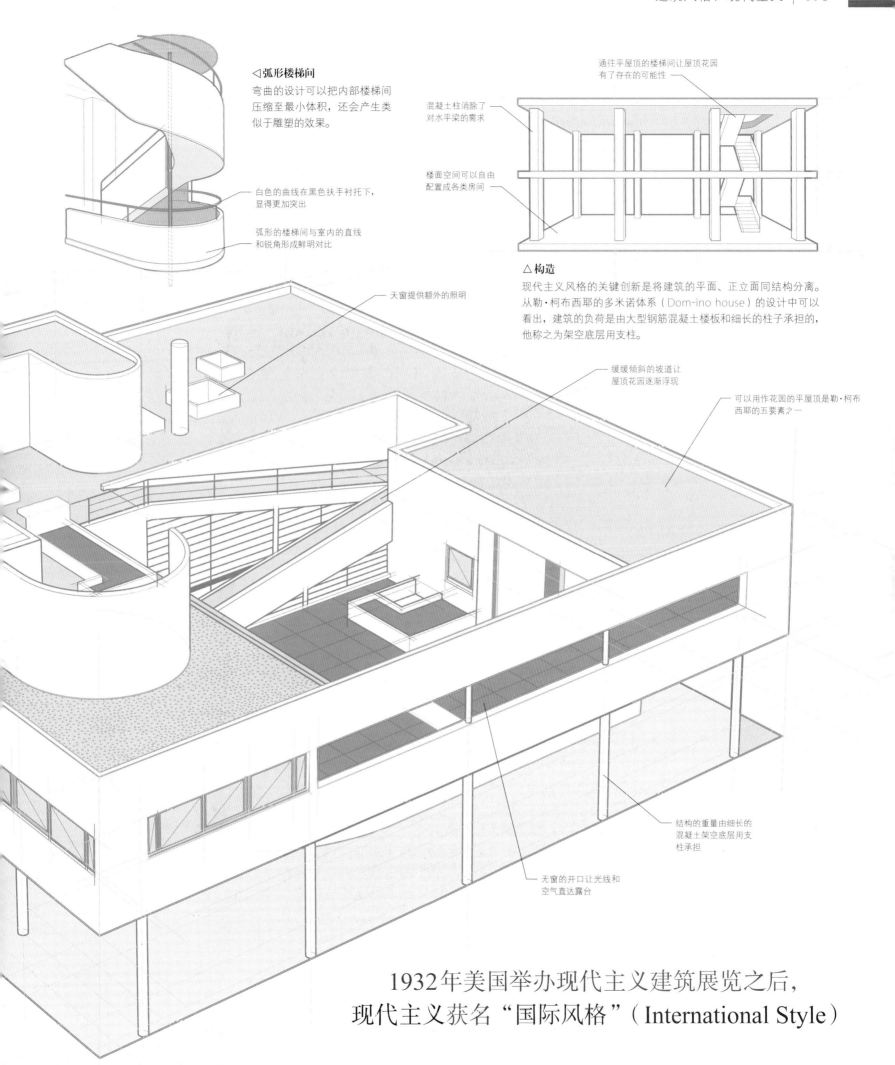

◁ **弧形楼梯间**
弯曲的设计可以把内部楼梯间压缩至最小体积，还会产生类似于雕塑的效果。

通往平屋顶的楼梯间让屋顶花园有了存在的可能性

混凝土柱消除了对水平梁的需求

白色的曲线在黑色扶手衬托下，显得更加突出

楼面空间可以自由配置成各类房间

弧形的楼梯间与室内的直线和锐角形成鲜明对比

△ **构造**
现代主义风格的关键创新是将建筑的平面、正立面同结构分离。从勒·柯布西耶的多米诺体系（Dom-ino house）的设计中可以看出，建筑的负荷是由大型钢筋混凝土楼板和细长的柱子承担的，他称之为架空底层用支柱。

天窗提供额外的照明

缓缓倾斜的坡道让屋顶花园逐渐浮现

可以用作花园的平屋顶是勒·柯布西耶的五要素之一

结构的重量由细长的混凝土架空底层用支柱承担

无窗的开口让光线和空气直达露台

1932年美国举办现代主义建筑展览之后，现代主义获名"国际风格"（International Style）

777

原子球

原子时代的纪念碑，9个闪亮球体的排列代表着铁单个晶体中的原子

欧洲西北部

原子球是1958年布鲁塞尔世界博览会的主馆，原本设计成只在展会期间出现。但它那惊人的未来主义设计和受公众欢迎的程度让它存续了下来，并成为该市大受欢迎的景点之一。为一个计划只持续6个月的展会而建的原子球，在建成60多年后仍然是一个工程奇迹。

进步的象征

原子球高102米，竖立在布鲁塞尔北部的海塞尔高地（Heysel Plateau）上。它由工程师昂·瓦特凯恩（André Waterkeyn，1917—2005

年）设计，象征着战后对技术革新的信心，对在科学知识指引下迈向和平未来的憧憬。原子球仿效20世纪50年代流行的"原子风格"（Atomic Style），让人联想起高中化学课上的分子模型。它的形状是一个放大了1,650亿倍的铁晶体，9个铁原子排列在一个晶格单位中。9个球体直径都为18米，以3米宽的管道连接。这些管道内有楼梯、中央电梯和欧洲最长的自动扶梯。9个球体中，只有6个球体开放给公众参观。它们都有包含展览厅和其他公共空间的两个主要楼层，还有一个较低的服务楼层。顶层球体内有一个可以看到布鲁塞尔全景的餐厅。

加固原子球

在最初构思时，原子球是自立支撑的，靠在最低处的球体上。然而，风洞测试表明，风力达每小时80千米时，它会倾倒。因此又增加了3对支撑柱，通过支撑下方3个主要球体来稳定结构。还增加了紧急楼梯作为应急措施。

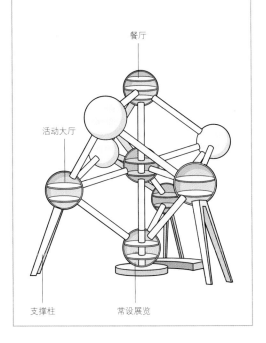

餐厅
活动大厅
支撑柱
常设展览

◁ 新皮肤
巨型铁原子球体最初涂了铝，出现了腐蚀迹象。2001年，涂层替换为不锈钢，确保球体耐腐蚀，且符合现代建筑标准。

△ 进入原子
楼梯、自动扶梯和中央竖直管道上的电梯连接着6个可参观球体。

斯托克雷特宫

一座现代主义的维也纳式宅邸，镶嵌在布鲁塞尔市中心的一件"完完全全的艺术品"

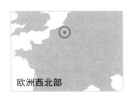
欧洲西北部

阿道夫·斯托克雷特（Adolphe Stoclet，1871—1949年）是一位富有的比利时实业家，也是比利时庞大的投资公司之一——比利时通用银行（Société Générale de Belgique）的董事。他在维也纳监督一条铁路的建设时，遇到了维也纳分离派艺术运动（Vienna Secession art movement）的重要活跃人物之一，建筑师约瑟夫·霍夫曼（Josef Hoffmann，1870—1956年）。斯托克雷特欣赏霍夫曼的先锋派品位，请他设计一栋布鲁塞尔的房屋。

关注细节

建成的房屋是霍夫曼的杰作，是件"总体艺术作品"（Gesamtkunstwerk），也是20世纪豪华的私人住宅之一。虽然这座房屋是联合国教科文组织认定的世界文化遗产，但仍然居住着斯托克雷特家族，因此不对游客开放。

△ 柔化线条
窗户突破了屋檐，新艺术派的笔直栏杆环绕着阳台，让斯托克雷特宫直线型的外表变得柔和起来。

爱因斯坦塔

一座表现主义（Expressionist）的天文台，设计目的是测试爱因斯坦的革命性理论

欧洲中部

1911年，阿尔伯特·爱因斯坦（Albert Einstein，1897—1955年）发表了《广义相对论》（*General Theory of Relativity*）。该理论的预测结果之一是"引力红移"（gravitational redshift）。由欧文·芬莱-弗劳德里希（Erwin Finlay-Freundlich，1885—1964年）带领的德国天文学家团队决定测试这一理论，委托在柏林郊外的波茨坦建造一座新的太阳观测站，并以爱因斯坦的名字命名。

献给物理学

德国建筑师埃里希·门德尔松（Erich Mendelsohn，1887—1953年）着手创造一座具有动态结构的建筑，呼应爱因斯坦理论的激进创新。由于设计复杂，加上第一次世界大战期间材料短缺，施工面临重重困难，导致天文台实际上是用砖砌成的，然后用灰泥覆层。但设计师还是实现了他对建筑的设想，爱因斯坦本人作出了"有机"形态的评价。

△ 雕塑般的外观
这座建筑是曲线型的，没有任何直角，柔和的转角和蜿蜒的线条令它看起来很流畅。人们把它比作童谣插图中老太太住的鞋子。

欧洲西北部

蓬皮杜国家艺术和文化中心

一座高科技建筑，由内而外地让巴黎邻居们大吃一惊

大多数法国总统都喜欢在巴黎留下自己的建筑印记，乔治·蓬皮杜更是如此。他是1962年至1968年的戴高乐派总理，1969年至1974年的总统。具有讽刺意味的是，这位保守的政治家与这个时代最激进的未来主义建筑之一有关。该建筑由英国人理查德·罗杰斯（Richard Rogers）和意大利人伦佐·皮亚诺（Renzo Piano）设计，建立了罗杰斯的标志，即把水和空调等建筑的服务设施以管道的形式暴露在外面。一些评论家无情地将这种风格称为"翻肠倒肚式"（Bowellism）。中心于1977年开放时，在许多建筑圈内都不受欢迎。

一个艺术方面的成功故事

中心因其所在的巴黎地区而俗称为"博堡"（Beaubourg）。它高45.5米，外部框架上覆盖着色彩鲜艳的水管、风管和外部电梯。建筑内部有欧洲最大的现代艺术博物馆、一个实验音乐中心和一座图书馆。

简单的盒子

虽然蓬皮杜国家艺术和文化中心的外部装饰非常华丽，内部却相对简单明了。地下两层是接待区和售票处；上面6层是画廊、电影院、餐厅、图书馆、办公室和书店。由于承重结构仅由外部框架承担，因而所有楼层都是开放式的，可以随意分割和重组，拥有最大的灵活性。

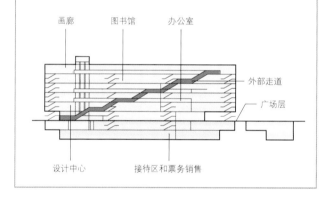

画廊　图书馆　办公室

外部走道

广场层

设计中心　接待区和票务销售

建造金属框架使用了 15,000 多吨钢材

◁ **颜色代号**

外部管道都以颜色作为代号：白色代表通风，蓝色代表空调，绿色代表水暖，黄色代表电力。外部楼梯和电梯是红色的。

▷ **从里到外**

结构塔与支架、楼梯、电梯、自动扶梯以及服务管道所形成的杂乱无章，掩盖了建筑的外部，但确保内部保持简约干净，用于展览和其他用途。

哈尔格林姆教堂

冰岛最大的教堂、最高的建筑，是民族自豪感的表现主义式展现

欧洲北部

哈尔格林姆教堂（Hallgrímskirkja）是冰岛雷克雅未克的一座路德教派教堂。教堂以冰岛诗人和牧师哈尔格林姆·佩图尔松（Hallgrímur Pétursson，1614—1674年）的名字命名，表达了一种民族自豪感。它是由古德永·萨姆埃松（Guðjón Samúelsson）于1937年设计的。这位国家建筑师的任务是创造一种独特的冰岛建筑风格，来体现这个国家的非凡景观。教堂于1945年动工，最终于1974年完工。建筑成果是一个戏剧性的、表现主义的白色混凝土柱子组合，呼应了教会山（Kirkjufell Mountain）圆锥形的对称形状。教堂的内部极简，大型管风琴的5,275根管子让人联想到外部的混凝土柱子。哈尔格林姆教堂的中央塔楼和尖顶高达74.5米。

不寻常的平面图

萨姆埃松放弃了传统教堂的十字架形状，将旁边的礼拜堂移到了塔楼两边的侧翼。矩形的中殿内有细长的哥特式柱子，支撑着没有任何装饰的肋骨拱，伸向管风琴。管风琴将中殿与唱诗班同半圆形后殿隔开。

▷路德教派大教堂

哈尔格林姆教堂位于雷克雅未克市的显著位置，从20多千米的距离外就能看到。从巨大的塔楼上可以看到从城市至山脉的整片景色。

◁巨大的入口

西侧立面的塔楼简单而巨大，是教堂的入口。整个建筑由混凝土建成，覆有一层粗灰泥和白色花岗岩，保护它不受外界影响。

教堂的中殿于1986年，
即雷克雅未克建立200周年时，
举行了祝圣仪式

新凯旋门

法国的优雅象征，也是巴黎凯旋大道上重要的现代建筑地标

欧洲西北部

△ 城市的镜子

夜晚时分，新凯旋门外墙的镜面覆层反射出拉德芳斯的明亮灯光。它那白色的内部表面与夜色形成了壮观的反差。

　　1982年，弗朗索瓦·密特朗（François Mitterrand，1916—1996年）总统启动了"大工程计划"（Grands Projets Culturels），旨在振兴巴黎。新凯旋门是由丹麦建筑师奥都·冯·斯波莱克尔森（Otto von Spreckelsen）和工程师埃里克·赖策尔（Erik Reitzel）设计的。他们与其他424名建筑师共同竞争，为巴黎西部的商业区拉德芳斯设计一座纪念建筑。

致敬过去

　　最初，人们称这个巨大的立方体为"博爱之门"（La Grande Arche de la Fraternité），期盼它成为一座博爱和友谊的纪念碑。工程于1985年开始，于1989年7月14日，即法国大革命200周年纪念日举行落成典礼。展览空间、餐厅和观景平台于2010年关闭，但于2017年重新开放。里面有一条走道，可以看到拉德芳斯和沿着凯旋大道一路行至卢浮宫的景色。

凯旋大道

　　新凯旋门位于历史中轴线（Axis Historique）即凯旋大道的西端。历史中轴线是一条由重要的历史与现代纪念碑、大道和建筑组成的线路，始于卢浮宫博物馆（见第174页）。新凯旋门建在地铁站和高速公路之上，与中轴线形成一个小角度，为地基留出空间。

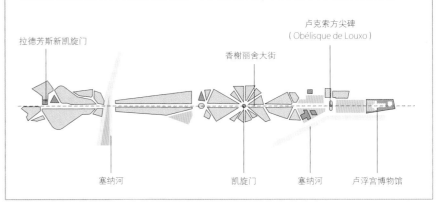

拉德芳斯新凯旋门

塞纳河

香榭丽舍大街

凯旋门

塞纳河

卢克索方尖碑
（Obélisque de Louxo）

卢浮宫博物馆

欧洲南部

毕尔巴鄂古根海姆美术馆

一座本身也是雕塑的艺术博物馆，让一个衰落的城市重新焕发活力的建筑

20世纪90年代初，弗兰克·盖里受托设计了开创性的当代艺术博物馆，被誉为20世纪下半叶最具影响力的建筑作品，为曾经繁荣的西班牙北部港口毕尔巴鄂重新注入生命和文化活力。美术馆的大门于1997年打开。

对一座城市的看法

这位出生于加拿大的美国建筑师充分利用了选址的工业城市背景和河边地理位置：一方面，美术馆以城市为背景，呈现了与岩石相结合的直角和窗户；另一方面，美术馆以内尔韦恩河（Nervión River）为前景，形状更为流畅起伏，与周围的水流相协调。从轮廓上看，整座建筑就像一艘船，弯曲的板暗指船帆，钛合金外壳会根据光线和天气条件而改变颜色。一朵金属花装饰着最高点。

这座巨大的建筑有3个楼层，分布了20个画廊。它融合了钛、玻璃和石灰石，是在体量和透视方面的大胆尝试。所有画廊都汇聚于一个大型中庭，那也是美术馆的组织中心。

盖里的杰作重新定义了毕尔巴鄂，不仅带来了视觉和文化上的影响，还带来了数以百万计的游客，以及随之而来可观的经济增长。

整座建筑中出现了一些鱼形，
包括把楼梯和电梯掩藏起来的玻璃鳞片

中庭

美术馆内的宏伟中庭是一个由弯曲体量、扭曲玻璃和钢铁组成的大厅，高达50米。这个巨大的空旷空间充溢着光线，作为一个中心点，从这里可以进入博物馆的各个房间、大厅和通道。

中庭
船廊
画廊空间
入口台阶
所有贯穿美术馆的路线都汇合于中庭
行政楼

◁ 外墙

钛合金、石灰石和玻璃构成的壮丽曲线和起伏形式定义了美术馆的外观，创造了一个具有巨人力量和原创性的现代空间。

△ 流通框纽

极为重要的中庭，以钢铁、玻璃、石灰石和灰泥建成的一些造型结构高高耸立，与水平的走道相交，构成了博物馆的核心。

米约大桥

一座宏伟的斜拉桥，为应对现代交通拥堵问题而建

欧洲西部

在2004年米约大桥开通之前，要想在假期里从巴黎向南前往里维埃拉（Riviera）和西班牙，经常会在法国南部米约附近狭窄的塔恩河谷（Tarn valley）遭遇拥堵。1987年，建桥绕过该镇的计划首次提上议程，还调查了4条可行路线，每条路线都存在技术、地质或环境问题。1991年的最终决定是在米约西边的塔恩河上建造一座高架桥。

法英合作

建成的桥梁长2,500米，高出河面200多米，由英国建筑师诺曼·福斯特（Norman Foster）和法国结构工程师米歇尔·维洛热（Michel Virlogeux）设计。行驶车辆的桥面采用了轻质钢结构，预制后在现场进行组装。桥面形状像一个倒置的梯形盒子，两边都有隆起（倾斜）。大桥总造价为3.94亿欧元，于2004年12月14日举行落成典礼，两天后开放交通。

建造桥面

桥面建设从塔恩河谷的两边分别开始，从一个桥墩伸向另一个桥墩，直到在中间相遇。桥墩从下而上支撑桥面，连接到竖直桥塔的缆索又从上而下支撑桥面。7个桥墩和桥塔形成两个各204米的外跨和6个各342米的内跨。桥面本身宽28米，由14毫米厚的金属板制成。

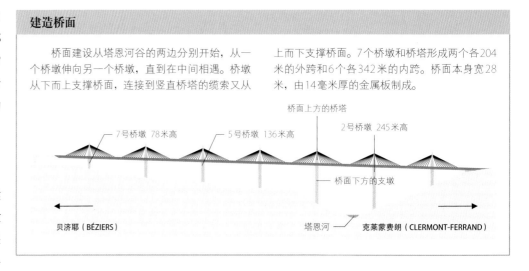

桥面上方的桥塔

7号桥墩 78米高　　5号桥墩 136米高　　2号桥墩 245米高

桥面下方的支墩

← 贝济耶（BÉZIERS）　　　塔恩河　　克莱蒙费朗（CLERMONT-FERRAND）→

高架桥的2号桥塔比埃菲尔铁塔还要高23米

世界第一高

米约大桥的高度为343米，是世界上最高的桥梁，比最接近的竞争对手——土耳其伊斯坦布尔的博斯普鲁斯海峡大桥（Bosphorus Bridge）高21米。

都市阳伞

轻盈宽敞的木制天棚矗立在古老遗迹上，为塞维利亚活跃的市场之一挡风遮雨

欧洲南部

△巨型蘑菇
新市场因其独特形状，收获了"道成肉身广场的蘑菇"（Las Setas de la Encarnación）这个昵称，"las setas"就是西班牙语的"蘑菇"。

自19世纪中期以来，塞维利亚的道成肉身广场（Plaza de la Encarnación）一直是食品市场所在地。原先破旧的市场建筑于1973年拆除，店家们搬到了广场的一个角落。这场临时流放持续了近40年，后来计划在地下停车场上建造一座新市场。然而，当施工现场发现古罗马和摩尔时代的遗迹时，建设工程停止了。

蘑菇和无花果树

德国建筑师于尔根·迈耶（Jürgen Mayer）在建造市场新场地来替代废墟的竞赛中脱颖而出，他的方案灵感来自塞维利亚圣玛丽大教堂（Seville's Cathedral of St Mary）的拱顶（见第143页），和附近布尔戈斯基督广场（Plaza de Cristo de Burgos）上生长的无花果树。

都市阳伞共有4层。地下有一座博物馆，收藏着在施工现场发现的古罗马和摩尔遗迹。1层是市场，上述的木制阳伞庇护着市场屋顶上的露天公共广场。2层和3层是全景露台和餐厅，可以看到塞维利亚古城的最佳景观。

△一个现代的闯入者
作为有史以来巨大的木结构之一，新市场的木顶篷与周围的塞维利亚老式建筑形成了巨大的反差。

桦木结构

人们把都市阳伞描述为世界上最大的木制建筑。它由6把相连的"阳伞"组成，"伞"的形状就像巨大的蘑菇。"伞"雕刻成弯曲的样式，每把"伞"之间都由直木板和横梁交织成的网粘在一起。这座优雅的建筑于2011年开放，作贸易和娱乐之用。

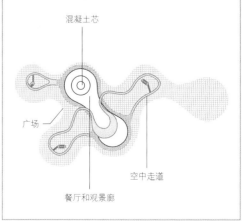

混凝土芯

广场

空中走道

餐厅和观景廊

古代奇迹和现代城市
吉萨大金字塔（中央）是古代世界七大奇迹中唯一幸存的。
它矗立在一片小高原上，边缘环绕着密集排列的现代城市，
开罗。

非洲

砖石大师

非洲

为了适应各种气候，非洲人文奇观的建造者们十分依赖于对材料的巧妙利用。撒哈拉沙漠以北的尼罗河谷（Nile Valley）里，石灰石和砂岩是古代神庙和金字塔墓的建筑材料。埃及人擅长制作石柱，把它们紧密地排列在一起支撑重物。这让他们能够建造出大规模建筑。北非拥有非洲大陆一些最著名的建筑杰作，因为北非不仅有易开采的岩石，还受益于与世界其他地区频繁的文化和贸易交流。撒哈拉以南，埃塞俄比亚的石匠们用坚硬的石头雕刻出整座建筑；还有些非洲建筑师则使用泥土，把它们放在太阳下烘烤成砖。

伊斯兰教西进
632—681年

伊斯兰教向非洲东北部和西北部的迁移引发了清真寺建设的浪潮。在厄立特里亚、埃塞俄比亚、埃及、索马里、突尼斯和阿尔及利亚都有7世纪所建的清真寺借鉴了当时流行的风格，又进行了创新，如宣礼塔变成了方形或长方形，而非圆形。

14 凯鲁万大清真寺

基督教带来教堂
1世纪—15世纪初

随着基督教在非洲之角（Horn of Africa）的传播，礼拜场所和修道院逐步建造起来，用来巩固基督教的存在感并吸引信徒。埃塞俄比亚有石匠们运用当地的传统，在坚硬的岩石上雕刻出圣乔治教堂（Church of St George，下图）等一众非凡的教堂。

13 岩石教堂

罗马人占领
公元前146—公元698年

罗马人无论扩张到哪里，都会在当地引入他们的城市生活模式，来怀柔和吸引新的归顺者，也为士兵和居民提供一个家园。即使像提姆加德这样偏远的前哨基地，也体现出罗马人特有的网格状街道布局，包含了人行道、柱廊和公共设施。

6 提姆加德

古埃及的遗迹
公元前3100—前30年

金字塔是古埃及纪念性建筑的一个标志，但埃及人也会用石柱和山形石墙来建造建筑，也就成后来希腊人广泛采用的结构。他们施工时会使用大量石灰石和花岗岩块，即使不用灰泥、铁制工具或车轮，地基平整度也非常精确。

2 吉萨金字塔

吉萨金字塔是现存唯一的古代世界奇迹

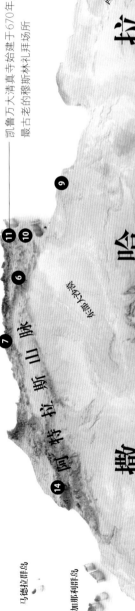

凯鲁万大清真寺始建于670年，是非洲最古老的穆斯林礼拜场所

西部沙漠

拉

哈

撒

阿特拉斯山脉

马德拉群岛

加那利群岛

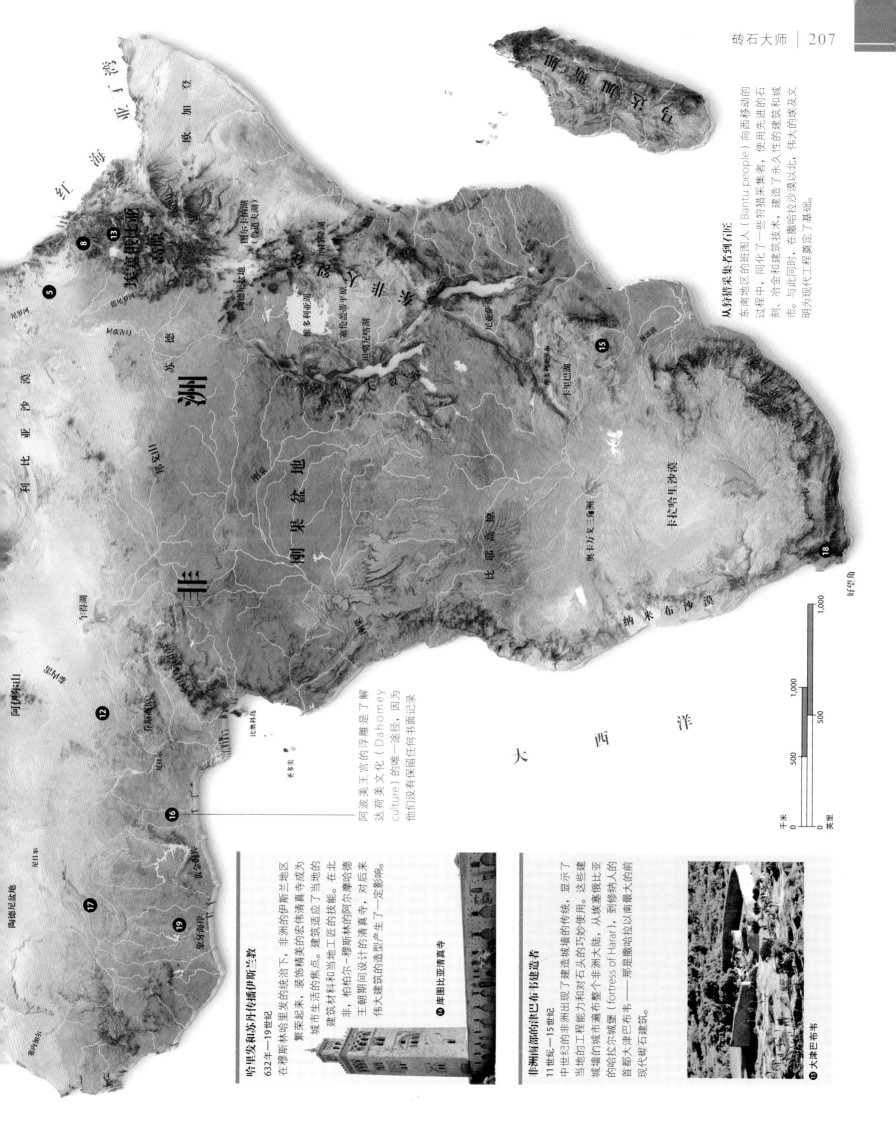

从狩猎采集者到有匠人

东南地区的班图人（Bantu people）向西移动的
过程中，同化了一些狩猎采集者，使用先进的石
刻、冶金和建筑技术，建造了永久性的建筑和城
市。与此同时，在撒哈拉沙漠以北，伟大的埃及文
明为现代工程奠定了基础。

阿波美王宫的浮雕是了解
达荷美文化（Dahomey
culture）的唯一途径，因为
他们没有保留任何书面记录

哈里发和苏丹传播伊斯兰教
632年—19世纪

在穆斯林哈里发的统治下，非洲的伊斯兰地区
繁荣起来，装饰精美的宏伟清真寺成为
城市生活的焦点。建筑适应了当地的
建筑材料和当地工匠的技能。在北
非，柏柏尔一穆斯林的阿尔摩哈德
王朝期间设计的清真寺，对后来
伟大建筑的造型产生了一定影响。

⑭ 库图比亚清真寺

非洲南部的津巴布韦建造者
11世纪—15世纪

中世纪的非洲出现了建造城墙的传统，显示了
当地的工程能力和对石头的巧妙使用。这些建
城墙的城市遍布整个非洲大陆，从埃塞俄比亚
的哈拉尔城堡（fortress of Harar），到修纳人的
首都大津巴布韦——那是撒哈拉以南最大的前
现代石建筑。

⑬ 大津巴布韦

非洲东北部

大狮身人面像

世界上巨大的雕塑之一，作为坟墓的守护者，坐落在吉萨的沙地上

大狮身人面像是一只有着狮子身体和帝王头颅的神话生物。这座巨大的石灰石雕像位于吉萨的哈夫拉法老（Pharaoh Khafre）金字塔前，毗邻他的河谷神庙。大狮身人面像建于哈夫拉法老统治时期（公元前2520—前2465年），长约73米，高约20米，是埃及王朝有史以来第一座纪念性雕像。最初的雕像可能还有独特的蓝黄条纹"尼美斯"头饰（Nemes headdress），也就是埃及法老经常佩戴的头巾款式。头巾的两端下垂，落到雕像肩膀上。人们普遍认为狮身人面像的面部特征与哈夫拉相似，但一些评论说雕像描绘的是哈夫拉的父亲胡夫（Khufu）。

全能的象征

狮身人面像是狮子（百兽之王，王权的象征，也是一种守护者的形象）和神圣统治者的结合，可能象征着法老是一个无所不知、无所不能的统治者。狮子还与太阳有关：吉萨的狮身

人面像正对着初升的太阳，从东南偏东方向望去，它的头部出现在身后两座金字塔的中间。一些学者认为，这种布局类似于"地平线"的象形文字（两座山之间的太阳圆盘），与太阳神荷鲁斯·艾姆·艾赫特（Hor-em-akhet，意为"地平线上的荷鲁斯"）有关，这也是几个世纪后新王国（约公元前1539—前1075年）的埃及人给狮身人面像起的名字。到了新王国时期，大狮身人面像已经年久失修。图特摩斯四世（Thutmose IV，约公元前1400—前1390年在位）立了一块红色花岗岩石碑，名为"记梦碑"（Dream Stela），记录了他还是王子时做的一个梦。梦中，狮身人面像出现在图特摩斯面前，向他承诺，如果他修复雕像，就能获得王位。图特摩斯在成为国王之前，确实对狮身人面像进行了各种修缮，包括清除上面覆盖的沙子、更换石块，还建造了一道挡土墙。后来人们认为这段铭文是宣传工具，证明了他的王位权利。

△ 古代和现代
在这幅从现代开罗南部拍摄的鸟瞰图中，吉萨巨大而雄伟的金字塔耸立在这座散乱扩张的大都市密密麻麻的高楼大厦之上，让埃及的古代和现代世界并列存在。

◁ 重要轴线
大狮身人面像是古埃及的标志，由一整块石灰石雕刻而成。它建在一条东西向的轴线上，与哈夫拉神庙成一直线。

密室

2017年，有人在胡夫大金字塔的大甬道（Grand Gallery）上方，探测到一个长度为30米或更长的大空洞，认为这是个密室。这一突破是通过 μ 介子分析法（muon analysis）取得的。这种技术利用传感器检测名为 μ 介子的亚原子粒子，来生成体量的三维图像。

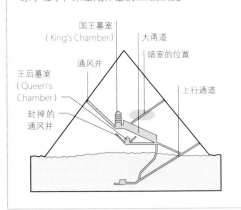

国王墓室
（King's Chamber）　大甬道

通风井　　暗室的位置

王后墓室
（Queen's
Chamber）　　　　　上行通道

封掉的
通风井

吉萨金字塔

工程和想象力的惊人壮举，已成为一座非凡的古代文明纪念碑

非洲东北部

位于尼罗河西岸吉萨的金字塔群是世界上人们熟悉的地标之一。金字塔群是公认的工程、工艺和劳动的巨大成就，建于胡夫统治时期（公元前2545—前2525年）。庞大的金字塔群包括国王和王后的墓室、祭庙、河谷神庙和相连的堤道。金字塔不仅是皇室的墓穴，也放置了法老们确保来世舒适的所有物品，因为他们相信死后将获得不朽和神圣的地位。金字塔附近埋着全尺寸的船，作为法老来世的交通工具。

通往天空的坡道

吉萨的三大金字塔中，最古老、最大的是胡夫大金字塔，它高146米，底部宽230米。这座巨大的建筑包含大约230万立方米的石块，排列的精度令人吃惊。金字塔的核心由淡黄色的石灰石制成，最初覆了层光滑的白色图拉

（Tura）石灰石，后来拆下，拿去建了清真寺。

吉萨的第二座金字塔稍小一些，高144米，由胡夫的儿子哈夫拉建造。孟卡拉（Menkaure）建了第三座，在他去世时尚未完工。孟卡拉金字塔是其中最小的一座，高65米，但有一个更复杂的祭庙。金字塔内的陵墓具有广泛的宗教和神话意义，不仅象征着古埃及对死者的崇敬，也象征着法老的强大和太阳神拉（Sun god Ra）的中心地位。例如，一般认为金字塔的三角形状源于这样一种信念：法老死后，太阳神会增强光芒，创造出一个斜坡，死者的灵魂通过斜坡可以轻松升往天空。

△ 胡夫的大甬道

大金字塔内，这条有挑头式屋顶的壮观通道名为大甬道，通往胡夫的墓室，那里存放着他的木乃伊尸体。

卡纳克神庙群

具有极大文化价值的遗址，是了解古埃及文明的主要来源

非洲东北部

卡纳克的尼罗河东岸有一片大型神庙群，离卢克索不远，那是除吉萨金字塔（见第208—209页）之外，参观量最大的埃及遗址。神庙群包含大量建筑，从神庙、礼拜堂、巨型方尖碑、硕大门道（塔门），到狮身人面像、圣湖和一座多柱厅（hypostyle hall，见第212—213页）。

祭祀场所

该遗址现存的主要神庙区有3个，曾供奉诸神：北部是战神孟图（Mont）；南部是大地女神、阿蒙神的妻子姆特（Mut）；在这两个神庙区之间，是最大也是最重要的阿蒙神庙区。卡纳克的显赫地位来自阿蒙神庙，特别是在新王国时期（约公元前1539—前1075年）。这座神庙作为专门朝拜阿蒙神的中心，具有极为重要的宗教意义。

卡纳克最壮观的特征之一是巨大的多柱厅：面积约为5,000平方米，内有134根巨大的柱子，多数高10米，柱顶过梁重达70,000千克。柱上有深深刻下的象形文字，防止被后来的统治者抹去，大厅也因此而赫赫有名。

在埃及的所有遗址中，卡纳克是独一无二的，因为它的建造时间很长。建筑群持续建造了大约2,000年，从中王国时期（约公元前1980—前1630年）开始，到托勒密时代（Ptolemaic times，公元前305—前30年）结束。1979年，它成为世界文化遗产。

▷古柱

卡纳克的柱子规模巨大，柱上深深刻下了文字，确保法老们在历史中留有一席之位。它们原先应该都涂上了鲜艳色彩。

大约有30位法老参与了卡纳克的建造

从卡纳克到卢克索：神圣之路

卡纳克神庙和附近的卢克索神庙以狮身人面像大道连接。这条大道长约3千米，最初是每年奥佩特节（Opet festival）的出城游行路线，人们会在当天重新演绎阿蒙神和姆特神的婚姻；壮观的游行队伍随后会乘着大船返回尼罗河。卡纳克内一系列宏伟的浮雕记录了船队活动。

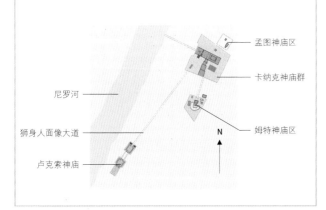

孟图神庙区

卡纳克神庙群

尼罗河

狮身人面像大道

姆特神庙区

卢克索神庙

N

△巨大的多柱厅

十分重要的多柱厅是卡纳克的亮点之一，曾用于举行宗教仪式，只有祭司和统治者才能进入。

◁阿蒙的雕像

在此图中，人们把阿蒙神刻画成人类的模样。在卡纳克壮观的阿蒙神庙里，祭司们每天都会向他朝拜。

建筑风格
古埃及

金字塔是古埃及建筑中最容易辨认的建筑类型，但一系列非凡的神庙和宫殿也留存了下来，通常是因为它们的巨大规模和坚固的石结构。

古埃及文明在公元前3000年前后出现，在公元前1000年前后开始衰落，最后在公元前30年克里奥帕特拉（Cleopatra）去世后结束。它的强大和长久依赖于利用尼罗河进行的大规模农业生产，为社会和文化的繁荣创造了必要的财富和稳定，进而实施了规模巨大的建筑项目。

古埃及建筑广泛使用石材和泥砖，通常都以梁柱结构系统为基础。用巨大石板建成的平屋顶需要间隔紧密的柱子来承载负荷。石柱、入口塔门等处的表面都饰有大量的象形文字和埃及宗教母题。虽然我们对古埃及建筑的了解主要来自幸存的宗教建筑和墓葬，但象形文字告诉了我们大量关于古埃及社会、日常生活、历史的信息，和宗教的极高重要性。

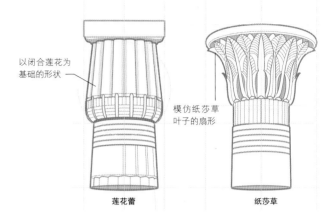

以闭合莲花为
基础的形状

模仿纸莎草
叶子的扇形

莲花蕾　　　　**纸莎草**

△ **莲花蕾和纸莎草的柱头**
柱头是柱子最高处的部分，需要向外张开来支撑上方的负荷。在埃及建筑中，柱头的形状通常来自埃及文化中具有重要意义的植物，如莲花花蕾和纸莎草。

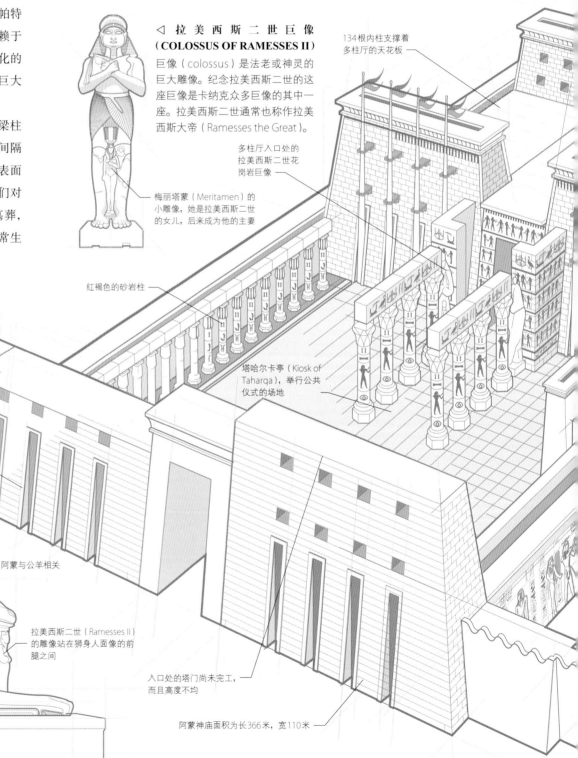

◁ **拉美西斯二世巨像**
（**COLOSSUS OF RAMESSES II**）
巨像（colossus）是法老或神灵的巨大雕像。纪念拉美西斯二世的这座巨像是卡纳克众多巨像的其中一座。拉美西斯二世通常也称作拉美西斯大帝（Ramesses the Great）。

梅丽塔蒙（Meritamen）的小雕像，她是拉美西斯二世的女儿，后来成为他的主妻

134根内柱支撑着多柱厅的天花板

多柱厅入口处的拉美西斯二世花岗岩巨像

红褐色的砂岩柱

塔哈尔卡亭（Kiosk of Taharqa），举行公共仪式的场地

竖向的凹槽可以放置木制旗杆

▽ **狮身人面像**
狮身人面是一种神话中的生物，通常结合了狮子的身体和人类的头颅。它在神庙入口处充当守护者的角色。其中最著名的是吉萨大狮身人面像（见第208页），长73米、高20米。

阿蒙与公羊相关

拉美西斯二世（Ramesses II）的雕像站在狮身人面像的前腿之间

入口处的塔门尚未完工，而且高度不均

阿蒙神庙面积为长366米，宽110米

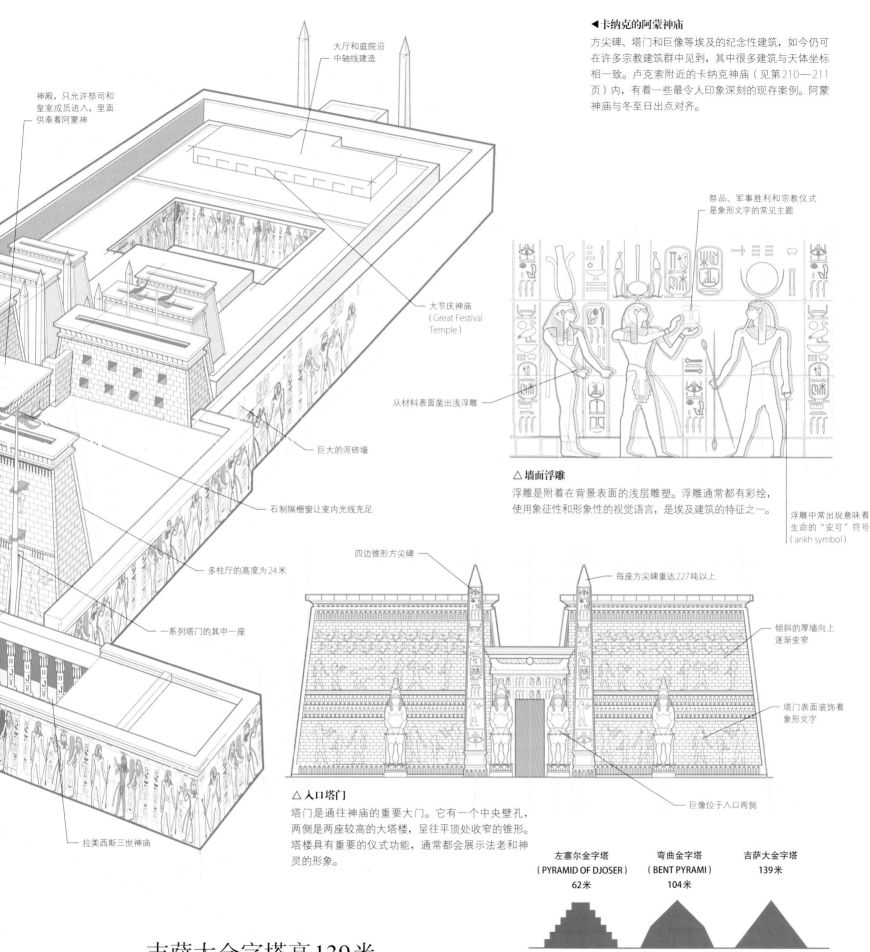

大厅和庭院沿中轴线建造

神殿，只允许祭司和皇室成员进入，里面供奉着阿蒙神

▶ 卡纳克的阿蒙神庙

方尖碑、塔门和巨像等埃及的纪念性建筑，如今仍可在许多宗教建筑群中见到，其中很多建筑与天体坐标相一致。卢克索附近的卡纳克神庙（见第210—211页）内，有着一些最令人印象深刻的现存案例。阿蒙神庙与冬至日出点对齐。

祭品、军事胜利和宗教仪式是象形文字的常见主题

大节庆神庙（Great Festival Temple）

从材料表面凿出浅浮雕

△ 墙面浮雕

浮雕是附着在背景表面的浅层雕塑。浮雕通常都有彩绘，使用象征性和形象性的视觉语言，是埃及建筑的特征之一。

浮雕中常出现意味着生命的"安可"符号（ankh symbol）

巨大的泥砖墙

石制隔栅窗让室内光线充足

多柱厅的高度为24米

一系列塔门的其中一座

拉美西斯三世神庙

四边锥形方尖碑

每座方尖碑重达227吨以上

倾斜的厚墙向上逐渐变窄

塔门表面装饰着象形文字

巨像位于入口两侧

△ 入口塔门

塔门是通往神庙的重要大门。它有一个中央壁孔，两侧是两座较高的大塔楼，呈往平顶处收窄的锥形。塔楼具有重要的仪式功能，通常都会展示法老和神灵的形象。

左塞尔金字塔（PYRAMID OF DJOSER）62米	弯曲金字塔（BENT PYRAMI）104米	吉萨大金字塔139米

金字塔的形状

金字塔是法老的埋葬纪念建筑。吉萨大金字塔的侧面是平滑、倾斜的；在其他的金字塔中，斜坡可能会变换角度，或采用清晰的台阶形式。

吉萨大金字塔高139米，在1300年之前，一直是世界上最高的建筑

△拉美西斯二世巨像
从这个角度看主神庙外巨大的拉美西斯二世石灰岩雕像，可以看到他精雕细琢的特征和独特的头饰。

▷神庙守护者
4座宏伟的拉美西斯二世石刻雕像描绘了这位法老的不同形象，守护着阿布辛贝神庙的门口。它们虽然是三维的，但仍设计成了正面朝外的观看角度。

△神庙内部
拉美西斯二世神庙内的多柱厅有8根支柱，上面雕刻的神化法老已成为冥界之神奥西里斯（Osiris）。

阿布辛贝神庙

称颂古埃及力量和威权的古代神庙

非洲东北部

　　阿布辛贝的两座壮观神庙开凿于悬崖峭壁上，是埃及著名的古迹之一。这两座巨大建筑位于埃及南部的尼罗河西岸，由拉美西斯二世下令建造。他的统治时期（公元前1279—前1213年）是埃及帝国史上最长的。

　　拉美西斯二世法老是一位精明的政治家。他建造这两座砂岩神庙，来象征他的权力和王国的强大。施工开始的日期有些争议，但建设时长一般都认为花了20年。拉美西斯将主神庙即大神庙（Great Temple）献给他自己，而将一个较小的小神庙（Small Temple）献给他的主妻奈菲尔塔利王后（Queen Nefertari）。她是哈托尔女神（goddess Hathor）的化身。

权力的象征

　　大神庙十分宏伟，高33米，有一个壮观的正立面：入口两侧有两对巨大的雕像，高20米，刻画的是登上了王座

的拉美西斯。神庙内部布局呈三角形，包括各种房间和3个大小不一的厅，它们嵌进悬崖约56米。最令人惊叹的是高9米的多柱厅，庞大的柱子描绘了拉美西斯的形象。墙壁上的浮雕讲述了法老统治时期的事件。

　　小神庙高12米，紧挨着大神庙的北侧，其入口两侧各有两座拉美西斯和一座奈菲尔塔利的雕像。神庙内部最为显著的是它的多柱厅，有6根装饰柱，和绘有哈托尔女神、国王与王后向各种神灵献祭之图的墙壁。

　　阿布辛贝神庙是联合国教科文组织认定的世界遗产，在20世纪60年代引起了人们的注意。当时，神庙因修建阿斯旺水坝（Aswan High Dam）造成的洪水威胁进行了拆除，而后在内陆更远处重新组装起来。这一非凡的技术和工程壮举花了大约4年时间才完成。

**搬迁阿布辛贝神庙
需要将遗址切割成
约16,000个巨大石块，
再逐块重新组装起来**

▷狒狒模样的托特神（THOTH）
一座将托斯神刻画成狒狒的雕像，是装饰太阳礼拜堂（solar chapel）的4座雕像之一。太阳礼拜堂是大神庙的一部分。

神圣排列

　　参与阿布辛贝神庙复杂搬迁的建筑师和工程师们小心翼翼地确保主神庙入口得以正确排列，让太阳光能够继续每年两次穿透神庙最深处的圣殿，照亮神化拉美西斯二世雕像的脸，如同自公元前13世纪以来一直发生的那样。

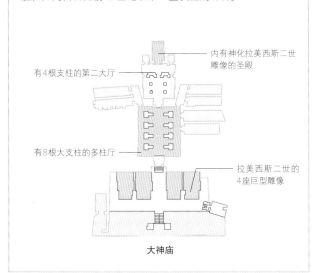

内有神化拉美西斯二世雕像的圣殿

有4根支柱的第二大厅

有8根大支柱的多柱厅

拉美西斯二世的4座巨型雕像

大神庙

非洲东北部

麦罗埃金字塔群

库施王国（Kingdom of Kush）的王室陵墓上所建的两百多座金字塔

库施王国从公元前8世纪开始统治努比亚（Nubia），即埃及南部尼罗河沿岸的土地，时间长达近900年。公元前3世纪，位于今日苏丹的麦罗埃成为帝国首都，并通过贸易，特别是铁器和陶瓷贸易，发展为一座繁荣的城市，也成了王室所在地。

库施王国的独特文明逐渐壮大，成为能与邻国埃及相比肩的文明，同时也吸收了埃及文化的一些元素，最明显的就是在统治者和杰出公民的坟墓上建造金字塔。如今，在麦罗埃城周围3个已发掘的墓地中，仍可以看到这些金字塔，许多麦罗埃统治者都埋葬在那里。

努比亚式轮廓

麦罗埃金字塔与更著名的埃及吉萨金字塔（见第208—209页）明显不同，呈现努比亚特有的陡峭形状，并且常常有一座气势恢宏的入口建筑。麦罗埃墓葬区域中的金字塔虽然没有埃及金字塔那么庞大，但数量众多、相距不远，同样令人印象深刻。

金字塔下方的墓室原本存放着库施王室成员的遗体和陪葬品，饰以绘画、浮雕和象形文字，体现了埃及文化带来的影响。不幸的是，这些陵墓在过去的岁月中遭反复偷盗，内部的宝藏几乎都没能幸存至现代。

△ 努比亚珠宝

墓里发现的墓葬物品中，有许多珠宝首饰，包括这个用黄金和珐琅做成的铰链手镯，上面装饰着哈托尔女神图像和几何图案。

破坏和重建

在意大利探险家朱塞佩·费里尼（Giuseppe Ferlini）寻找宝藏的过程中，许多麦罗埃金字塔都遭到了部分损毁。然而，如本图前景中的那些金字塔已经进行了完整的重建。

金字塔设计

麦罗埃金字塔是典型的努比亚风格，比埃及的金字塔更小、更陡峭。它们以砂岩块建造，地基狭窄，以60°～73°的角度，往上搭建至6～30米的高度。进入每座金字塔前，都要通过纪念大门后的有顶通道，但墓室是单独从土坡脚挖到地下的。

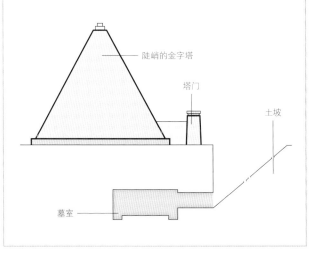

△ **入口通道**

有顶的砌石通道设计成相对简单的直线式，从入口引导人们通往金字塔的内部。

◁ **塔门**

麦罗埃金字塔的一个特征是纪念大门，名为塔门，仿照了埃及神庙的大门，通向入口通道。

罗马城市规划
中心广场、剧场和其他公共建筑位于城市中央位置，靠近两条柱廊式主干道的交界处。

非洲西北部

提姆加德

一座宏伟的殖民城市，是罗马城市网格化规划设计的范例

提姆加德遗址位于如今的阿尔及利亚奥雷斯山脉（Aurès mountains）地区，曾经在撒哈拉沙漠中掩埋了几个世纪，人们有时称它为"阿尔及利亚的庞贝城"（Algerian Pompeii）。虽然在5世纪和8世纪时，入侵者把它洗劫一空，但这座罗马城墙围住的城市仍然保留了地基和原始结构。如今的遗址展示着全盛时期的罗马城市在规划方面的复杂和精巧。

石灰岩城市

提姆加德由罗马皇帝图拉真（Trajan）于100年左右建立，可能是一片部队居住区，在努米底亚王国（Numidia）的罗马殖民地上抵御柏柏尔人的攻击。这座城市之前无人定居，规划者有机会，也有自由支配的权利，去严格按照规则格网设计城市。当地的石灰石用来铺设街道，也是最主要的建筑材料。许多建筑都用马赛克作了豪华装饰。

提姆加德最初的设计方案可以容纳大约15,000人，但随着它成为贸易中心和驻军城镇，后来在3世纪时又成为基督教的重要区域中心，城市迅速扩展到城墙之外。5世纪时，罗马人被迫离开。大约300年后，城市遭洗劫一空，再无人定居。

罗马网格平面图

长方形的围墙围住了一个由正交网格街道组成的城市，主干道为德库马努斯（Decumanus）和卡多（Cardo）。德库马努斯东西向穿过城镇中心。卡多是南北走向，从北部入口起始，在中心广场（Forum）与德库马努斯交会。

卡多

德库马努斯

德库马努斯

中心广场

图注
- 拱门
- 浴场
- 教堂和神庙
- 其他建筑

△ 提姆加德剧场
剧场开凿于一座小山的侧面，可容纳3,500人，如今仍用于舞台表演。剧场大部分是由法国考古学家重建的。

△ 装饰性马赛克
当时的人们用马赛克来装饰石灰岩建筑的墙壁和地板，因为当地不出产罗马人喜欢的大理石。

非洲东部

阿克苏姆方尖碑和王室陵墓

宏大的石碑矗立在阿克苏姆王国古都的废墟之中

阿克苏姆城位于如今的埃塞俄比亚提格雷地区（Tigray region），曾是个强大的文明中心，1世纪至8世纪都十分繁荣。它在历史上各个时期的许多纪念碑和建筑都留存了下来，但最令人印象深刻的无疑是巨石碑，建造历史可以追溯到3世纪至4世纪。更多人称之为"方尖碑"，尽管它们没有真正的方尖碑所特有的金字塔尖。这些石碑排列于两个地点：一个是北部石碑公园（Northern Stelae Park），加上附近国王卡列卜（Kaleb）与其儿子盖布雷·梅斯克尔（Gebre Meskel）6世纪时的坟墓；还有一个较小的古迪特石碑公园（Gudit Stelae Park）。

阿克苏姆遗迹

北部公园的数百座石碑中，阿克苏姆方尖碑占据最显眼位置。它高24.6米，但即使如此巍峨，在应有33米高的大石碑前也会相形见绌。大石碑如今倒在地上，显然是在架设过程中摔碎的。每块石碑上都有类似门窗的装饰性雕塑石板，许多石碑的顶部还刻着装饰。阿克苏姆的挖掘工作中，还发现了古代巴赞国王（King Bazen）的巨石墓、塔阿卡·玛利亚姆（Ta'akha Maryam）和东古尔（Dungur）的宫殿，以及一个如今名为"希巴女王浴池"（Queen of Sheba's）的水库。在当今阿克苏姆博物馆（Aksum museum）的文物里，有一块4世纪时的埃扎纳石（Ezana Stone），上面刻有古希腊语、古老的南阿拉伯语言塞巴语（Sabaean）和古埃塞俄比亚语言吉兹语（Ge'ez）铭文。

阿克苏姆倒下的大石碑
重达520吨

▷埃扎纳国王的石碑

这是阿克苏姆未倒塌石碑中最大的一座，拥有特色的假窗和门雕，人们认为它标记了4世纪时埃扎纳国王的埋葬地。

△假门

这个刻在假门上的十字架形状，令建筑收获了一个错误名字："女基督徒之墓"（Tombeau de la Chrétienne）。

毛里塔尼亚皇家古陵墓

气势恢宏的墓葬纪念碑，为毛里塔尼亚的第一任君主建造

非洲北部

△ 锥状纪念建筑

圆形陵墓由石块砌成，坐落在一个方形的底座上，顶部是一个层层叠叠的圆锥形结构，高度约为40米。

阿尔及利亚的歇尔歇尔（Cherchell）和阿尔及尔（Algiers）之间，坐落着联合国教科文组织认定的世界文化遗产提帕萨（Tipasa），内有许多可追溯至腓尼基（Phoenician）、罗马、早期基督教和拜占庭时代的考古遗址。其中，雄伟的毛里塔尼亚皇家古陵墓于公元前3年由尤巴（Juba）下令建造。他之前是努米底亚国王，后来成为罗马毛里塔尼亚省的藩属王。如今大家已知晓，这里是国王尤巴二世和他的妻子克里奥帕特拉·塞勒涅二世（Cleopatra Selene II）的坟墓。过去人们以为只是克里奥帕特拉的纪念建筑。当地人称它为"Kubr-er-Rumia"，意为"罗马女人之墓"，这个名字与她的父母有关，即马克·安东尼

（Mark Antony）和埃及女王克里奥帕特拉（Egyptian Queen Cleopatra）。

被破坏的遗产

陵墓融合了努米底亚、希腊-罗马和埃及建筑的元素，与墓主人的血统相宜。通常情况下，这种类型的努米底亚建筑顶部都有一个坚固锥体或金字塔形的石块，但是，由于修缮状况不佳，皇家陵墓上的已经看不出来了。柱头已经拆除，国王夫妇的遗体也消失不见，估计是被盗墓者偷走了。虽然自1982年以来一直受到联合国教科文组织的保护，但纪念建筑已然遭受严重的劫掠、破坏和忽视。

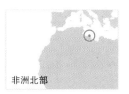

非洲北部

大雷普提斯

塞普蒂斯乌斯·塞韦罗皇帝（Emperor Septimius Severus）把一个古老的腓尼基港口，改造成了一座重要的罗马城市

大雷普提斯位于利比亚海岸莱卜达谷（Wadi Lebdah）的出海口，如今胡姆斯（Al Khums）的一座天然港湾之上，优越的地理位置令它发展成繁荣的地中海港口。2世纪时，它成为罗马殖民地，并在塞普蒂斯乌斯·塞韦罗（193—211年在位）统治时期，经历了大幅扩张和复兴。塞韦罗是雷普提斯人，他雄心勃勃的建设计划让雷普提斯成为罗马非洲重要也是美丽的城市之一。塞韦罗发起的改进计划包括扩大港口，改善码头和设施，大量发展城市的基础设施，并向南部和西部扩张。

过去的辉煌

今天，雷普提斯废墟是曾经塞韦罗理想城镇的证明：网格状的街道规划，连接镇中心和港口的柱廊大道；一般用大理石和花岗岩筑成的公共设施，包括中心广场、多个浴场和一个剧场；大教堂、壮丽的中央拱门等宏大的纪念建筑。7世纪时，雷普提斯遭阿拉伯人入侵，不久就废弃了。但20世纪发掘这片遗址时，它仍然处于保存良好的状态。

◁ 令人生畏的装饰

在塞韦罗广场发现的这个雕刻装饰品描绘了蛇发的美杜莎，人们认为这种可怕的戈耳工蛇发女怪起源于利比亚。

塞韦罗建造了一条近20千米长的水渠为城市供水

◁ 大教堂

大雷普提斯众多保存完好的建筑中，最宏伟的是大教堂，这是一座用作政府、法律和公共职能的建筑，由塞韦罗下令建造。

△ 新城市

塞韦罗对大雷普提斯的开发规模，从剧场和旧港口上方的塞韦罗中心广场中可见一斑。

城市设计

在塞普蒂斯乌斯·塞韦罗的统治下，老港口城市得到了实质性的重新开发，并在它的西南方向增加了一片"新城区"。这是一种典型的罗马网格设计，主要街道通往旧中心和翻新的港口。

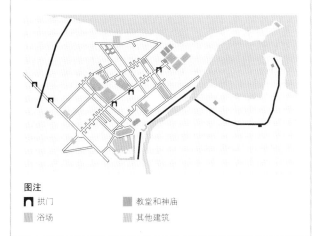

图注
- ☐ 拱门
- ☐ 浴场
- ■ 教堂和神庙
- ■ 其他建筑

埃尔·杰姆斗兽场

意大利之外世界上最大的斗兽场，也是保存完整的罗马遗迹之一

非洲北部

蒂斯德鲁斯（Thysdrus）城，即如今突尼斯的埃尔·杰姆，是罗马帝国在北非重要的城市之一。这个曾经伟大的贸易中心由于埋在沙漠的沙土下而得以保存了遗迹，其中最特别的是令人难忘的斗兽场。

罗马力量的投射

人们认为斗兽场于238年开始建造。它能够容纳35,000人，建造目的是为大型活动提供一个场所。然而，由于政治动荡，建设并没有按计划进行——238年，有6个统治者争夺皇帝之位。一些考古证据表明，建筑工程资金不足，甚至可能最终都没有建成。

这座斗兽场与罗马帝国在非洲的其他斗兽场不同，它的结构是独立的，而不是从山坡上凿出，这让它看起来更为壮观。3层拱廊用砂岩块建造在平原的基岩上，没有地基。

5世纪时，汪达尔人占领了蒂斯德鲁斯，而后7世纪时阿拉伯人又占领作要塞之用。斗兽场一直保存完好，但到了17世纪，人们挪走了它的一些石头用作建筑材料。

▷拱廊

现存的3层拱廊特征是科林斯式的拱和柱，与罗马斗兽场（见第102—103页）遥相呼应。

埃尔·杰姆和罗马斗兽场

埃尔·杰姆斗兽场显然是仿照罗马的弗拉维斗兽场建造的，只是在规模上略逊一筹。两者都有3层科林斯式或混合式拱廊，椭圆形竞技场周围都有类似的分层座位。一个重要但不太明显的区别是，埃尔·杰姆斗兽场中的地下通道没有那么复杂。

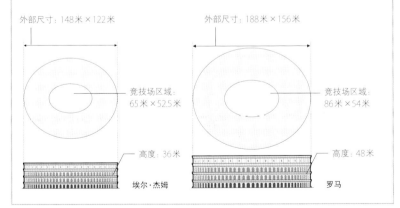

外部尺寸：148米×122米　　　　外部尺寸：188米×156米

竞技场区域：65米×52.5米　　　　竞技场区域：86米×54米

高度：36米　　　　高度：48米

埃尔·杰姆　　　　罗马

埃尔·杰姆斗兽场是罗马帝国的第三大竞技场，旨在作为罗马财富和权力在北非的显著象征。

这座斗兽场是在埃尔·杰姆建造的第三座，如今仍可看到更早期的一座废墟

◁ 红色石灰石

由于气候干旱，用于建造斗兽场的当地石灰石块仍然保存完好，但这座建筑遭受了战争破坏和数次掠夺。

卡诺城墙

尼日利亚北部的城市中一项令人印象深刻的土制防御工事，经历了时间的摧残而幸存下来

非洲北部

△中世纪结构
城墙为包围中世纪的卡诺而建，是西非传统泥土建筑的典范。部分城墙已经改造成现代用途，如住房。

卡诺古城的城墙主要为防御而建。中世纪的卡诺统治者哲吉马苏（Gijimasu）于1095年前后开始建造城墙，分阶段扩展，一直建至16世纪。城墙用经太阳烘烤过的红土建成，围绕着城市，延伸了至少17千米，横截面大致呈三角形。在部分地区，城墙高7米有余，墙基厚9米。15扇狭窄的大门穿透城墙，木门由锻铁条进行了加固。

快速扩张

卡诺城墙保护的这座中世纪城市是一个热闹的贸易中心。库尔米市场（Kurmi Market）如今仍然倚在城墙边，位于穿越撒哈拉沙漠到地中海这条贸易路线的南端。在近代，这座城市的发展远远超越了它的原貌。21世纪，卡诺已经成为尼日利亚的第二大城市，也是世界上扩张迅速的城市地区之一。

2020年，这座现代化城市的人口接近400万，已将古老的城墙吞没于崭新的发展浪潮中。一些大门已经拆除，以便为现代道路让路，还有一些结构已经失修。然而，尽管长期缺乏资金，人们还是做出了勇敢的尝试，来阻止这种破坏的浪潮。如今仍保存着足够多的城墙，留给人们过去的辉煌，也为未来的保护带来了希望。

▷维护城墙
为了保护和恢复卡诺的古墙，人们需要作出坚定的努力。必须每年用新鲜黏土重新铺设泥砖，来防止季节性强降雨造成的破坏。

△ **祈祷大厅**
一排排柱子将清真寺装饰精美、铺有大量地毯的祈祷大厅分隔成一系列平行的中殿。许多柱子来自早期的罗马和拜占庭建筑。

◁ **圣城**
大清真寺矗立在凯鲁万中世纪围墙城区的中心。凯鲁万排行伊斯兰教第四大圣城，其神圣性仅次于麦加、麦地那（Medina）和耶路撒冷。

凯鲁万大清真寺

非洲最古老的清真寺，展示了中世纪伊斯兰文明中装饰和建筑的辉煌

非洲北部

突尼斯凯鲁万的第一座清真寺由奥卡巴·伊本·纳菲（Uqba ibn Nafi）于670年建立。虽然人们经常称如今的清真寺为奥卡巴清真寺（Uqba Mosque），但它的建造时间应该是9世纪中叶，当时凯鲁万在阿格拉比王朝（Aghlabid dynasty，800—909年）的统治下非常繁荣。阿格拉比王朝时的大清真寺不仅是一个礼拜场所，也是著名的学习中心。

精致装饰

从外部看，清真寺似乎是一座朴素的建筑，然而，在它宽敞的祈祷大厅内，繁复的装饰取代了朴素的风格。内部空间充满了大理石、花岗岩和斑岩柱。木制天花板上绘有精心设计的图案；敏拜尔（讲坛）用印度柚木精雕细琢而成；而作为祈祷焦点的圣龛，则是一个大理石和瓷精心制成的展示品。

雄伟的结构

清真寺占地面积超过10,800平方米。高耸的宣礼塔高32米，有129级楼梯。马蹄形拱廊和柱子围住的巨大内院有6个侧门。整个建筑有大约500根柱子，其中大部分在祈祷大厅。

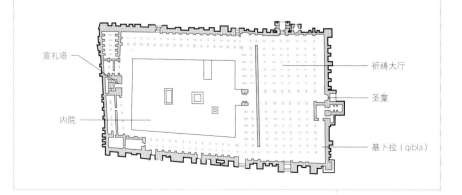

宣礼塔
祈祷大厅
圣龛
内院
基卜拉（qibla）

非洲北部

库图比亚清真寺

一座中世纪的清真寺，巍然屹立的宣礼塔主导着摩洛哥城市马拉喀什的天际线

阿卜杜勒-穆敏（Abd al-Mu'min）于1147年占领马拉喀什后，立即下令建造了第一座库图比亚清真寺。不幸的是，这座建筑中出现了一个缺陷，它的圣龛本应将祈祷的信徒指向麦加，却略微偏离了地理方向。因此，甚至在第一座清真寺建成之前，第二座清真寺就在它旁边开始建造了，而且除了方向之外，其余都一模一样。第一座清真寺渐渐衰败，第二座屹立至今。

清真寺和麦地那

如今的清真寺在阿尔摩哈德的哈里发雅库布·曼苏尔（Yakub al-Mansur，1184—1199年在位）统治时期建成，靠近马拉喀什令人激动的老城区麦地那的狭窄街道，以及著名的德吉玛广场（Jemaa el-Fnaa），那里常有耍蛇人和杂技演员。宣礼塔高70米，主要由粉红色的砂岩建成，饰有彩色陶瓷砖条和精心设计的窗框。清真寺的祈祷大厅里有摩洛哥手工艺精品，但非穆斯林不得进入。

库图比亚清真寺的名字
意为"书商的清真寺"，
因为附近有很多人
从事这一行业

△ 清真寺内部

清真寺的内墙漆成纯白色，与地面上所铺的彩色垫子形成鲜明对比。这座清真寺只对穆斯林礼拜者开放。

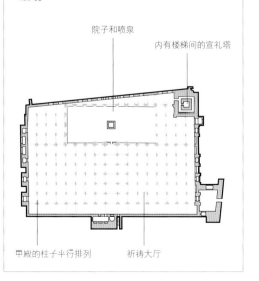

◁ 夜晚标杆

清真寺独特的宣礼塔耸立在马拉喀什老城中心繁华的德吉玛广场食品摊位后面，夜间会亮灯，从29千米外就能看到它。

立柱大厅

清真寺的砂岩墙包围着一个中央有喷泉的庭院，和一座大型祈祷厅。大厅面积约为5,400平方米，由112根支撑着马蹄形拱的柱子分隔成一系列平行的中殿。宣礼塔位于清真寺的东北角。

院子和喷泉

内有楼梯间的宣礼塔

中殿的柱子平行排列　　　祈祷大厅

拉利贝拉岩石教堂

埃塞俄比亚山区里从坚硬岩石上凿刻而出的东正教教堂

非洲东部

　　拉利贝拉的11座岩石教堂位于埃塞俄比亚北部的阿姆哈拉（Amhara）地区，可能由格布雷·梅斯克尔·拉利贝拉（Gebre Meskel Lalibela）国王建造，这座城镇就是以他的名字命名的。他是扎格维王朝（Zagwe dynasty）的成员，大约900年前统治了埃塞俄比亚的这片山区。

杰出的技术

　　每座教堂都先通过凿开硬度较低的红色火山岩，分离出一个长方形的石块。然后，工人们向内切割，将石块挖空，在里面造出一个房间。最大的教堂名为"梅德哈尼阿莱姆"（Bete Medhane Alem），有一排与希腊神庙类似的外柱。圣乔治教堂（Bete Gyorgis）保存最完好，呈十字架形状。1978年，联合国教科文组织将这些教堂列入世界遗产。这里是仍然活跃的朝圣之地，每天有成千上万的信徒前来朝圣。

新耶路撒冷

　　拉利贝拉教堂的布局象征着耶路撒冷。穿过遗址的河流名为约旦河，以流经圣地部分地区的河流命名。隧道连接着主要的教堂群。圣乔治教堂单独存在。据说拉利贝拉国王梦见圣乔治出现在他面前，因而加入了这座教堂的建设计划。

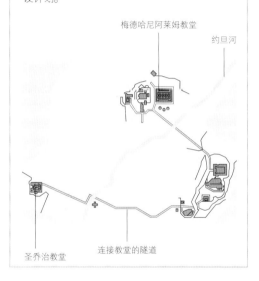

梅德哈尼阿莱姆教堂

约旦河

圣乔治教堂　　　　连接教堂的隧道

▽ 屹立不倒

圣乔治教堂又名埃塞俄比亚哥普特圣乔治教堂（Ethiopian Coptic Church of St George），高约12米。上层有12扇窗户，可能代表基督的12位使徒。

非洲东南部

大津巴布韦

中世纪津巴布韦王国的首都遗迹，曾与所罗门王和希巴女王有关

大津巴布韦砌石建筑遗址位于津巴布韦东部山区马斯温戈（Masvingo）镇附近，面积超过8平方千米，是撒哈拉以南非洲古老而巨大的人造建筑之一。大津巴布韦是由修纳人（班图人的一个群体）在11世纪至15世纪建造的。该遗址分为3个主要区域：山丘建筑群（Hill Complex）、大围场（Great Enclosure）和河谷遗迹（Valley Ruins）。山丘建筑群和大围场的特点是大量的砌石建筑，由不加砂浆的花岗岩砖块构成。河谷遗迹中最显眼的泥土和泥砖建筑也是特色，成千上万的金匠、陶工、织工、铁匠和石匠曾经生活于此。

贸易中心

来自波斯和中国的考古发现表明，大津巴布韦是一个伟大的贸易中心，它的财富建立在遍布该地区的金矿和铜矿上。然而，独特的鸟类皂石雕刻品表明这座遗址也有宗教意义，人们称这种鸟为"天堂鸟"（birds of heaven），认为它们代表神（Mwari）的使者。15世纪时，大津巴布韦遭废弃。欧洲探险家在19世纪遇到这座遗址时，以为发现了传说中的所罗门王矿场。

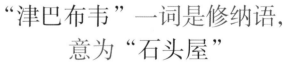

"津巴布韦"一词是修纳语，意为"石头屋"

◁巨石和石块

大津巴布韦的石墙用周围山上的巨石和花岗岩块建成。巨石和岩块打碎后更便于搬运，而后分层铺设成墙，未使用砂浆。

坚固的墙体
这张大围场的鸟瞰图展示了厚实的分界线和内墙。植被遮住了10米高的锥形塔。

大围场

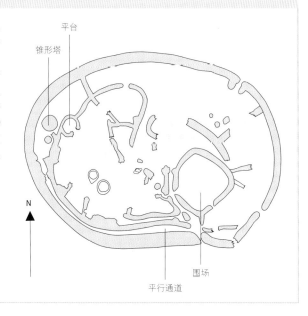

大围场是大津巴布韦最大的建筑。它的环形墙厚5米，周长250米，由90万块花岗岩建成。墙内，有一条狭窄的走道通往一座坚实的锥形塔。塔的底部直径超过5米，高9米有余。大围场内还有更多围墙、社群区域，和泥土、泥砖建造的生活区。

平台
锥形塔
N
围场
平行通道

非洲西部

阿波美王宫

今已消失的西非达荷美王国（kingdom of Dahomey）国王在17世纪至19世纪建造的宫殿群

从1625年到1900年，达荷美王国是西非强大的王国之一。它的成功主要建立在与欧洲人的奴隶贸易上。连续12位达荷美的国王在首都阿波美（位于如今的贝宁），建造了一片巨大的皇家宫殿群，占地470,000平方米。

△ **象征性的雕塑**
阿波美宫殿彩色浮雕土板中的这个细节展示了一头狮子，这是国王格莱莱（1858—1889年在位）的象征。

多种用途

这些宫殿包括皇家陵墓、宗教建筑、议会和公共会议室，建在大量庭院内。它们既是王国的行政中心，也是财政和文化中心。宫殿用彩色浮雕土板装饰，上面描绘着王国的战斗、神话、信仰和习俗。1892年，达荷美最后一位独立国王命令军队烧毁这些宫殿，但19世纪所建的盖佐（Ghezo）和格莱莱（Glélé）两座宫殿幸存下来，且在后来得以修复。

△ **传统建筑**
盖佐国王宫殿的庭院和建筑以泥砖砌成，宫殿墙壁上饰有浮雕板。

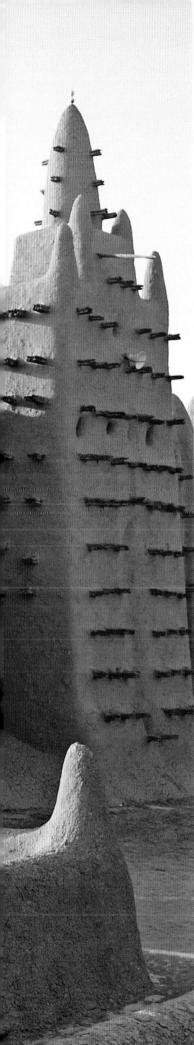

杰内大清真寺

一座神圣的泥砖建筑，坐落在西非一个古老的贸易城市中

非洲西部

马里城镇杰内的第一座泥砖大清真寺建于约700年前。如今这座建筑于1906年至1907年重建，当时法国殖民政府统治着马里。当地的建筑大师伊斯梅拉·特拉奥雷（Ismaila Traoré）负责此项目，他采用的是历史悠久的泥土建筑技术。

不断变化的建筑

清真寺的砖块是通过将泥土与沙子、谷壳和稻草混合，而后在阳光下晒干制成的。沙地上的支柱支撑着平坦的土屋顶。墙壁上有层灰泥帮助抵御外界侵袭。灰泥用河水淤泥与其他材料混合而成，其中可能包括干稻壳和牛粪。灰泥几乎每年都要重新涂抹，这项活动已经成为整个社群共同参与的仪式。对清真寺的不断修复意味着它外观的细节也在不断变化。

清真寺的组成部分

这座清真寺是苏达诺－撒赫利安建筑（Sudano-Sahelian architecture）的一个突出案例。它由一个用墙围住的庭院和一座祈祷大厅组成，建在一个高高抬起的平台上以抵御洪水。在祈祷大厅内，90根支柱分成10行，支撑着泥和棕榈建成的屋顶。建筑正面，3座大型塔楼向外凸出。

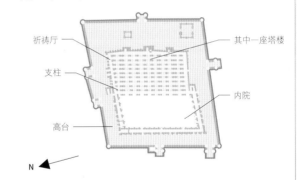

祈祷厅 / 其中一座塔楼 / 支柱 / 内院 / 高台 / N

◁泥墙
大清真寺的高大泥墙和塔楼上有突出的棕榈木束图案。每座塔的顶端都有一个鸵鸟蛋，象征着丰饶。

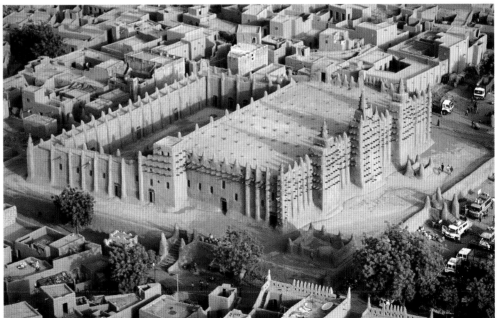

▷巨大规模
鸟瞰图展示了清真寺的广大范围。祈祷大厅长50米，塔楼高约16米。这座清真寺是世界上最大的泥制结构。

和平圣母大教堂

这座教堂拥有巨大的穹顶和高耸的柱子，是世界上最大的教堂，灵感主要来源于罗马的圣彼得大教堂

非洲西部

　　和平圣母大教堂于1986年至1989年在科特迪瓦（意为"象牙海岸"）的行政首都亚穆苏克罗（Yamoussoukro）建成。它由著名的黎巴嫩裔科特迪瓦建筑师皮埃尔·法库里（Pierre Fakhoury）设计，灵感来自梵蒂冈城的圣彼得大教堂（见第158—159页）。科特迪瓦的第一任总统费利克斯·乌弗埃-博瓦尼（Félix Houphouët-Boigny，1960—1993年在任）下令建造了教堂。据说他个人出资建造了这座豪华建筑，估计费用为2～3亿美元。

　　这座天主教大教堂高约158米，占地约30,000平方米，由128根多立克式柱支撑，巨大的大理石和花岗岩广场可容纳300,000人。教堂的36扇彩色玻璃窗是来自法国的手工制作品。

　　应教皇约翰·保罗二世（Pope John Paul II）的要求，法库里降低了穹顶的高度，小于圣彼得教堂的穹顶。尽管如此，穹顶上9米高的十字架使它明显高于意大利的那座教堂。

▷主宰景观

教堂庞大的穹顶和镀金的十字架主宰了整片景观，但这座位于穆斯林地区的巨大教堂一直以来都人迹罕至。

大教堂雇用了大约1,500名工人，只花费3年时间即建成

南非荷兰语纪念碑

南非的一座标志性建筑，赞颂世界上最年轻的语言之一

非洲南部

1975年，南非荷兰语纪念碑为纪念南非荷兰语成为南非官方语言50周年而建。它位于西开普省（Western Cape）的帕尔山（Paarl Mountain）上，由建筑师扬·范·威克（Jan van Wijk）设计。他试图在语言的演变和纪念碑的形式之间建立一种联系。为此，纪念碑最高的尖顶有57米高，象征着南非荷兰语的发展，而较小的相邻结构则暗示着非洲带来的关键影响，以及相比之下欧洲语言逐渐减弱的影响。

文化建设

纪念碑历时两年建成，还有个"塔尔纪念碑"（Taalmonument）之名，象征着民族、语言和景观的融合。它由帕尔花岗岩、白沙和水泥建成，经过锤击，唤出周围岩石的纹理。

布局和象征意义

纪念碑的主柱代表南非荷兰语是一种发展中的语言。一根较小的柱子象征着南非。3个不同高度的方尖碑表明欧洲语言在塑造南非荷兰语方面的贡献，而不同大小的圆顶则表明非洲的作用，楼梯上的墙壁则表明印度尼西亚的影响。

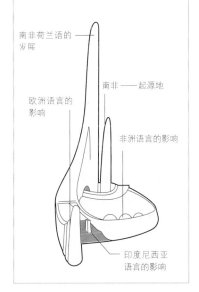

南非荷兰语的发展

南非 —— 起源地

欧洲语言的影响

非洲语言的影响

印度尼西亚语言的影响

△ **大教堂内部**

壮丽的彩色玻璃窗和雄伟的柱子是这座教堂的特征之一。教堂的座椅可容纳约7,000人。座椅由西非的大绿柄桑木（Iroko wood）制成，随着时间的推移，桑木从黄色变成了厚实的铜色。

▽ **融合**

这座雕塑的设计隐喻着与自然的对话。它的线条和曲线复制了景观的高峰和低谷，建筑材料令它与周围岩石融为一体。

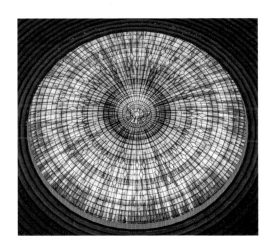

△ **穹顶中央**

穹顶中央的彩色玻璃上，占据中心位置的是一只伸开翅膀的鸽子，宽度约为7米。

营造绿色环境

滨海湾花园（Gardens by the Bay）是新加坡的一座未来主义公园。
18棵钢架结构的擎天大树不仅为真正的植物和花卉提供生长支持，
还能收集雨水，把进气口、排气口和太阳能电池板合并在一起。

亚洲和澳大拉西亚

摩亨佐－达罗是世界上初期做规划的城市之一，也是印度河流域文明的主要定居点

麦加大清真寺围绕着伊斯兰教最神圣之地克尔白而建

帝国的建立者和创新者
亚洲和澳大拉西亚

城市规划和理想主义
最早的城市规划和先进的石构造形式出现在新月沃土（Fertile Crescent）和印度河流域（Indus Valley）。在东亚，中国也有早期城市规划的证据。

　　随着一波又一波政治和宗教帝国建设者在广阔的亚洲大陆上向东迁移，或向南迁移至大洋洲，他们扩大了工程技术和风格方面的影响，释放了建筑的独创性。6世纪，波斯人的品位和知识进入印度次大陆。而后，随着倭马亚王朝把影响力扩大至印度，伊斯兰艺术和建筑也随之而来。近年来，对可持续发展理想的投入在亚洲和澳大拉西亚地区掀起了新一代的智能、节能奇迹。

印度教在东南亚地区的传播
6—14世纪
　　来自印度的商人在东南亚逐渐扩展业务，带来了印度教文化，特别是印度寺庙等宗教建筑。它们与当地传统建筑风格的两相融合，从高棉帝国的阶梯式金字塔和印度尼西亚的普兰巴南寺庙中可见一斑。

㉕ 吴哥窟

明朝激发文化发展
1368—1644年
　　明朝时期，中国政治稳定。从故宫和长城，大规模的建筑工程得以实施。

㉚ 故宫

可持续建筑

20世纪60年代至今

　　气候变化的脆弱性不断增加，促使城市规划者努力建造可持续建筑。自我供电的智能建筑已经成为现代的奇迹，它们的特点还包括循环水设施、屋顶花园和绿色植生墙。

印度与伊斯兰教的相遇

16—18世纪

　　莫卧儿帝国（Mughal Empire）开发了一种融合了印度和波斯伊斯兰传统的建筑风格。莫卧儿建筑以宏大规模为特点，强调严格的对称性、巍峨的宣礼塔、巨大的穹顶、细致的装饰，以及红色砂岩和白色大理石的戏剧性运用。

❸❾ 泰姬陵

印度尼西亚爪哇岛的婆罗浮屠寺建于8—9世纪，是世界上最大的佛教纪念建筑

日本城堡建筑的崛起

1573—1615年

　　在安土桃山（Azuchi-Momoyama）时期，经过多年的内战，各藩国开始统一，城堡取代寺庙，成为日本的建筑重点。石材代替木材，占据主导地位，改变了城市的外观。内部装饰变得更加华丽，让石头城堡内的黑暗空间变得活泼起来。

❷❽ 姬路城

皇家展览馆是澳大利亚第一个纳入联合国教科文组织认定的世界文化遗产的建筑

千米
0　　400　　800

英里
0　　400　　800

哥贝克力巨石阵

世界上已知最古老的宗教遗址，有着复杂浮雕和铭文的神庙群

哥贝克力巨石阵（意为"大肚山"）位于土耳其东南部，一直隐藏着，悄无人知。直到1994年，德国考古学家克劳斯·施密特（Klaus Schmidt）发现了第一根T形石柱，是此处神庙所特有的柱式。进一步的挖掘发现了一些由这些石头构成的圆圈，最早可追溯至公元前10000年，据推测因仪式或宗教目的而建。这些石柱的高度从3米到6米不等，镶嵌在磨光岩石地面上的凹槽中，围绕着两个较大的中央石柱形成一个圆圈。人们认为它们是用来支撑一个屋顶的。

△ 鱼湖（Baikligöl）雕像
这尊真人大小的石灰石雕像是在附近的鱼湖挖掘现场发现的，约于公元前9500年制成，如今在尚勒乌尔法博物馆（Museum of Sanliurfa）展出。它是亚洲已知最古老的雕像。

装饰性雕塑

与石构造一样引人注目的是单块石头上复杂的装饰性雕刻。在许多石柱的表面上，这些浮雕描绘了各种鸟类和其他动物，包括当时狩猎采集者捕获的野生动物，还有一些抽象的设计和偶尔出现的风格化人像。

△ 立柱和支柱
此图展示了在哥贝克力巨石阵发掘的一座圆形神庙，它的中央立柱很有特色。前景是一根饰有浮雕的支柱。

风格的融合

本土和古典建筑的融合在诸如供奉闪米特族（Semitic）神贝尔（Bel）的神庙中最为明显。从外观上看，它似乎是传统的古典建筑，虽然不太寻常地不相对称，顶部也有不太典型的屋顶露台。然而，也有些细节具有巴尔米拉当地特征：柱和梁上的雕塑描绘了当地的神和崇拜行为。神庙内部有供奉当地神灵的神龛，也以典型的当地风格进行了装饰。

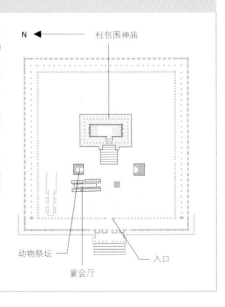

N ← 柱包围神庙

动物祭坛

宴会厅

入口

巴尔米拉

一片古老的商队绿洲，从中国、印度和波斯到罗马帝国贸易路线上的一个重要十字路口

亚洲西部

△ 罗马剧场

2世纪时的剧场坐落在主柱廊大道旁的半圆形广场上。它于20世纪中期得以修复，自那以来，它一直是这座城市的焦点。

巴尔米拉城建在叙利亚沙漠中一片偏远的绿洲上，几千年来，这里一直是商队的停靠地。然而，它的全盛时期是1世纪和2世纪。它是罗马叙利亚行省的一部分，曾是一个重要的贸易中心。

文化的交汇

当地居民是闪米特人，拥有成熟的文化传统。在罗马统治下，他们获得了很大程度的自治权。于是文化交相融合，并反映在城市的建筑中。一条宽阔的古典风格柱廊大道穿过城市中心，两旁是住宅街道。城墙内还有典型的罗马城镇公共建筑和当地神灵的神庙。城市西边是安置死者的墓园。

尽管巴尔米拉历代都遭破坏性袭击，但许多保存最好的建筑一直幸存至21世纪，但近年来许多留存的建筑再次遭到了破坏。

亚洲西部

以弗所

希腊罗马时代的重要港口，后来成为基督教的朝圣之地

以弗所位于如今土耳其的爱奥尼亚海岸（Ionian coast）。公元前1200年前后，希腊人首次在此地定居，这里成为古希腊繁荣的城市之一。公元前6世纪，波斯人占领以弗所。公元前334年，亚历山大大帝（Alexander the Great）的一位将军将其夺回，而后在西边新址上重新建设城镇，让以弗所更接近正在后退的海岸线。

重建后的以弗所拥有许多精美建筑，包括著名的阿尔忒弥斯神庙（Temple of Artemis）。但遗憾的是，挖掘工作只发现了希腊风格时期城市的碎片。罗马帝国获得以弗所后，进行了进一步的重建，且大部分罗马时期的城市都保存下来。建筑的富丽堂皇象征着罗马人的财富和殖民统治地位。罗马以弗所拥有街道和水渠组成的复杂基础设施，还有许多精美的公共建筑，包括剧场、塞尔瑟斯图书馆（Library of Celsus）和哈德良神庙（Temple of Hadrian）。

▷ **罗马以弗所**
以弗所保存最完好的建筑建于2世纪时的罗马统治时期。塞尔瑟斯图书馆宏伟的正立面就是一个完好遗迹的范例。

阿尔忒弥斯神庙

这座建于公元前323年的神庙是这片遗址上建起的第三座神庙，也是有史以来最大的，甚至比雅典的帕特农神庙还大，被誉为世界七大奇迹之一。它长约115米、宽55米，有两排柱，每根高约18米、直径1.2米。

高祭坛　　　　大殿

每边都有两排柱

使徒保罗在访问以弗所时曾在剧场里讲道

摩亨佐－达罗

世界上早期的城市之一，也是古代印度河流域文明的一个主要中心

亚洲南部

摩亨佐－达罗位于今巴基斯坦信德省（Sindh）的印度河流域洪泛区中部，可以追溯至公元前第三个千纪，与古埃及、美索不达米亚、米诺斯（Minoan Crete）和小北（Norte Chico）等文明的繁荣时期相差不远。城市的遗迹是城市规划系统的证据：未经烧制的砖瓦建筑按照严格的网格模式布置，低层住宅区上方坐落着一座城堡。

城市的主要建筑都在城堡内，包括一栋大型住宅建筑、大礼堂和中央市场。尤为有趣的是公共浴室和水井，由一个复杂的灌溉和排水系统提供水源。中央地区建设了大量防御工事，城市的南部和西部也有要塞和警卫塔作保护。

◁ 复杂的手工艺品

这个陶器容器只是摩亨佐－达罗出土文物的其中一件，它提供了一个高度发达的文明和繁荣文化存在的证据。

乌尔塔庙

乌尔古城遗址中最显著的建筑，拥有独特的金字塔式结构

亚洲西部

塔庙是位于如今伊拉克和伊朗的古代文明中特有的神庙金字塔形式。与埃及金字塔不同的是，它们是多层结构，不同层之间有阶梯。其中最大且保存最完好的塔庙位于乌尔的新苏美尔城遗址，在今伊拉克纳西里耶（Nasiriyah）附近，建于公元前21世纪。

6世纪，它的泥砖结构已基本崩溃。新巴比伦（Neo-Babylonian）国王那波尼德斯（Nabonidus）对其进行了修复，保护外部一层以沥青固定的烧结砖。20世纪时，它得到了进一步的修复，重建了在1991年遭到破坏的正立面和主楼梯。

崇拜的建筑

乌尔塔庙作为献给月神南纳（Moon god Nanna）的神庙而建。它最初的高度为21～31米，顶部神殿曾是各处望去都可见的地标。然而，到了公元前

▽ 庞大的神庙

此图展示了修复后的庙塔正立面，主阶梯通向月神南纳神殿所在的楼层。

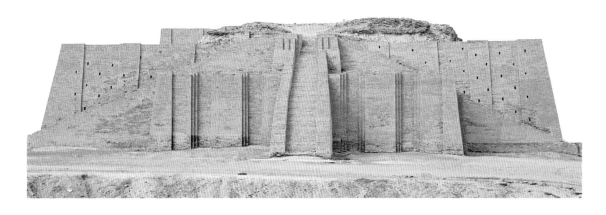

卡兹尼神殿（AL-KHAZNEH）
巨大的卡兹尼神殿正立面从粉红色的岩壁上精心凿刻而出，当通过狭窄的西克峡谷（Siq）进入佩特拉时，可以观赏到令人惊叹的景致。

城市平面图

前往佩特拉的游客通常通过主入口西克峡谷进入这座城市，会经过一些从陡峭墙石壁上凿出的坟墓，然后抵达峡谷尽头著名的卡兹尼神殿。主要景点都在山谷两侧，穿过柱廊主干道，就可以抵达修道院。

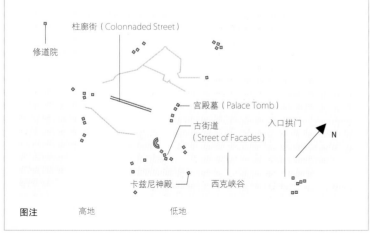

柱廊街（Colonnaded Street）

修道院

宫殿墓（Palace Tomb）

古街道
（Street of Facades）

入口拱门

N

卡兹尼神殿   西克峡谷

图注   高地   低地

△ 宫殿墓
宫殿墓是4座成排的皇家陵墓中最大的，它的雕刻工艺模仿当时的罗马风格，据说是受罗马尼禄金宫（Nero's Golden House）的启发。

亚洲西部

佩特拉

"玫瑰红城市"，纳巴泰王国（Nabataean Kingdom）的首都，
以从砂岩悬崖上凿刻而出的坟墓和神庙而闻名于世

10000多年前，游牧民族纳巴泰人在现今约旦南部的沙漠山区定居，
建立了一个定居点——拉格穆，渐渐成为该地区的贸易中心。与希腊和
罗马帝国的贸易带来了繁荣，这个不断发展的城市获名"佩特拉"，希
腊语意为"石头"。

凿入岩石

佩特拉位于陡峭的峡谷中，令纳巴泰人形成了独特的建筑风格。他
们凿刻的坟墓和神庙模仿了希腊-罗马古典风格，但也包含一些纳巴泰
人特有的元素。这方面最好的例子是位于城市入口的卡兹尼神殿（意为
"宝库"，但实际上是陵墓）和代尔修道院（Al-Deir，实际上是山顶神
庙）。另外，一排4座皇家陵墓令人驻足——金瓮墓（Tomb of Urns）、
丝绸墓（Silk Tomb）、科林斯墓（Corinthian Tomb）和宫殿墓，每座墓
都有不同的古典元素。

城市里还有一座从岩石上凿出的巨大剧场和少量独立建筑，如主神
庙卡斯尔宾特（Qasr-al-Bint）。一些软砂岩建筑受外界侵蚀，即使是保
存最完好的，细节也已不再清晰。

佩特拉在1世纪最繁荣的时候，
人口数约为20,000

◁ 石窟墓穴
在通往佩特拉的峡谷壁上凿出的坟墓，
设计相对简单，但多色的条纹砂岩创
造了壮观的内部景致，原来还曾饰有
壁画。

秦始皇兵马俑

现代最壮观的考古发现，为了解中国的过去打开了一扇独特的窗口

1974年，中国陕西省骊山（Mount Li）的当地农民在附近发现了大量真人大小的陶像。人们称这些陶像为"兵马俑"。它们有2,000多年的历史，是秦始皇（Qin Shi Huang，公元前259—前210年）陵墓的一部分。秦始皇于公元前246年开始建造这片墓群，当时他只有13岁，是秦国的统治者。从公元前221年开始，在他的铁腕统治下，整个中国得以统一，因而他有能力为陵墓工程调动大量资源。

埋葬的队伍

秦始皇兵马俑至少由7,000名士兵、130辆马拉战车和150匹战马组成，守卫着广阔帝王陵墓的一侧。大多数陶像代表农民步兵，排成有序的队伍。弓箭手是跪着的，骑兵则骑在马上。陶像与他们的地位相称，军官形象更高大，穿着更精致的盔甲。兵马俑手中携带的是真正的铁制或青铜武器，随着时间的推移，已经遭掠夺或碎裂。

大规模生产

这些陶俑是在工场里利用大规模生产技术制作的。不同的部分用不同的标准模具制作，分别烧制，然后组装。头部有10个基本模具，面部特征由手工添加，让陶像各具个性。

陶像手持真正的
铁制或青铜武器

涂有颜料和漆的表面随着
时间的推移而褪色

约70万名工人受命共同建造这座皇帝陵墓

◁战斗队形
发现的3个坑内，陶像都面向东方，朝着秦国的敌人。两个坑在侧翼，另一个是后方的指挥所。

▷永恒的守卫
这些士兵陶像的平均身高为1.8米。头饰是身份和等级的标志。

阿旃陀石窟

绘画和雕塑的宝库，佛教艺术的极佳范例之一

亚洲南部

古印度笈多王朝（Gupta）的国王们信仰印度教，但对其他宗教持宽容态度。在他们的统治时期（320—550年），哲学、科学、艺术和建筑都得到了极大发展。其中包括一些重要的早期佛教雕塑和场所，最著名的应该是印度西部阿旃陀的宏伟石窟。

佛教艺术

阿旃陀的29座佛教石窟寺庙和修道院是公元前2世纪—公元7世纪，从玄武岩山坡上断断续续雕刻出来的。其中有佛教神圣艺术的成熟例子，如令人引人注目的佛像和令人叹为观止的绘画与壁画，讲述了佛陀的生活故事，通常都以丰富、强烈的色调来呈现。一般认为，第10窟是建筑群中最早的石窟圣地，包含一个支提窟（Chaitya），即祈祷大厅，一端有一座窣堵波（stupa，圆顶神殿）。阿旃陀的大多数洞穴都是僧侣居住的地方，通常都有精心设计的外墙，还有中央庭院和相邻的小房间。

这些洞窟废弃了几个世纪。1819年，一支英国狩猎队偶然发现。很快，它们就成了全球日益关注的话题。

挖掘阶段

阿旃陀石窟呈一个巨大弧形，沿着瓦古拉河（Wagora River）排列。有证据表明，挖掘主要分两个阶段：早期阶段大约为公元前2世纪和公元前1世纪；大部分洞窟都在后期阶段，即5世纪笈多统治下的印度黄金时代巅峰期挖成。

人们认为第10窟是最古老的洞窟

第9窟，早期的支提窟之一

第26窟有一座巨大的卧佛

瓦古拉河

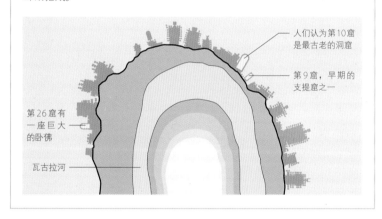

△ 古代壁画

阿旃陀第一窟有幅5世纪时所绘的壁画。画中这个细部讲述了《本生经》（Jataka）故事中的情节，一个关于佛陀前世的故事。

△ 石窟建筑

第26窟的两根石柱宏伟、坚固、极具装饰性，证明了古印度惊人的艺术技巧和工艺水平。

亚洲南部

埃洛拉石窟

东方三大宗教并存的石窟群，因雕塑和庞大的石窟凯拉萨神庙（Kailasa temple）而闻名于世

印度是世界上3种宗教的发源地：佛教、印度教和耆那教。在印度西部马哈拉施特拉邦（Maharashtra）巨大的埃洛拉洞穴群中，这3种传统宗教汇集在一起。这个遗址内有34个从岩石上凿出、手工雕刻的石窟寺庙，建于7世纪至11世纪。石窟群绵延2千米，其中有座巨型神像雕塑最为闻名。

石窟群的核心是壮观的凯拉萨神庙，建于8世纪，供奉印度教湿婆神。庭院外的游廊上刻满了雕刻品和雕带，讲述着印度教神圣史诗《罗摩衍那》（Ramayana）和《摩诃婆罗多》（Mahabharata）中的故事。

▽ 精心凿刻
规模庞大的凯拉萨神庙是印度巨大而精致的石窟神庙之一。当时的人们从岩石顶部向下挖掘，建成了一座宏伟的自立建筑。

凯拉萨神庙据说是从一整块岩石中挖凿出米的

亚洲东北部

悬空寺

一座位于险峻之地的寺院，代表了中国3种主要宗教和思想流派

山西省的恒山（Hengshan mountain）是中国五大名山中最北端的一座。传说中的悬空寺就悬挂在恒山一侧，岌岌可危。悬空寺看似无视地心引力，悬于离地面约75米之处。它的40个房间由楔入崖壁的木制横梁固定。寺院宝塔式结构通过迷宫般的坡道、楼梯、摇摇欲坠的通道和人行道相互连接，并与各殿堂相连。人们认为这片建筑群建于北魏时期（386—534年或535年），但在明朝（1368—1644年）和清

朝（1644—1912年）时进行过重大修缮和扩建。

除了险峻的位置外，这片木制寺院群还因同时代表了中国的三个主要宗教或思想流派而备受关注。佛教、道教和儒教创始人（分别是释迦牟尼、老子和孔子）的雕像位于寺庙北部三教殿（Sanjiao Hall）中，被刻画成了和谐共处的模样。

△ 平衡术
寺院建筑悬挂在金龙河峡谷（Jinlong Canyon）上方的恒山一侧，由细长的木杆固定在近乎垂直的崖壁上。

亚洲西部

波斯波利斯

第一波斯帝国（First Persian Empire）的灵都，
如今是一片宫殿群废墟

位于现代伊朗的波斯波利斯遗迹令人追忆阿契美尼德
（Achaemenid）国王的往昔荣耀。这个伟大的王朝在公元前
550年至公元前330年统治着第一波斯帝国，而波斯波利斯
本身是由大流士一世（Darius I）于公元前518年建立的。

波斯波利斯似乎只在某些节日期间会启用。巨型大
门、宫殿式的觐见厅（Audience Hall）和巨大的王座厅
（Throne Hall，即"百柱大厅"）都是波斯波利斯的主要特
征，试图令来者留下深刻印象。浮雕描绘了外国政要为国
王携带礼物的图像，加上大量宝物的存在，说明贡品会在
此地呈交。波斯波利斯的泥砖墙和屋顶已经消失，但许多
石柱依旧存在，通常都有精致的动物形状柱头。

▽ **万国之门（GATE OF ALL NATIONS）**
这个强大的形象有部分是人，部分是牛，
部分是鸟。它是拉玛苏（lamassu）守护
神，站在万国之门上。这是一个入口，前
往王宫的游客都会经过。

▷ **瓷砖墙面**
伊兹尼克瓷砖出产于安纳托利亚
（Anatolia）西部的伊兹尼克（İznik）。
它们蓝白相间的色彩是圆顶清真寺
外观的亮点之一。瓷砖于16世纪时
增添，一直留存至20世纪60年代，
但如今大部分已替换成复制品。

▽ **镀金穹顶**
20米宽的穹顶最初以黄金制成，后
来用铜铝制品取代。在约旦国王侯
赛因（Hussein，1952—1999年在
位）时期，它重新覆上了一层金箔。

圆顶清真寺

一个重要的伊斯兰教圣地，奢华的内部饰有马赛克和瓷砖

亚洲西部

圆顶清真寺位于耶路撒冷老城的东侧，由倭马亚王朝哈里发阿卜杜勒-马里克（Abd al-Malik）于691年至692年建造，用来保护和颂扬建筑的核心——一块大岩石，名为"基石"。这座圣殿对穆斯林而言有着极为重要的宗教意义；对犹太人而言也是如此，他们认为这里是最初圣殿的所在地。

复杂的装饰

这座建筑拥有一个八角形结构，是受拜占庭风格影响的产物，在地中海东部地区很常见（见第252—253页）。内部，两条八角形的拱廊形成了环绕基石的双走道，让人联想起朝圣者围着麦加克尔白的环行朝觐（见第282—283页）。拱廊上方，许多精美的原马赛克装饰幸存了下来。这些装饰性母题受拜占庭和萨珊（Sasanian）典型范例的启发，大多以植物形态为基础，盘绕着精致的花瓶和珠宝。

数世纪以来，清真寺的装饰元素曾多次改换。最壮观的扩建是在奥斯曼帝国苏莱曼大帝统治时期（1520—1566年在位）进行的。他下令制造工艺精湛的伊兹尼克瓷砖，覆盖清真寺的大部分外墙。最后大约共使用了45,000块瓷砖。苏莱曼的建筑师们还重新设计了穹顶的52扇窗户，令内部明亮无比。

柱廊

建筑内部的布局目的是将注意力集中在基石上。12根柱子和4个墙墩组成的环形拱廊支撑着上方的木制穹顶。双走道环绕着大石块。16根柱子和8个墙墩组成外环，把两条有顶回廊分隔开来。

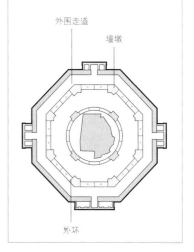

外围走道

墙墩

外环

建筑风格
伊斯兰早期

伊斯兰早期建筑最初受到了已有建筑传统的影响，特别是古典式和拜占庭式，但它很快就形成了自己的特点，催生了一批伟大、恒久的纪念建筑。

清真寺是伊斯兰建筑的关键性建筑。它主要用作礼拜场所，同时也是社会和文化中心。在许多情况下，它是所有年龄段的教育场所。清真寺的核心是祈祷大厅，这是一个典型的大空间，通常都有一排排支柱，部分大厅顶部有一个穹顶。清真寺外面通常有一个大庭院，每一侧都有柱廊，有时还有喷泉和宣礼塔——从周围可以清楚看到的宣礼塔，用来召唤信徒去做祷告。伊斯兰文化演化出高度复杂的几何学和图案的装饰语言。这种语言有时会与《古兰经》（Qur'an）的书法铭文相结合。除了表面的装饰，许多伊斯兰建筑都有钟乳形饰（muqarnas）。这是一种穹顶或拱顶底部类型的细分，呈现蜂窝状效果，西班牙格拉纳达的阿尔汗布拉宫有着最为戏剧化的钟乳形饰。

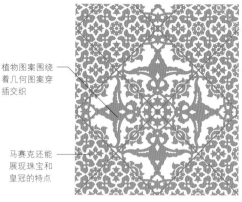

植物图案围绕着几何图案穿插交织

马赛克还能展现珠宝和皇冠的特点

△ 几何图案
复杂的几何图案通常由相交的圆形和方形组成，多次叠加提高复杂度。

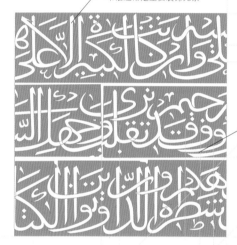

书法通常是主要装饰元素

阿拉伯文字具有美学上的吸引力

△ 书法
书法是伊斯兰文化的核心。虽然伊斯兰书法与它的起源《古兰经》有关，但它的应用并不限于宗教文本，也用于文化形式，如诗歌。

八角形状可能以多角形的拜占庭式圣殿为基础

瓷砖通常是蓝色、绿色和绿松石色的

四扇门朝向基本方位，引往内部

▲ 圆顶清真寺
圆顶清真寺是现存古老的伊斯兰建筑作品之一，是位于耶路撒冷旧城圣殿山（Temple Mount）上的一座圣殿。它的镀金穹顶很大程度上借鉴了拜占庭式建筑，但几何装饰具有伊斯兰特点。

宣礼塔

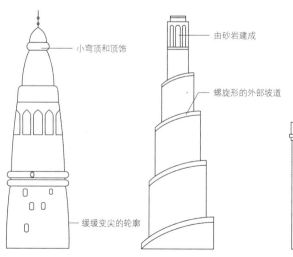

小穹顶和顶饰

缓缓变尖的轮廓

由砂岩建成

螺旋形的外部坡道

顶端小小的带肋穹顶

渐窄3层中的最低层

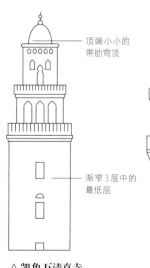

上层结构由8根柱子支撑

8个面构成了八角形

△ 也门宣礼塔（YEMENI MINARET）
这种宣礼塔的不同楼层整合成了单个的渐变形状，顶部是一个小穹顶。

△ 穆塔瓦基勒清真寺（AL MUTAWAKIL MOSQUE）
螺旋状的圆锥形很不寻常，可能是为了强调这座清真寺的重要性。它在建成时是世界上巨大的清真寺之一。

△ 凯鲁万清真寺
这种简单宣礼塔设计有一个方形的基座，外观呈较矮胖状，诸多例子证明它在清真寺的设计中具有很大的影响力。

△ 苏丹·哈桑清真寺（SULTAN HASAN MOSQUE）
3座八角宣礼塔坐落于开罗老城区，与清真寺的结构和设计紧密结合。

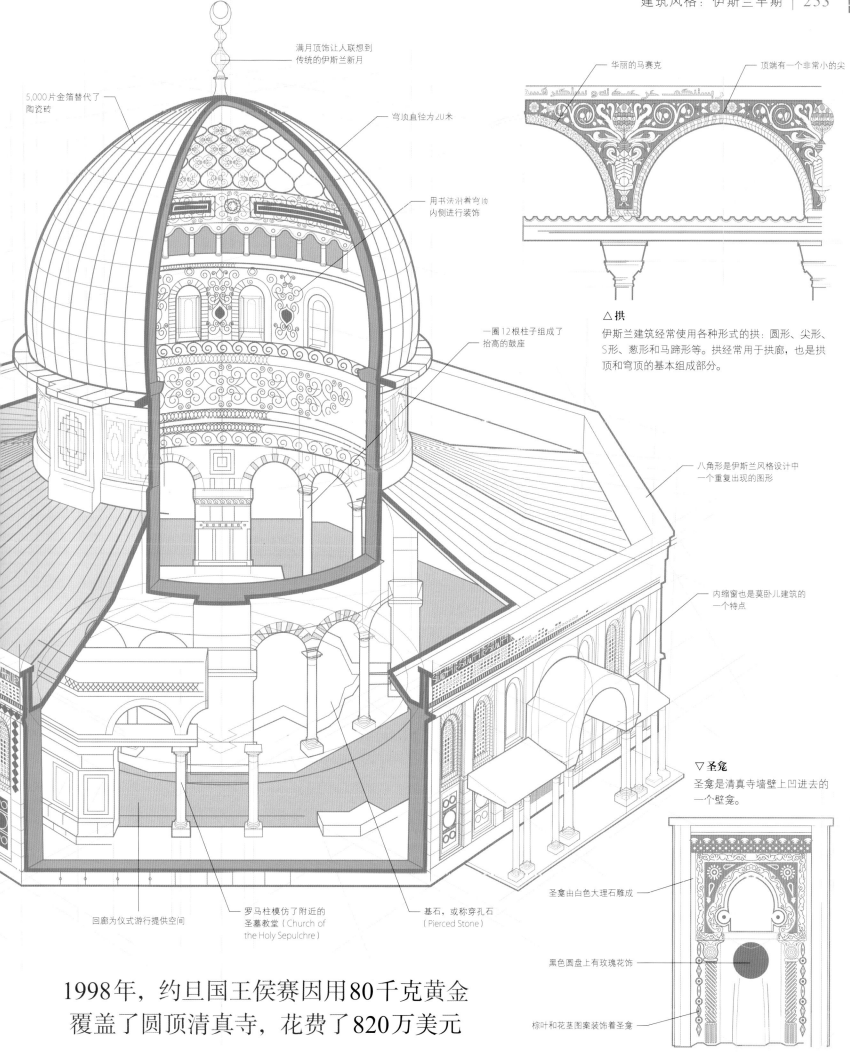

满月顶饰让人联想到传统的伊斯兰新月

5,000片金箔替代了陶瓷砖

穹顶直径为20米

用书法沿着穹顶内侧进行装饰

一圈12根柱子组成了抬高的鼓座

华丽的马赛克

顶端有一个非常小的尖

△拱

伊斯兰建筑经常使用各种形式的拱：圆形、尖形、S形、葱形和马蹄形等。拱经常用于拱廊，也是拱顶和穹顶的基本组成部分。

八角形是伊斯兰风格设计中一个重复出现的图形

内缩窗也是莫卧儿建筑的一个特点

▽圣龛
圣龛是清真寺墙壁上凹进去的一个壁龛。

圣龛由白色大理石雕成

黑色圆盘上有玫瑰花饰

棕叶和花茎图案装饰着圣龛

回廊为仪式游行提供空间

罗马柱模仿了附近的圣墓教堂（Church of the Holy Sepulchre）

基石，或称穿孔石（Pierced Stone）

1998年，约旦国王侯赛因用80千克黄金覆盖了圆顶清真寺，花费了820万美元

萨迈拉大清真寺

世界上巨大的清真寺之一，也是一个伊斯兰早期建筑和创造力的壮观案例

萨迈拉位于伊拉克巴格达北部底格里斯河（Tigris River）的东岸，是9世纪时强大的阿拔斯哈里发王朝（Abbasid caliphate，一个穆斯林政治和宗教的国度）的首都。这座城镇尤以大清真寺及壮观的螺旋式宣礼塔而闻名。大清真寺由哈里发穆塔瓦基勒在848年至852年——伊斯兰教的黄金时代——建造，是伊斯兰早期建筑的重要范例。

蜗牛壳塔

清真寺最初占地约17万平方米，但在1278年遭到破坏。如今清真寺只剩下外墙和宏伟的玛尔威亚（意为"蜗牛壳"）塔，它是这片遗址无可争议的亮点。

这座精心设计的塔糅合了科学和艺术，以其独特的锥形或螺旋形而闻名遐迩。

△玛尔威亚塔（MALWIYA TOWER）

这座砂岩宣礼塔高约52米，坡道呈螺旋式上升状，建造时是当地最高的建筑。

布局和特点

清真寺呈长方形，用10米高的砖墙围住，墙上有44座半圆形的塔楼。清真寺还有16个入口大门、贴有深蓝色玻璃马赛克的墙壁、17条门廊，以及一个四周环绕着拱廊的庭院。宣礼塔坐落在清真寺旁侧，最初由一座桥与之相连。

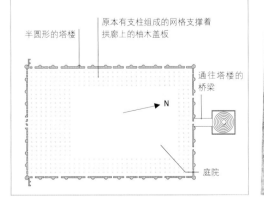

半圆形的塔楼

原本有支柱组成的网格支撑着拱廊上的柚木盖板

通往塔楼的桥梁

N

庭院

乐山大佛

世界上最大的石佛，工程杰作

亚洲东部

大佛是从中国四川省乐山市凌云山（Mount Lingyun）的悬崖上雕刻出来的，主宰着3条河流——岷江（Min）、青衣江（Qingyi）和大渡河（Dadu）的交汇处。这座雕塑选在此地建造，不仅仅是为了宣传佛教，照传说所言，也是为了安抚河神，帮助平息危及人类生命和船只顺利通过的险恶水情。这座雕塑恰如其分地描绘了弥勒菩萨（bodhisattva Maitreya，菩萨意为"觉悟者"）的形象。人们相信这位"未来之佛"能拯救那些处于危险之境中的人。

大于生命

中国和尚海通（Hai Tong）于713年开始建造这座纪念雕像，大约90年后完成，此时他已去世。乐山大佛高71米，

是一项惊人的工程壮举，也是佛教艺术的典范。弥勒菩萨坐着，姿势安详，双手放在膝盖上。头部高14米、宽10米，耳朵长约7米，有1021个精致的雕刻发髻。据称，在建造巨型雕像的过程中，从凌云崖壁上切割下来的巨大石块沉积在河里，导致当地的水流发生了永久性的变化，令周围水域变得更加平静和安全。

建造巨佛时，工匠在其内部造了一个巧妙的排水系统，用以防止降雨的侵蚀。1996年这座雕像列入世界文化遗产。

△巨大步伐
佛像的脚和大部分雕像一样，由石头雕刻而成。只有耳朵采用了不同的材料——黏土覆盖的木头。

▽山景
宏伟大佛从乐山的悬崖峭壁上凿刻而出，在水面上凝视着中国四大佛教圣山之一的峨眉山（Mount Emei）。

佛像如果直立起来，大约有自由女神像那么高

亚洲东南部

婆罗浮屠

一座曼陀罗（mandala）形式的巨大寺庙，精美的雕刻讲述了佛陀的教法和人生故事

婆罗浮屠寺庙坐落在印度尼西亚爪哇岛中部的一座山上。它建于夏连特拉王朝时期（Shailendra dynasty，750—850年），里面供奉着佛祖。它是世界上最大、最精致的佛教寺庙，1000年左右时曾埋在火山灰下，1814年被人重新发现。经过20世纪的大规模修复，它在1991年纳入世界文化遗产。这座寺庙是一座表现三维曼陀罗的建筑。曼陀罗是一个神圣的图案，象征着在冥想中沉思的宇宙。

婆罗浮屠基座（代表地球）呈方形，由10个上升平台组成，上有穹顶（代表天堂）。在结构的顶部是一个大型的中央佛塔，供奉着大日如来佛。

婆罗浮屠有504尊佛像，饰有2,612块精美的浮雕板，其中许多都叙述了佛教经文和佛陀的生活与教法。

◁ 多孔的窣堵波

寺庙的3个圆形层上有72座独立的多孔圆顶窣堵波，每座内都有一尊打坐佛像。

婆罗浮屠用57,000立方米的火山石块建成

三维曼陀罗

婆罗浮屠为仿制曼陀罗而造，它的侧边面向罗盘的4个基本方向。它的设计能引导信徒沿着环绕宇宙中轴的人行道顺时针行走，最后抵达山顶。上升过程象征着精神之旅，从尘世欲求走向开悟境界。

中央佛塔

围住的塔基

图注

有窣堵波的
开放平台　　　方形平台　　　开阔平台

△ 浮雕石板

婆罗浮屠令人惊叹的特征之一是装饰性浮雕，它们激励着朝圣者前往寺庙的顶端。这块浮雕石板上的主要法师是坐着的佛祖。

窣堵波中的雕像
从婆罗浮屠的某个高层处看到的半空景象显示，在遗址众多独特的多孔窣堵波中，有一尊佛像。

瓦尔齐亚

雕刻在山坡上的多层洞窟群，容纳了一座修道院和圣母教堂（Church of the Dormition）

亚洲西部

12世纪格鲁吉亚受到蒙古入侵者的威胁时，国王乔治三世（King Giorgi III，1156—1184年）开始在格鲁吉亚南部瓦尔齐亚的埃鲁希提山（Erusheti Mountain）中挖掘一座坚固的修道院。这建筑项目最终由他的女儿塔玛大帝（Tamar the Great）完成。相互连接的洞穴和隧道深入山中，在岩壁上延展了500米之长，还通过一个复杂的灌溉系统供水。

隐形堡垒

建成后，这座地下堡垒扩展至13层，包含约6,000个单元房、一间王座室和一座位于洞窟群中心的大教堂。圣母教堂是塔玛女王在其父亲死后继承王位时下令建造的。教堂建在岩石上，壁画装饰比建筑本身更引人注目。人们认为教堂墙壁上的绘画是格鲁吉亚黄金时代（1089—1221年）壁画的一些最佳范例，描绘了基督和圣徒的生活场景，以及塔玛和她父亲的肖像。

瓦尔齐亚修道院最大的防御力是它的隐蔽性：它唯一的入口掩藏了起来，洞窟系统完全在山内部。

干壁画（FRESCO-SECCO）

教堂里的壁画是用干壁画技术绘制的，它与湿壁画不同，颜色是涂在干燥的成品表面，而不是湿灰泥上。因此，颜料形成了一个表层，不会像真正的壁画那样渗入灰泥中。

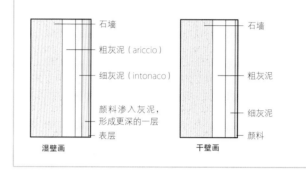

湿壁画：石墙、粗灰泥（ariccio）、细灰泥（intonaco）、颜料渗入灰泥，形成更深的一层、表层

干壁画：石墙、粗灰泥、细灰泥、颜料

▷ 一览无余

修道院曾隐匿在山中。1283年一次大地震导致岩石崩塌，修道院的内部暴露了出来。如今，教堂入口以及蜂窝状的洞穴和隧道在山坡上清晰可见。

丹布拉石窟寺

斯里兰卡最大的石窟寺庙群，内有众多宏伟的佛像，饰有佛教绘画

亚洲南部

在斯里兰卡中部山区丹布拉附近的一块大岩石下，有一连串五个洞穴。从公元前3世纪到13世纪中期的很长一段时间内，人们把这些洞穴改造成了佛教寺庙。这片遗址现在是斯里兰卡的主要旅游景点之一，以其奢华的壁画装饰和150多座收藏佛像而闻名。

巨大洞窟

最大的洞窟是大王窟，内有56尊佛像，还有萨满和毗湿奴神像，以及国王瓦塔葛玛尼·阿巴耶（Vattagamani Abhaya）和尼桑卡·马拉（Nissanka Malla）的雕像。一股人们认为具有治疗能力的泉水通过天花板流入洞内，天花板上绘有佛祖生活的场景。相邻的天王窟有一尊刻在岩石上的卧佛像，虽然规模小得多，但令人印象深刻。大王窟的另一边是大新寺（Maha Alut Vihara），它的名字来源于相对较新的18世纪佛教复兴时期墙壁和天花板绘画。

寺庙入口

虽然丹布拉石窟群经常被认为是单一的寺庙，但事实上其中有5个独立的石窟寺。所有的寺庙进入前都需要经过一个庭院。天王窟、大王窟和大新寺这3座寺庙可以通过1930年代添置廊道的门洞进入。两座较小的寺庙在庭院远端有单独的入口。

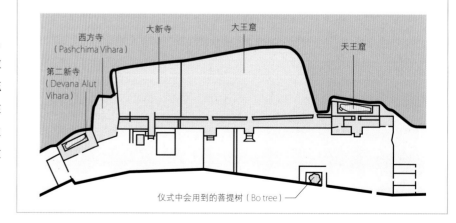

西方寺（Pashchima Vihara）
大新寺
大王窟
第二新寺（Devana Alut Vihara）
天王窟
仪式中会用到的菩提树（Bo tree）

▽ 天王窟

第一座寺庙是天王窟（Devaraja Lena），一尊从岩石中凿刻出来的巨大彩绘卧佛像占据其内，铺满整个洞穴。

▷ 坐佛

沿着最大的石窟寺庙大王窟（Maharaja Lena）的墙壁排列有40尊坐佛和16尊立佛。

丹布拉石窟寺的壁画
面积为2,100平方米

康提圣城

斯里兰卡最后一个独立王国的前首都，佛教朝圣地

亚洲南部

风景如画的康提圣城在15世纪末成为斯里兰卡的首都，顿时引来各方瞩目。它建在中央省（Central Province）内一片山丘环绕的高原上，是僧伽罗（Sinhala）国王们的最后首府，直到1815年英国人接管。

文化之都

康提老城以历史遗迹、杰出建筑和众多佛教圣地、寺庙、手稿而闻名于世，但最著名的是佛牙寺（Dalada Maligawa）。佛牙寺最初是王宫建筑群的一部分，人们相信它里面存放的是传说中的佛祖左上犬牙，是佛教中极受尊崇的遗物之一。牙齿遗物装于一个多层黄金匣子内，存放在一间密室中。据传说所言，这颗牙齿是4世纪时带到岛上的。现存的这座华丽寺庙功能即为供奉遗物，它的关联建筑于18世纪初开始分阶段建造。康提圣城也有"辉煌之城"（Senkadagalapura）之名，于1988年列入世界文化遗产。无论过去或现在，它都是世界各地佛教徒的重要朝圣地。

△ 佛牙寺

鼓手们在鼓乐大厅（Hewisi Mandapaya）表演。这是主神殿前的庭院，祭祀佛牙遗物的仪式就在此举行。

▽ 寺庙群

康提最后一位国王于19世纪初建成八角亭（Pattirippuwa）。寺庙建筑群中，低矮的白墙上有很多小巧的雕花开口。

△ 紫霄宫（PURPLE HEAVEN PALACE）

紫霄宫坐落在令人叹为观止的风景中，是武当保存最完好的宫殿，也是明代建筑的杰出范例。

△ 寺院村落

武当如今仍是道教的主中心，吸引了许多朝圣者和太极拳习练者。图中的寺院村落为信徒们提供了一个休息的地方。

武当山古建筑群

庞大的古建筑群，坐落在壮丽风景之中，是世界上重要的道教中心之一

亚洲东北部

山中宫殿

紫霄宫占地约6,850平方米，182个房间对称布局。它从龙虎殿（Dragon and Tiger Hall）开始逐渐抬升，经过为祭祀真武大帝（deity Zhenwu）而建的大殿（Great Hall），抵达父母殿（Parents' Hall）。大殿是武当山极具特色的木结构建筑之一。

位于中国中部的武当山建筑群是中国宗教和文化景观的重要组成部分。其中一些建筑可以追溯至唐太宗时期（Tang dynasty Emperor Taizong，629—649年在位）。但在明朝（14—17世纪），这片地区的建筑群才得到了最充分的发展，并于17世纪末19世纪初进行了扩建。

融入景观

庞大的建筑群拥有大量中国艺术和建筑的壮观实例，包括许多宫殿、寺院和庙宇。它们都与72座山峰及各种山谷、溪流、洞穴、池塘等令人惊叹的自然环境保持着和谐一致。武当建筑中，最重要、最令人印象深刻的是木制的紫霄宫。它建于12世纪，15世纪时重建，19世纪时又加以扩建。武当的其他著名建筑包括金殿（Golden Shrine）和古铜殿（Ancient Bronze Shrine），都是14世纪初的铜铸建筑。另外还有12世纪至13世纪时所建的南岩宫（Nanyan Palace），以及15世纪和17世纪时修建的复真观（Fuzhen Temple）。

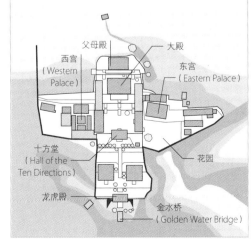

普兰巴南

巨大的宗教建筑群，反映了古代印度教文化的工艺技术和建筑技巧

△ 供奉印度教神灵的神庙

湿婆神庙（前景中央）的两侧是较小的毗湿奴神庙和梵天神庙。后面小神庙供奉的是迦楼罗（Garuda）、南迪（Nandi）和桓娑（Hamsa），都是主神的动物坐骑。

亚洲东南部

普兰巴南位于印度尼西亚爪哇的日惹（Yogyakarta），是印度尼西亚最大、最引人注目的印度教神庙群。它供奉着三神一体（Trimurti），即印度教万神殿（Hindu pantheon）顶端的三位主神：创造神梵天（Brahma）、保护神毗湿奴（Vishnu）和破坏神湿婆（Shiva）。这片建筑群大约于9世纪中叶开始建造，值夏连特拉和桑贾亚王朝（Sailendra and Sanjaya dynasties）的统治时期。与附近的佛教寺庙婆罗浮屠一样（见第256—257页），普兰巴南的平面图也是曼陀罗，或称宇宙图（cosmic diagram）。它拥有印度教建筑特有的高耸尖顶，代表着神话中的须弥山（Mount Meru），也就是众神的家园。

神庙群

普兰巴南有两块主要区域，以一堵墙隔开：内部区域包含主神庙和相关神殿；外部区域包括224座较小的神庙，许多已经损毁了。位于内部区域的湿婆神庙是神庙群的中心，高47米，是遗址中最大的神庙。它的两边是较小的梵天神庙和毗湿奴神庙。这3座主神庙的墙壁上装饰着华丽的石雕，阐述印度教史诗《罗摩衍那》（Ramayana）中的场景。

◁ 守护者雕像

一座守门天（dvarapala）雕像，意为神庙守护者，造于9世纪。它有鼓起眼睛和胡髭，守望在普兰巴南的神庙群外。

湿婆神庙

湿婆神庙有5个主空间。神庙底部"布尔珞卡"（bhurloka）代表人类领域；中间部分"布瓦尔珞卡"（bhuvarloka）是圣人和寻求真理者的领域；而寺庙顶部是最神圣的区域"斯瓦尔珞卡"（svarloka），代表神的领域。

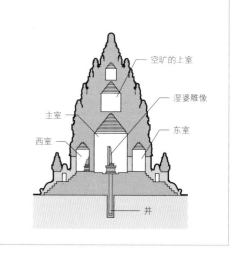

空旷的上室

湿婆雕像

主室

东室

西室

井

月亮深井

古印度建筑的杰作，世界上巨大的阶梯井之一

亚洲南部

月亮深井是拉贾斯坦邦（Rajasthan）艾芭奈丽村（village of Abhaneri）的一座阶梯井，即可以通过上下台阶取水的井或池塘。它建于8世纪至9世纪，由于靠近7世纪至8世纪建成、美如画的玛他女神庙（Harshat Mata Temple），它还被设计为一个颇具美感的观赏之物、当地社群（包括王室）的聚会空间以及避暑之地。

设计和精度

月亮深井有13层，3,500个迷宫般的台阶，越往地下深处，台阶变得越窄。它还因非凡的几何精度和令人惊叹的对称性而广受瞩目。

电影《蝙蝠侠：黑暗骑士崛起》（*The Dark Knight Rises*）中，月亮深井是重要地点

◁ **向内望去**
月亮深井被誉为拉贾斯坦艺术和建筑的代表之作。它的3个面上有数百级台阶，此图中看到的第四面是一个带有拱、阳台和支柱的亭子，部分柱子上有复杂的雕饰。

▽ **阶梯**
月亮深井的墙壁两侧建有一个多层次、相互交错的台阶系统，提供了一条通道前往曾经的地下水源。

蒲甘寺庙群

2,200 多座佛教寺庙和佛塔分布在蒲甘古国的平原上

亚洲东南部

　　蒲甘王国位于如今缅甸曼德勒（Mandalay）的伊洛瓦底江（Irrawaddy River）平原上，9世纪至13世纪，一直是这片地区的主要大国。它创立了独特的缅甸文化，核心是小乘佛教的修行。在此期间，蒲甘平原上建起10,000多座佛教寺庙，即使只有不到四分之一的寺庙留存下来，但从景色中浮现的佛塔全景仍是一片壮观景象。

不断演变的风格

　　蒲甘的建筑为缅甸寺庙建筑的发展提供了一个独特的记录。有些是简单的窣堵波，也称佛塔，是一种存放遗物的坚固半球形神殿，在这里基本上都以印度风格建造；顶部带有佛塔的寺庙等后来的建筑，显示了逐步过渡向如今公认的独特缅甸风格。通常情况下，窣堵波从圆顶形演变为更细长的钟形结构，而下方的寺庙则变成更为复杂的礼拜场所，精心装饰的宽敞内部与外部的复杂程度相匹配。这些建筑通常有1个或4个入口，但也发展出蒲甘独特的五角形寺庙风格。

来世

　　自13世纪蒲甘王国灭亡以来，几乎不再建造新寺庙，而且许多寺庙因忽视和地震的影响而遭毁坏。不幸的是，在当今时代，有些留存下来的寺庙获得的修复并不适当；幸而大多数寺庙都得到了精心维护，包括最好的那几座。

◁ 佛塔之景

优雅的锥形或钟形佛塔点缀着蒲甘的风景，无数佛寺从平原上浮现。较小的寺庙分布在较重要的寺庙周围。

△ 寺庙内部

佛塔之下是别具特色的缅甸寺庙，大多有宽敞的内部空间，装饰着佛教艺术品，还有佛像。

塔尖（HTI）

　　几乎所有的缅甸寺庙都有一个特征，那就是"塔尖"，或称"伞"，是佛塔尖顶上的一个装饰物。大多情况下，尖塔由逐渐变小的同心石环组成，顶端有一个塔尖。塔尖的设计种类繁多，常有铃铛和悬挂的装饰物，许多顶部还有宝石。与缅甸其他地方使用的金属塔尖不同，蒲甘寺庙群的塔尖是用镀金岩石制成的。

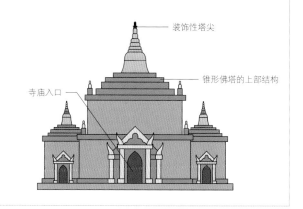

装饰性塔尖

锥形佛塔的上部结构

寺庙入口

亚洲西部

巴赫莱城堡

中世纪时在绿洲所建的伊斯兰城堡定居点的最佳范例之一

巴赫莱是阿曼绿山（Jebel Akhdar）高原脚下的4座城堡之一。虽然有证据表明，从公元前1000年开始，巴赫莱就已定址建设，但当前的城堡是由巴努·内布罕部落（Banu Nebhan tribe）建造的，他们在12世纪至15世纪控制了阿曼的大部分地区。这座庞大的城堡证明了内布罕王朝的富裕，主要因他们在中东乳香贸易中的优势地位，逐步积累起了大量财富。

沙漠中的棱堡

城堡位于砂岩地基上，以泥砖建造，比周围的绿洲定居点高出50米。在城堡（Al-Qaabah）内部，有一个由牢房和密室组成的迷宫，墙壁上有一些开洞，通过这些开洞可以将开水或枣椰汁倾倒至攻击者身上。外墙长13千米，包围了整个绿洲定居点，包括星期五清真寺（Friday Mosque）、家庭院落、觐见厅、浴堂和一个半覆盖市场的遗迹。城堡经过修复，于2012年向公众开放。

▷典型的阿曼风格
巴赫莱城堡的圆形塔楼和有小窗的光滑墙面，是阿曼全国500多个堡垒、城堡和瞭望塔中的典型例子。巴赫莱城堡中，约有20座建筑得到了精心修复。

▷绿洲堡垒
城堡矗立在围绕着它的泥砖居住区和绿洲的棕榈树丛中。水井和地下水道系统灌溉着绿洲，水来自远处的泉流。

巴赫莱是伊斯兰教
伊巴德（Ibadi）派的中心

△ 传统建筑
厚厚的泥砖墙为图书馆预留了壁龛，天花板由劈开的枣椰树原木建成，上面覆盖着棕榈叶垫。

贾姆宣礼塔

世界第二高的砖砌宣礼塔，以复杂的砖雕和铭文而闻名

亚洲西部

阿富汗西部，在古代古尔王国（ancient kingdom of Ghor）边缘的群山之间，贾姆宣礼塔坐落于其中一条偏远河谷里，已有800多年历史。它由古尔王朝的统治者吉亚斯丁（Ghiyath al-Din）建立，可能是为了纪念1173年的一次重要军事胜利。人们认为它是古尔王朝夏都菲鲁兹库赫（Firuzkuh）的一部分，但这座夏都于13世纪初被摧毁。

精致的砖雕

宣礼塔高65米，完全由红砖建成。它饰有高浮雕陶土砖，以五边形、六边形和钻石形的几何图案排列，还有一些刻有库法体和纳斯赫体书法的铭文雕带。铭文位于1.5～3米的位置，讲述着《古兰经》中的诗句和历史注解，包括极尽详细的吉亚斯丁名字和头衔，以及宣礼塔建筑师尼沙不尔（Nishapur）的阿里·伊本·伊布拉西姆（Ali ibn Ibrahim）之名。

宣礼塔的装饰代表着10世纪末首次出现的阿富汗建筑典型技术的巅峰。频繁的洪水破坏了宣礼塔的底座，令它有所倾斜，甚而有倒塌的危险，而且它的装饰性砖块已经损失了超过五分之一。

两层

宣礼塔有两层。下层有两个螺旋形的楼梯，穿过6个拱形房间，通往阳台。这种楼梯是直到文艺复兴时期才在欧洲出现的双螺旋楼梯。上层的楼梯围绕着一个拥有6个拱顶的中央空隙，拱顶靠在4个内部扶壁上。

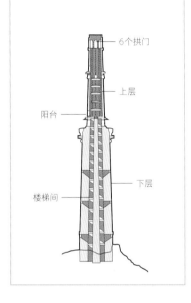

6个拱门
上层
阳台
下层
楼梯间

13世纪后，人们遗忘了这座宣礼塔，直到1886年它才被重新发现

△ 复杂铭文
5条装饰性铭文带环绕着宣礼塔。文字用绿松石蓝上釉。已知的古尔建筑中，这座宣礼塔是最早使用这一方法的。

▷ 濒临崩毁的遗址
2014年时，洪水和非法挖掘已让宣礼塔倾斜了3.47°，面临着倒塌的危险。

亚洲东南部

吴哥窟

高棉艺术和建筑的杰作，也是世界上最大的宗教建筑

吴哥窟（意为"城市寺庙"）寺庙群位于柬埔寨西北部的暹粒（Siem Reap），占地约1.6平方千米，是世界上引人注目的考古遗址之一。寺庙位于一座庞大城市的中心，各部分由道路和运河网络相互连接。吴哥窟的建设始于苏利耶跋摩二世（King Suryavarman II，1113—约1150年）统治时期，当时高棉帝国统治着东南亚大陆的大部分地区。巨大资金投入奢华的建筑项目，用来颂扬国家的统治者，在令人敬畏和雄心勃勃的各建筑中，吴哥窟是佼佼者。

吴哥窟是高棉艺术和工艺的一个惊人案例，人们认为它是朝拜和求佑护之处，也是国王权威的宣扬和政治地位的声明。它供奉的是印度教伟大的毗湿奴神，也是苏利耶跋摩二世特别认同的神，保护和维持世界的维护者。

描绘神话

寺庙拥有1,200平方米的精美浮雕，包括对印度教神话中8个主要故事的可视化叙述。一般认为其中的亮点是寺庙东侧廊道上对《搅拌乳海》（*Churning of the Ocean of Milk*）的描绘。这幅宏伟的雕刻品表现了天神和恶魔搅动乳海，提取长生不老甘露的过程。

吴哥窟于14世纪走向衰落，1431年被洗劫一空。它在1992年列入世界文化遗产。

人们认为，这座寺庙的建设涉及约300,000名工人

△ 搅拌乳海
此图展示了吴哥窟壮观壁雕之一的细节。它描绘了印度教的创世神话——搅拌乳海。

◁ 寺庙建筑群
寺庙建筑群的中心塔楼高达65米，两侧是4座较小的塔楼和一系列围墙，这些围墙间形成的角都是精确的90°。

神圣小宇宙（A SACRED MICROCOSM）

吴哥窟符合印度教中神圣小宇宙的概念。五座壮观的塔楼象征着神话中须弥山的山峰，对印度教和佛教徒来说，须弥山是众神的居所；而巨大的护城河（现已干涸）宽度超过180米，代表着环绕须弥山的宇宙海。

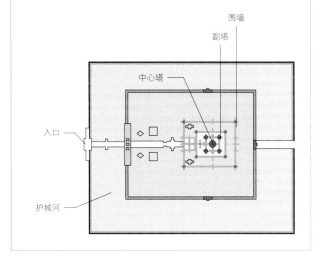

围墙

副塔

中心塔

入口

护城河

△ **凿岩内室的内部**
阳光从天花板上的装饰孔中射入，照亮了王公墓（zhamatoun）墙壁上戏剧性的雕饰。

亚洲西部

格加尔修道院

一座中世纪的修道院，教堂和坟墓从壮观的峡谷悬崖上凿刻而出

格加尔修道院，意为"长矛修道院"，名字来源于曾经存放在此的遗物，据说是在十字架上击伤基督的长矛。修道院坐落在亚美尼亚科泰克（Kotayk）阿扎特河峡谷（Azat River gorge）的悬崖边上，位于高处。数世纪间，它一直只是一座简朴的洞穴寺庙，直到13世纪才发展成为由教堂和坟墓组成的建筑群。

凿进岩石

高大防御墙形成的边界内，有一座气势恢宏的教堂，名为卡托吉克教堂（Katoghike Chapel）。教堂西侧是一个

巨大的接待厅，有个入口从接待厅通向山腰，可以抵达从一系列岩石中开凿而出的房间，这也是格加尔最著名之处。建筑群包含墓穴和礼拜堂，这些礼拜堂和坟墓的墙壁上装饰着精致的几何和花卉浮雕，以及名为"十字架石"（Khachkars）的亚美尼亚独有十字架。整个建筑群代表了中世纪亚美尼亚艺术和建筑的巅峰。

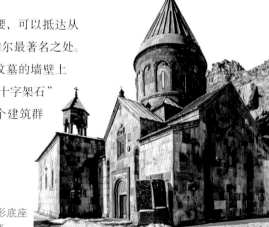

▷ **卡托吉克教堂**
主教堂呈现亚美尼亚古典风格。平面图是一个方形底座上的等臂十字架。顶部是一个圆柱形鼓座上的穹顶。

亚洲西部

希尔凡宫

为希尔凡的沙阿们（shahs）建造的豪华居所，位于巴库（Baku）古城墙内的一座山顶上

15世纪，希尔万的沙阿哈里鲁拉（Khalilullah）将首都迁至巴库港，即如今阿塞拜疆的里海（Caspian Sea）边。他在那里建造了一片宫殿群，周围环绕着围墙，位于3个不同高度的层面上。主宫位于山顶，坐落在庭院里，构成了最上层；这一层还包括一个名为赛义德·阿西亚·巴库维（Seyid Yahya Bakuvi）的宫廷学者之墓。宫殿花园的一侧有一座由拱廊围起来的八角形建筑，即接待大厅（Divankhana）。第二层上，沙阿的清真寺和皇家墓室占据了另一座庭院。最底层是一个有着下沉式浴室的平台。

希尔凡宫建于15世纪上半叶，1585年在城墙上增添了一个名为"穆拉德门"（Murad's Gate）的宏伟东门，是巴库内城（Icheri Sheher）的焦点所在。在联合国教科文组织的世界遗产名录中，希尔凡宫的描述为"阿塞拜疆建筑中的一颗珍珠"。

△ **雕刻铭文**
宫殿群的许多建筑都饰有石雕带，上面刻有历史和宗教的浮雕铭文。

寺庙建筑群

除了建筑群墙外的圣启蒙者格里高利教堂（Chapel of St Gregory the Illuminator）外，格加尔的主要教堂都可以通过接待厅进入。卡托吉克主教堂是独立的，紧靠着悬崖边；接待厅切入山体，通向阿瓦赞（Avazan，意为"水池"）、两座包含墓穴的干公墓和第二座石窟教堂。

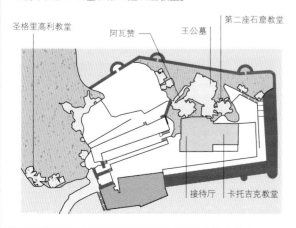

圣格里高利教堂　　阿瓦赞　　王公墓　　第二座石窟教堂

接待厅　　卡托吉克教堂

△ **夕阳下的皇宫**
皇家陵墓的六边形穹顶、宫殿清真寺的穹顶和宣礼塔后方，是宫殿的穹形屋顶。所有这些结构都是用同一种蜜黄色石材建成的。

姬路城

木石结构的杰作，幸存的日本封建时期所建的城堡之一

亚洲东部

许多人称姬路城为白鹭城（White Egret Castle），因为据说它就像一只飞翔的鸟。姬路城由池田政辉（Ikeda Terumasa）于1601年至1609年建造。德川家康（Tokugawa Ieyasu）任命池田为西国（western provinces）的藩主。德川是幕府将军，一直统治日本至19世纪末，曾发起将军维和计划，即每个藩国都要建造一座城堡。池田的城堡就在计划之中。

为防御而作的设计

池田政辉用一座5层高的城堡取代了原有的3层建筑，实际上还隐藏着6层楼和一个地下室（见第294—295页）。他又增建了3座城堡，并以有顶的双层走廊连接起来，形成一个"连立天守"（renritsu tenshu）。城堡只有一个入口，朝外的墙壁上有枪口、箭口和掷石窗保护。掷石窗底部有开口的木结构，可以投掷石块。城堡周围有一条螺旋形的护城河，内部有大量防御门、迷宫般的庭院和陡峭走道，旨在迷惑攻击者。它是一座几乎坚不可摧的城堡，但多层屋顶和装饰性山墙也是对日本传统风格的一种美丽展示。这座城堡于1931年成为日本国宝之一，并于1993年成为日本首批两个联合国教科文组织世界遗产之一。

姬路城的绳张（NAWABARI）

许多藩主认为，一座城堡的"绳张"，也就是布局和防御系统，决定了它的命运。正如这张平面图所示，姬路城的绳张设计相当复杂，有一个3层的螺旋式防御系统，形成了一系列下坡和回旋，可以迷惑敌人，掩饰城堡入口。

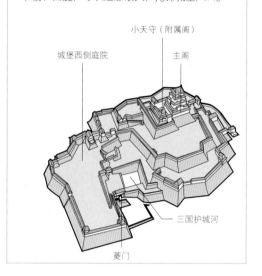

小天守（附属阁）

城堡西侧庭院

主阁

三国护城河

菱门

姬路城的复杂防御
从未经受过考验，
因为从未有人攻击过

▽ 坚不可摧之美

姬路城五层高的主阁拥有优美屋檐、雅致的多层屋顶和干净的白墙，成为17世纪日本建筑的典范。在最底层的周围可以看到掷石窗。

景福宫

数次摧毁、数次重建，韩国人民韧性的有力象征

亚洲东部

△ 从灰烬中崛起

重建后的兴礼门（Heungnyemun Gate）建筑群通往两层楼的景福宫（王座厅），这是少数从20世纪的毁坏中幸存下来的建筑之一。

景福宫亦称"北阙"（Northern Palace），是首尔（Seoul）五大宫中最大的一座，也是韩国在朝鲜王朝（Joseon dynasty，1392—1910年）时期国王的居所。它建于1395年，一直是国王的主宫。

现存的例子

19世纪时，兴宣大院君（Heungseon Daewongun）重建了宫殿，创造了一个由330多座建筑组成的庞大建筑群，占地0.6平方千米。1910年至1945年大部分建筑遭摧毁，但几座19世纪时所建的建筑幸存下来，其中包括华丽的双层勤政殿（Geunjeongjeon，即御座厅）、庆熙楼（Gyeonghoeru，即皇家宴会厅）和慈庆殿（Jagyeongjeon，即王太后的寝殿）。

▷ 象征性的颜色

在韩国传统建筑装饰"丹青"（Dancheong）中，油漆可以保护木材不受外界影响，而颜色则象征着罗经点、季节以及现实和神话中的生物。

建筑风格
中国

在中国建筑的大部分历史中，它完全与中华文明联系在一起，拥有一套共同的信仰、文字和美感，在东亚的广阔地域上保持了数千年的影响力

事实证明，中国建筑对整个东亚地区都产生了影响，最明显的是韩国和日本。虽然中国建筑会使用砖和石，但通常都依赖于木结构的梁柱系统。

对称性是中国建筑中一个非常重要的考量，许多建筑和建筑群的设计都是沿两条轴线相对称的。建筑物基本上是亭台楼阁的形式，皇室建筑排列于一条轴线上，而那些不太重要的建筑则在侧面或庭院里。因此，尽管坡屋顶重要性显著，但整体给人的印象通常是水平向的，而不是竖向的。

20世纪80年代西方风格和建筑技术大量涌入。但如今，许多建筑师又开始关注传统中国建筑的形式和原则。

▶ 故宫太和殿（HALL OF SUPREME HARMONY）
故宫建筑群（见第276—277页）建于15世纪初的明朝，包含皇帝居所和太和殿等众多仪式性场所。从历史上看，中国建筑通常遵循1103年制定成文的构造方法和标准（即"营造法式"），特征为沿中轴线的对称布局、坡屋顶、神话母题和象征等级的色标等。

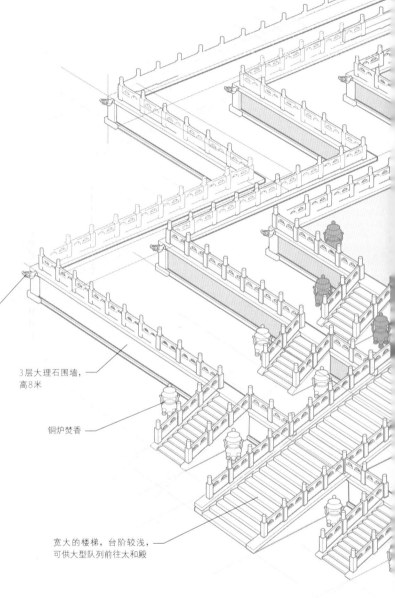

蟠首散水口可排出露台上的雨水

3层大理石围墙，高8米

铜炉焚香

宽大的楼梯，台阶较浅，可供大型队列前往太和殿

门上的钉提供更多防御性保护

屋脊兽提供象征性保护

◁ 仪式之门
故宫分隔成不同区域，可以通过标志着社会和实体边界的仪式性大门进入。这些门包括午门（Meridian Gate）——实际上，午门有5个门洞，上方载有双层屋顶建筑，还包括连接庭院的较小之门。

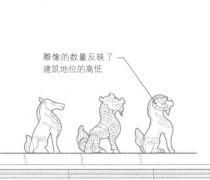

龙是皇室权力的象征

雕像的数量反映了建筑地位的高低

◁ 屋脊兽
中国建筑经常使用四坡屋顶的形式，即屋顶的所有侧面都向墙壁倾斜。在帝王建筑中，屋脊上常常饰有神话中的生物，如帝皇龙。

铜铸雕像

▷ 石狮雕像
石狮是一种常见的中国建筑装饰品。狮子是公认的守护者。石雕的狮子像通常放在重要建筑之外，作为声望或财富的标志。

雄狮爪下为球（雌狮爪下为幼狮）

从1450年前后至19世纪初，北京是世界上人口最多的城市

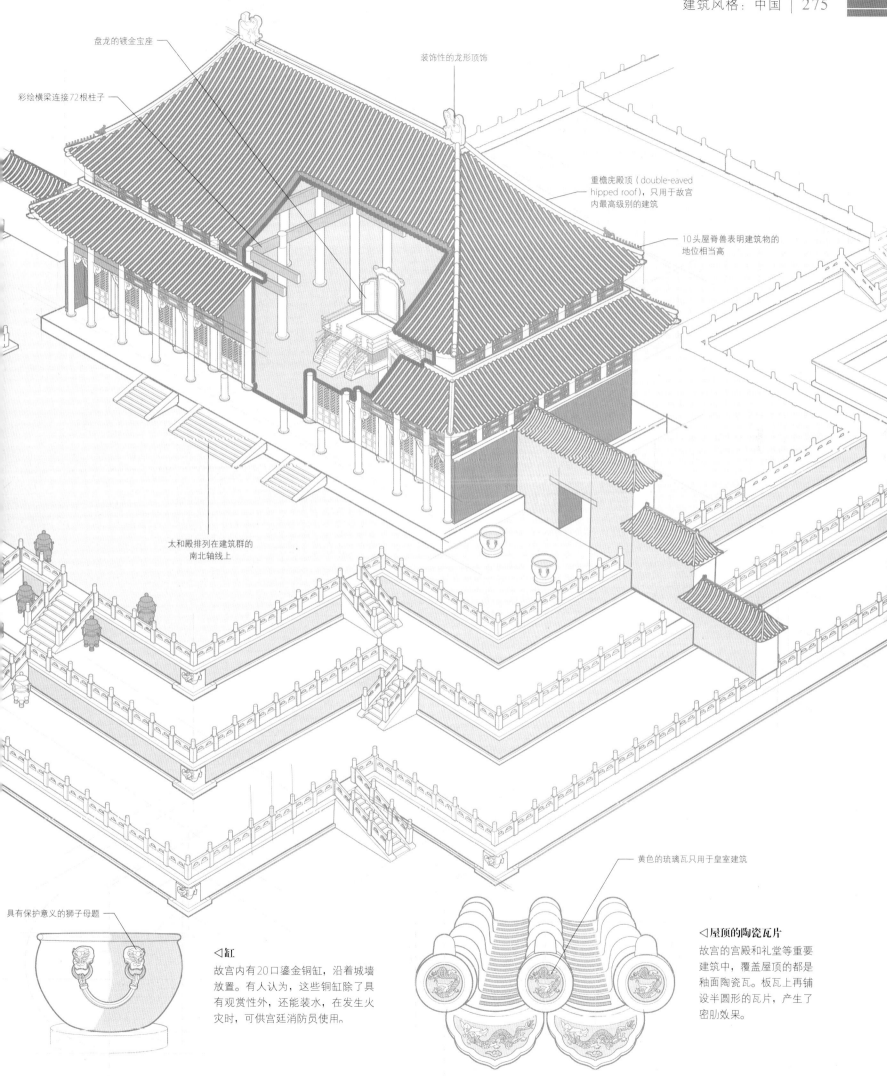

盘龙的镀金宝座

彩绘横梁连接72根柱子

装饰性的龙形顶饰

重檐庑殿顶（double-eaved hipped roof），只用于故宫内最高级别的建筑

10头屋脊兽表明建筑物的地位相当高

太和殿排列在建筑群的南北轴线上

具有保护意义的狮子母题

◁缸

故宫内有20口鎏金铜缸，沿着城墙放置。有人认为，这些铜缸除了具有观赏性外，还能装水，在发生火灾时，可供宫廷消防员使用。

黄色的琉璃瓦只用于皇室建筑

◁屋顶的陶瓷瓦片

故宫的宫殿和礼堂等重要建筑中，覆盖屋顶的都是釉面陶瓷瓦。板瓦上再铺设半圆形的瓦片，产生了密肋效果。

城市的宫殿式中心

巨大的城墙包围着故宫。这是一片庞然的帝国建筑群，设计和布局都相当对称，包括宏伟的景观花园、大型庭院、大量宫殿，以及宗教和政府建筑。

亚洲东北部

故宫

中国的标志性建筑，也是世界上规模最大、保存最完整、最壮观的木结构建筑群

北京故宫是中国最后两个王朝（明朝和清朝，1368—1912年）统治者的居所，为展示皇权而建，如今是世界上重要的文化中心之一。故宫建于1406年至1420年，又经过几个世纪的重建，占地720,000平方米，包含约800座建筑（见第274—275页）。大多数建筑是木制的，支柱用巨大原木制成。高10米的巨墙包围着这片区域。

台，大多有独特的红墙和黄瓦屋顶。墙壁、栏杆、支柱、屋顶，以及特有的飞檐和挑檐，都作了华丽装饰。在众多引人注目的建筑中，最著名的是乾清宫（Palace of Heavenly Purity）和太和殿，尤其是太和殿，长64米、宽37米，是其中巨大的建筑之一。

设计和风水

建筑群的位置、建筑和布局都遵循风水原则。它最重要的特点之一是南北朝向，许多主要建筑都面向南方，以示对太阳的敬意。建筑群结构对称，有一个作为皇室家庭空间的内院，和一个用于国家事务的外院。区域内包含宫殿、厅堂、塔楼和亭

◁守护狮
一头宏伟的镀金铜狮，
爪下有个装饰球，作
为皇权和尊贵的代言，
在故宫中站岗。

故宫从200多次地震中幸存至今

△ 精心设计的屋顶
故宫色彩鲜艳的屋顶上有支撑梁和独特的挑檐、飞檐，檐下是交错的木制屋顶支架，即斗拱（dougong，见右侧方格内图文）。

城市的屋顶

故宫精心设计的屋顶由一个巧妙的木制支架系统支撑，不需要使用钉子或胶水就可以组装起来。它们提供了一个坚固而灵活的结构，使建筑物能够抵御定期地震。名为"斗"的木块置于建筑物的柱上；另一种支架，即"拱"，嵌入斗中。屋顶的重量压住下方多个斗拱单元，形成了一个坚固的结构。

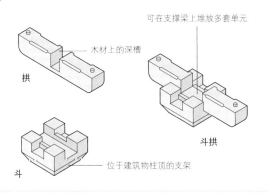

可在支撑梁上堆放多套单元
拱
木材上的深槽
斗拱
斗
位于建筑物柱顶的支架

亚洲东北部

中国长城

有史以来最长的人工建筑，由中国的第一个皇帝开始建造，延续了数千年

中国长城的建造目的是保护中国王朝不受蒙古游牧民族等北方各民族部落的侵扰，实际上包含一系列城墙，建于公元前3世纪至公元17世纪。长城总长21,196千米，横跨海岸线、沙漠和崎岖山脉。最广阔的部分长5,650千米，在明朝的1368年至1644年所建。大约四分之一的明代城墙由天然防御设施组成，如河流和山脊，而其余则由当地材料建成，从料石和窑砖，到夯土和土坯，不一而足。

实力之墙

长城底部平均宽6.5米，高7至8米，有些区域高达14米。据估计，有100万人死于建造长城的过程中。部分墙体下发现的尸骨表明，许多就直接埋在现场。1987年，中国长城被联合国教科文组织列为世界文化遗产。然而，由于荒漠化和土地用途的改变，长城的北方部分仍然在逐渐消失。

跨越数世纪

构成中国长城的一系列城墙包括由秦始皇（公元前220—前210年在位）连接起来的先秦城墙。汉朝（公元前202—公元209年）和晋朝（1115—1234年）扩建了长城，明朝（1368—1644年）建造了砖石结构的长城。

图注
先秦城墙
西汉长城
晋长城
明长城
秦长城

天津
北京

长城也有边界功能，
中国可以利用它
对沿丝绸之路
运输的货物征税

▷**防御工事**
北京附近未曾修复的长城箭扣
（Jiankou）段，饱受大自然的
侵袭，瞭望塔和部分城墙正在
崩塌。这段长城于1368年至
1644年建造。

亨比

神圣和世俗建筑的宝库，被誉为世界上最大的露天博物馆

亚洲南部

△ **科特森街（COURTESAN'S STREET）**

这条神庙街是通往精美的阿丘塔拉亚神庙（Achyutaraya's Temple）的主要通道，两旁都是雕刻着复杂图案的柱子。它是维查耶那加尔帝国热闹的市场之一。

位于印度卡纳塔克邦（Karnataka）的亨比，曾作为印度维查耶那加尔帝国（Vijayanagar empire，1336—1646年）的首都而崭露头角。15世纪初，它成了世界上巨大而繁荣的城市之一。这个世界遗产地经历了数个世纪，占地约41平方千米，包含约1,600个遗迹，从壮观的寺庙、宫殿神殿，一直到道路和灌溉系统。主要建筑材料是当地的花岗岩、烧透砖和石灰砂浆。

建筑财富

亨比的建筑珍品包括前维查耶那加尔时期的维鲁巴克沙庙（Virupaksha Temple，即湿婆庙），建于7世纪，它的塔楼高达49米。但维查耶那加尔时期的核心建筑是15世纪时所建的维塔拉神庙群（Vittala Temple complex），拥有宏伟雕塑、巨石柱和庭院。山门是部分神庙入口的标志。

△ **石雕**

亨比因建筑物上出色的石雕和浮雕而举世闻名。雕刻作品通常描绘的是狩猎场面、战士和动物。

切割岩石

亨比的许多建筑都用当地花岗岩建成。为了切割石块用于建筑材料，据说要在岩石表面打一些孔，然后将木钉插入孔中，用水浸泡。木钉逐渐膨胀，导致巨石开裂。

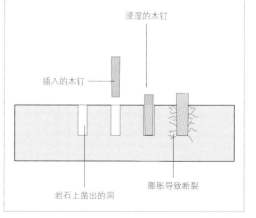

浸湿的木钉

插入的木钉

岩石上凿出的洞

膨胀导致断裂

梅兰加尔城堡

一座令人望而生畏的15世纪的堡垒，在焦特布尔（Jodhpur）的城市上空闪耀着辉煌光芒

亚洲南部

拉贾斯坦邦焦特布尔的梅兰加尔（梵语中"太阳城堡"之意）是印度壮观且保存完好的城堡之一，由焦特布尔的创建人拉奥·乔达（Rao Jodha，1416—1489年）建造。1459年，他决定将首都从附近的曼多尔（Mandore）迁到一个更安全的地方，而后就在此建造了这座城堡，一代代后人仍在不断进行修缮和扩建。这座雄伟的建筑位于红砂岩悬崖之上，高于如今的大城市122米，依旧主导着城市的天际线。

巨大的防御设施

高37米、宽21米的巨大城墙包围着城堡。整片城堡占地约8万平方米，拥有7扇门，包含数个富丽堂皇的宫殿、寓所和接待室，分别由不同时期的统治者建造或装饰。它们都有复杂的石雕、雕饰的阳台、优雅的庭院和拱门，以及粉色或黄色砂岩所制的漂亮格栅屏风（jali screens）。玛哈尔（mahal），即宫殿，通常都包含一个拥有大量装饰的房间，如珍珠宫（Moti Mahal）或花宫（Phool Mahal）。瞭望塔、大城墙以及沿着城堡的城垛战略性放置的大量大炮也是这个遗址的独特特征。

梅兰加尔城堡的南端有一座15世纪的神庙，供奉着拉奥·乔达敬重的印度教女神恰门陀（Chamunda Devi）。神庙内有一尊女神像，是拉奥·乔达于1460年从前首都曼多尔运来的。

△珍珠宫

这座建于16世纪的珍珠宫以鲜艳的彩色玻璃窗、凹室、八角形王座和饰有镜子与碎贝壳的华丽镀金天花板而闻名于世。

▽太阳城堡

梅兰加尔城堡建在红砂岩悬崖上，令人敬畏地屹立在现代城市焦特布尔及其独特的蓝色房屋之上，主宰了整片景观。

城堡某扇门上有战斗中遭炮弹袭击的印记

亚洲南部

帕利塔纳神庙

数以百计的耆那教（Jain）神庙和神殿，分布在印度西部的一处山地上

古吉拉特邦（Gujarat）帕利塔纳城外的沙查扎亚山（Shatrunjaya hills）是耆那教的圣地。耆那教在印度各地有数百万信徒。这片地区与第一位耆那教祖师（tirthankar，即"精神领袖"）有关，已成为一座"神庙之城"，形成了一片由穹顶、塔楼和尖顶组成的拥挤景象。山上大约有860座神庙，分9组排列。第一批神庙建于11世纪，但大多数都在17世纪时建成。

圣山上的神庙

神庙和神殿由大理石建成，支柱上有精致雕刻。经典的神庙形式呈一个正方形，4扇门朝向罗盘的人4个点。建筑物内有神像，通常饰有黄金和宝石。阿迪什瓦拉神庙（Adishwara temple）是神庙群中最大的一座，供奉着瑞斯哈巴那刹（Rishabhanatha），内部饰有龙和狮的图像。人们认为它是印度优秀的宗教建筑之一。

如今，虔诚礼拜的信徒与参观神庙的游客混合在一起。所有人都必须在天黑前离开，因为有规定要求不允许任何人在山上过夜，甚至耆那教的牧师或僧侣也要遵守。游客需要拥有充沛体力，因为在抵达阿迪什瓦拉神庙前，要先登3,500多级台阶的陡峭小路。

△ 浮雕
石雕是帕利塔纳神庙的主要装饰特征之一。它们描绘了耆那教神话中的各种场景。

△ 麦加的朝圣者
从空中俯瞰，大清真寺在每年的朝觐期间都挤满了穆斯林朝圣者。中央庭院环绕着克尔白，那是伊斯兰世界最神圣的殿堂。

△ 拥挤的山坡
在帕利塔纳郊外的山坡上，数百座华丽的耆那教神庙和神殿紧紧挤在一起，给朝拜者留下眼花缭乱的印象。这些宗教纪念建筑位于一片用墙围住的围场内。

克尔白

克尔白是一个立方体，位于大清真寺庭院的中心位置。黑石（Black Stone）镶嵌在建筑东角，广受人们崇敬。金线所绣的丝绸罩幕（Kiswa）铺在外墙上，每年都会更换。朝圣者在朝觐期间必须绕着克尔白走7圈。

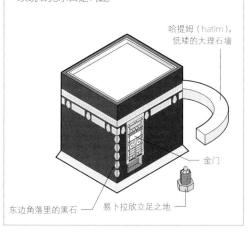
哈提姆（hatim），低矮的大理石墙

金门

东边角落里的黑石

易卜拉欣立足之地

麦加大清真寺

世界上最大的清真寺，位于沙特阿拉伯的麦加，也是全球各地穆斯林每年朝觐（hajj）的中心

亚洲西部

大清真寺亦称"哈拉姆清真寺"（Haram Mosque），早在伊斯兰教创立之前就是圣地。清真寺的庭院内不仅有克尔白，还有易卜拉欣立足之地（Station of Abraham）——一块印有易卜拉欣脚印的石头，以及名为"渗渗泉"（Zamzam Well）的圣泉。

扩建和现代化

8世纪时，克尔白周围建成了第一座清真寺，但原建筑都未留下。清真寺的结构中，现存最古老的部分可追溯至1571年，当时由奥斯曼土耳其建筑师锡南（Sinan）进行了重建。如今的大部分建筑都是20世纪至21世纪建造的。由于清真寺需要应对越来越多的朝圣者，自20世纪50年代以来，进行了大规模扩建和现代化改造。现在它占地约40万平方米，有自动扶梯、人行隧道和空调，可以同时容纳80多万名朝圣者。非穆斯林严禁进入麦加城及大清真寺。

△ 金门
当前的克尔白金门是在1982年增置的。每年会在"清洗克尔白"（cleaning of the Kaaba）仪式中打开两次金门。

每年有近300万穆斯林前来麦加朝觐

建筑风格
伊斯兰后期

伊斯兰风格建筑吸收了其他风格和传统，但仍与伊斯兰教传统和原则所形成的独特形式和装饰紧密联系在一起。

随着伊斯兰教从中东传播至世界各地，伊斯兰建筑受当地传统的影响，出现了新的变化。其中最独特的是莫卧儿帝国的建筑。莫卧儿帝国在17世纪和18世纪鼎盛时期，控制了印度次大陆的大部分地区。在建筑上，它借鉴了波斯、印度和伊斯兰的传统，并广泛使用大型洋葱形穹顶、给人留下深刻印象的门道、细长的塔楼和精致的装饰。这种风格可以说在沙·贾汗（Shah Jahan）时期达到了顶峰。他建造了德里的贾玛清真寺（Jama Masjid mosque）、拉合尔（Lahore）的夏利玛花园（Shalimar Gardens），以及莫卧儿建筑中最著名的泰姬陵。

今天，伊斯兰建筑继续融入新的形式和技术，同时仍密切关注丰富传统、遗产及伊斯兰信仰中的根本基础。

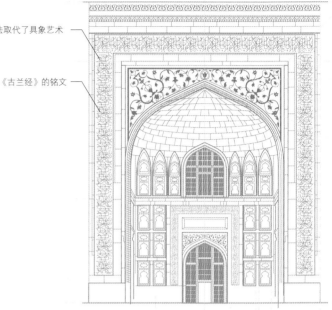

复杂的书法取代了具象艺术

《古兰经》的铭文

△ 拱形大门
拱形大门本质上就是大型门道或大型的拱形开洞，它是莫卧儿建筑的一个常见特征。如同这个泰姬陵的大门所示，拱形大门往往融合了用灰泥、嵌石或油漆描绘的各种装饰方案。

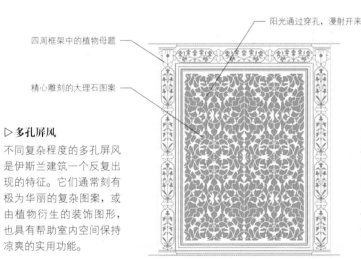

四周框架中的植物母题

阳光通过穿孔，漫射开来

精心雕刻的大理石图案

▷ 多孔屏风
不同复杂程度的多孔屏风是伊斯兰建筑一个反复出现的特征。它们通常刻有极为华丽的复杂图案，或由植物衍生的装饰图形，也具有帮助室内空间保持凉爽的实用功能。

莲花花瓣母题

细长的八角形大理石柱

人字形图案

▷ 尖顶
泰姬陵的标志性穹顶看起来由一些从周边墙壁向上延伸的尖顶支撑着。八角形柱身上有人字形图案，顶部有一个莲花花蕾形状的装饰和金色顶饰。

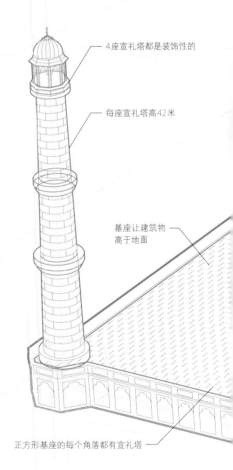

4座宣礼塔都是装饰性的

每座宣礼塔高42米

基座让建筑物高于地面

正方形基座的每个角落都有宣礼塔

建筑装饰

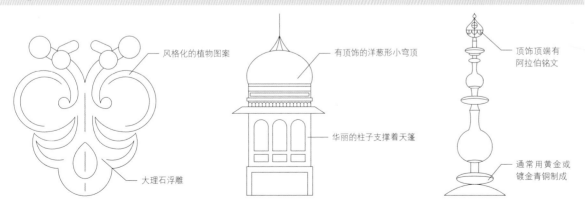

风格化的植物图案

大理石浮雕

△ 植物形态的浮雕
植物是伊斯兰工匠灵感的主要来源，各个时期的伊斯兰建筑中都不同程度地出现了植物母题。

有顶饰的洋葱形小穹顶

华丽的柱子支撑着天篷

△ 圆顶凉亭（CHATRIS）
圆顶凉亭是一种亭子式的结构，包含一个小穹顶和支撑着它的四根或更多柱。圆顶凉亭有时是独立结构，有时也会出现在屋顶角落。

顶饰顶端有阿拉伯铭文

通常用黄金或镀金青铜制成

△ 顶饰
伊斯兰教的顶饰是一种建筑设计，许多尖塔和穹顶的顶饰都融合了多种装饰元素。常见母题包括新月形的标志和郁金香形状。

▲ 泰姬陵
泰姬陵（见第290—291页）由沙·贾汗于17世纪中期建造，是献给他爱妻穆塔兹·马哈尔（Mumtaz Mahal）的陵墓。它由白色大理石建成，装饰丰富，位于一个建筑群的中心。建筑群还包括一座清真寺和长长的倒影池。

据估计，泰姬陵的建造工程涉及20,000多名工匠和工人

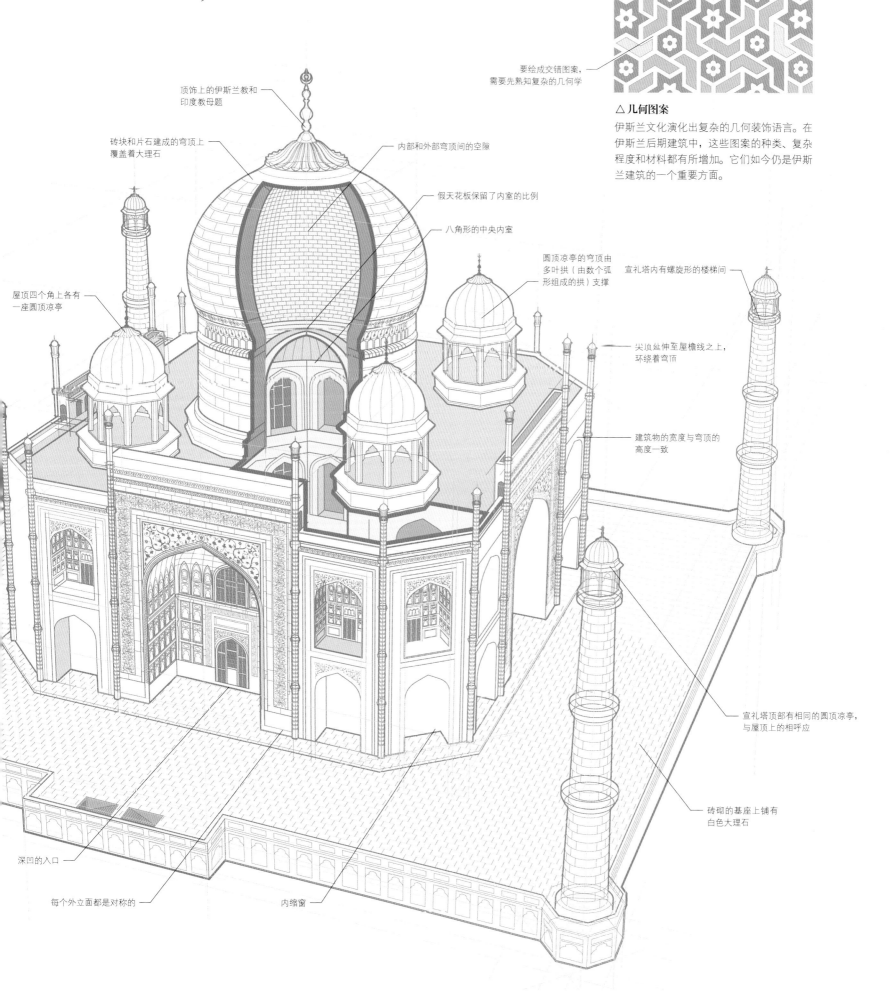

要绘成交错图案，需要先熟知复杂的几何学

△ 几何图案

伊斯兰文化演化出复杂的几何装饰语言。在伊斯兰后期建筑中，这些图案的种类、复杂程度和材料都有所增加。它们如今仍是伊斯兰建筑的一个重要方面。

顶饰上的伊斯兰教和印度教母题

砖块和片石建成的穹顶上覆盖着大理石

内部和外部穹顶间的空隙

假天花板保留了内室的比例

八角形的中央内室

圆顶凉亭的穹顶由多叶拱（由数个弧形组成的拱）支撑

宣礼塔内有螺旋形的楼梯间

屋顶四个角上各有一座圆顶凉亭

尖顶延伸至屋檐线之上，环绕着穹帏

建筑物的宽度与穹顶的高度一致

宣礼塔顶部有相同的圆顶凉亭，与屋顶上的相呼应

砖砌的基座上铺有白色大理石

深凹的入口

每个外立面都是对称的

内缩窗

雷吉斯坦广场

具有重要意义的公共广场，位于乌兹别克斯坦撒马尔罕（Samarkand），历史上著名的"丝绸之路"（Silk Road）的其中一站

亚洲西部

6个世纪前，雷吉斯坦广场是世界上富裕城市之一撒马尔罕的商业生活中心。这座城市因位于中国和西方之间的"丝绸之路"贸易路线上，逐渐富裕起来。14世纪时，它还成为跛子帖木儿（Timur the Lame）所建帝国的首都。1417年至1420年，帖木儿的孙子兀鲁伯（Ulugh Beg）建造了第一所伊斯兰教学校，兀鲁伯神学院（Ulugh Beg madrasa）。如今这所学校已发展成为伊斯兰世界重要的学习中心之一，在广场上最为显眼。另外两所兀鲁伯的学校建于17世纪，形成了令人惊叹的建筑群。

伊斯兰教学校广场

兀鲁伯神学院和建在广场对面的希尔-达尔神学院（Sher-Dor madrasa）都有巨大正门，两旁是独立的宣礼塔。提拉-卡里神学院（Tilya-Kori madrasa）正立面较低，宣礼塔附在旁侧。每扇大门后都有讲堂、学生宿舍和清真寺。撒马尔罕如今是乌兹别克斯坦的主要旅游景点之一。

△ 提拉-卡里神学院

提拉-卡里神学院的两座宣礼塔上都有绿松石色的穹顶，与建筑中最显眼的主穹顶相呼应。提拉-卡里神学院于1660年竣工，是雷吉斯坦广场上3座神学院中最后建成的。

△ 绘有花卉的天花板

国王清真寺的内部排列着手绘七色砖拼成的马赛克。将瓷砖染成多种颜色的技术在伊朗萨非王朝时期（Safavid Iran）得到了完善。

△ 壮丽釉面

17世纪所建希尔-达尔神学院的正立面，用琉璃瓦和砖块作了华丽装饰。

△ 精致的装饰

"钟乳拱"（Stalactite）瓷砖装饰是伊朗伊斯兰建筑的一个显著特征。这个精美的范例点缀了国王清真寺的主入口。

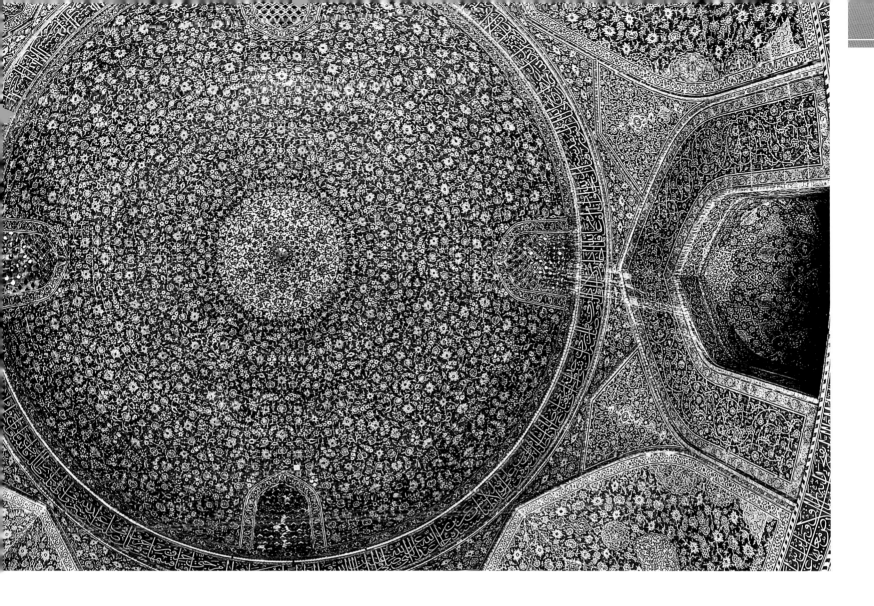

国王清真寺

反映伊朗萨非王朝辉煌的伊斯兰建筑杰作

亚洲西部

1598年，伊朗什叶派（Shi'ite）萨非王朝（1501—1722年）最伟大的统治者沙阿拔斯一世（Shah Abbas I）决定将伊斯法罕（Isfahan）作为新首都，开始重建这座城市。主要成果是建造了宏伟的伊玛目广场（Naqsh-e Jahan Square），周围还有阿里卡普宫（Ali Qapu royal palace）、谢赫·劳夫清真寺（Sheikh Lotfollah Mosque），以及最为著名的国王清真寺——如今在伊朗被称为伊玛目清真寺（Imam Mosque）。

颜色和规模

国王清真寺工程于1611年开始，大约20年后完工。清真寺由建筑师阿里·阿克巴·伊斯法尼（Ali Akbar Isfahani）设计，规模庞大，包含两座伊斯兰教学校和一座单独的冬季清真寺。整个建筑用多色瓷砖进行了奢华的装饰，其中以绿松石色和深蓝色居多。清真寺的中心是内院，围绕着一座水池而建，有4座穹顶门廊（iwans），即一侧开放的拱形空间。穹顶门廊墙壁上贴着带有花卉图案的瓷砖，天花板是"钟乳拱"风格的典范。清真寺的顶部是一个双层穹顶，外层升至53米高，内层离清真寺地面38米。穹顶的外表面覆盖了明亮的绿松石瓷砖，反射着阳光，令人目眩。

如今的国王清真寺基本上是伊朗穆斯林一个活跃的礼拜中心，但非穆斯林游客也会受到热烈欢迎。包括清真寺在内的整个伊玛目广场于1979年成为联合国教科文组织认定的世界遗产，是伊朗的主要旅游景点之一。

复杂的布局

国王清真寺面朝的方向是位于伊斯法罕西南方的麦加，这让它与伊玛目广场形成了一个角度，而后者是以南北为轴线建造的。因此，从广场上的柱廊式正立面进入后，要经过45度的转弯，才能抵达可以通往中央庭院的穹顶门廊。

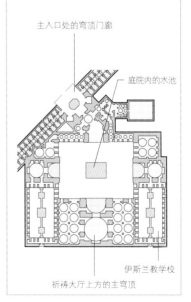

主入口处的穹顶门廊

庭院内的水池

伊斯兰教学校

祈祷大厅上方的主穹顶

建造国王清真寺使用了约1,800万块砖和475,000块瓷砖

亚洲南部

阿姆利则金庙

锡克教徒（Sikhs）最重要的礼拜场所，拥有奢华的黄金装饰，周围是一池闪闪发光的"圣水"

金庙也有"Harmandir Sahib"之名，意为"神之庙"。它位于印度北部的旁遮普省（Punjab），那里是锡克教的发源地。金庙的建设工作由锡克教第五位古鲁（guru）——古鲁阿尔琼（Guru Arjan）负责，谒师所（Gurdwara，锡克教集会和礼拜场所的名称）于1604年完成。

奢侈与谦卑

最早的金庙没有留下任何痕迹，现在的建筑主要是在18世纪重建的。19世纪时，兰吉特·辛格大君（Maharaja Ranjit Singh，1792—1804年在位）增置了最奢华的装饰，用金箔覆盖了整片屋顶，令神庙有了"金庙"的俗名。金庙内部最引人注目的是主厅中镶有华丽珠宝的天棚，下方陈列着锡克教圣典《古鲁·格兰特·沙哈卜》（Guru Granth Sahib）。

为了保持锡克教徒的谦卑，神庙官方声称经营着世界上最大的"兰加尔"（Langar，意为"社区厨房"），每天为多达10万名各种信仰的人提供免费食物。

◁金箔覆层
这是装饰圣殿外立面的几座金光闪闪的角楼之一。这些角楼用纯金制成，谐调的设计呼应了神庙穹顶的形状。

共用了750千克黄金对神庙顶部进行镀层

△ 纪念创始人
神庙内的这幅绘画展示了锡克教的创始人古鲁那纳克（Guru Nanak，石中）。圣典《古鲁·格兰特·沙哈卜》中记载了他的教诲。

▽ 向所有人开放
成群结队的朝圣者和观光客沿着通往神庙入口的长长大理石堤道，缓缓前行。神庙每天都会迎来成千上万的访客。

神庙建筑群

　　建筑群包括数个结构。"花蜜池塘"（Amrit Sarovar，即圣水池）围绕着神庙，据说池中的水具有治疗作用。还有主要入口之一的钟楼、兰加尔（社区厨房）、锡克教主要政党的总部阿卡尔寺（Akal Takht）、锡克教图书馆，以及一些较小神殿。

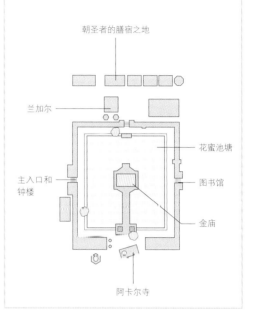

朝圣者的膳宿之地

兰加尔

主入口和钟楼

花蜜池塘

图书馆

金庙

阿卡尔寺

亚洲南部

泰姬陵

印度的标志，爱情的象征，莫卧儿帝国财富和权力的纪念碑

位于阿格拉（Agra）的泰姬陵由莫卧儿帝国皇帝沙·贾汗（1592—1666年）于17世纪时建造。这座白色大理石建筑是为他的爱妻穆塔兹·马哈尔建造的陵墓，她在1631年死于分娩。悲痛欲绝的皇帝在同一年下令开始施工，但花了22年才建成。建设工程雇用了20000多名工人——包括来自波斯、奥斯曼帝国和欧洲的石匠和工匠——以及1,000多头大象。

奢华的装饰

建筑群坐落在一片围墙环绕的长方形区域内。南端是入口大门、前院，曾经还有集市；中间是花园；北端就是陵墓，矗立在一个6.5米高的平台上，每个角落都有一座42米高的宣礼塔。陵墓东侧是一座清真寺，西侧是答辩厅（mehmankhana），都是用红砂岩建造的。陵墓的建筑材料是拉贾斯坦邦马克拉纳（Makrana）的乳白色大理石，会随着一天中时间的推移而变换颜色，从粉红色到白色，再到金色。它的雕刻十分精致，用了28种宝石进行装饰。

△宣礼塔顶饰
4座宣礼塔略微向外倾斜，避免在倒塌时损坏陵墓。

著名的印度诗人
拉宾德拉纳特·泰戈尔
（Rabindranath Tagore）
称泰姬陵为
"永恒面颊上的一滴大理石眼泪"

对称设计

泰姬陵建筑群是一件完美的对称作品，只有穆塔兹·马哈尔和沙·贾汗的坟墓打破了它的对称性。陵墓从平台到穹顶一共高57米，宽也一样。它的布局基于莫卧儿人经常采用的哈什特比希特（Hasht-bihisht，有"8个天堂"之意）平面布置类型。从4座穹顶门廊（仪式大厅）经过精心装饰的房间，可通往4个八角形房间和一个有穹顶的中央室。

图注
▢ 穹顶门廊　　▨ 八角形房间
■ 中央室

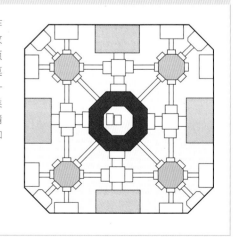

△巧夺天工的镶嵌物
泰姬陵用宝石镶嵌装饰，有着典型的植物形态、阿拉伯式花纹和伊斯兰艺术中的几何图案。

△陵墓
泰姬陵的中央陵墓建在亚穆纳河（Yamuna River）畔的高台上，比例、拱和穹顶的排列都非常规则和对称。

◁恋人的墓穴
陵墓的中央室内有沙·贾汗和穆塔兹的墓碑；他们的尸体躺在下面一层。

东照宫

一座美丽的17世纪神道教（Shinto）神社，供奉着日本江户时代（Edo Period）的首位将军

亚洲东部

东照宫是日本150,000多座神社的其中之一，建于1617年。它供奉的是德川幕府（Tokugawa shogunate）的创始人德川家康（Tokugawa Ieyasu）。德川幕府统治着1600年至1868年的日本，开创了一个名为"江户时代"的空前和平时代。

神社于1636年扩建至如今的规模，当时40多万名木匠在短短一年零五个月内完成了55座雕刻精美的建筑。扩建工程耗资巨大，按如今货币计算，大约花费了400亿日元。一系列小路和阶梯蜿蜒穿过森林和神社建筑，抵达装着家康遗体的铜制御墓所。

设计中的传统

神社的建筑和雕像都经过精雕细琢，配有丰富的彩绘和漆饰，是一部日本哲学和精神的视觉字典，包括"三不猿"、狮子、孔雀、仙鹤，还有土、水、火、风和天。

东照宫从一开始就得到了良好的维护，定期加以修缮。1999年，神社的大部分建筑归入"日光的神社与寺庙"（Shrines and Temples of Nikko），成为联合国教科文组织认定的世界文化遗产；有5处成为日本国宝，其余建筑则是日本重要文化财产。

石鸟居（THE ISHIDORII GATE）

鸟居（torii）是一种传统的日本门，通常出现在神道教神社的入口。它标志着从世俗世界迈入神圣世界。石鸟居是东照宫的第一座鸟居，也是一座用石材建成的明神鸟居（Myojin-type torii），特点是弯曲的过梁，如这个典型例子所示。

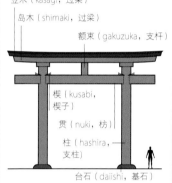

笠木（kasagi，过梁）
岛木（shimaki，过梁）
额束（gakuzuka，支杆）
楔（kusabi，楔子）
贯（nuki，枋）
柱（hashira，支柱）
台石（daiishi，基石）

▽繁复入口

唐门（Karamon Gate）是神社数个精致入口之一；它的正立面上有中国传说中的圣人许由（Kyoyu）和巢父（soho）的雕刻画。

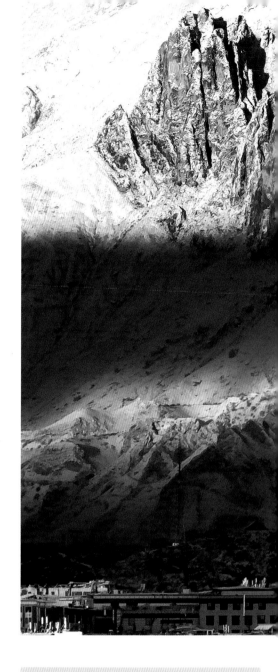

抗震

宫殿的结构有助于抵御喜马拉雅山上经常发生的地震。外侧石墙的底部平均厚度为5米，往上逐渐变薄，顶部平均厚度为3米；这样可以降低墙的重心，让它更加稳定。墙壁和内部木制框架形成了一个既坚固又灵活的结构，足以承受振动。

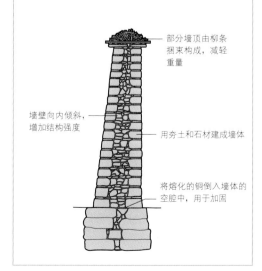

部分墙顶由柳条捆束构成，减轻重量

墙壁向内倾斜，增加结构强度

用夯土和石材建成墙体

将熔化的铜倒入墙体的空腔中，用于加固

布达拉宫

△ 令人敬畏的宫殿
布达拉宫占地360,000平方米，矗立于山坡之上。

布达拉宫是由白宫和红宫（White and Red palaces）及周边建筑组成的建筑群，位于拉萨市（Lhasa）红山（Red Mountain）上海拔3700米的高处。布达拉宫初建于7世纪，17世纪由五世达赖重建，之后又相继扩建。

1994年，布达拉宫被列为世界文化遗产。另外两个著名景点也在宫殿附近：罗布林卡（Norbulingka），建于18世纪；还有大昭寺（Jokhang Temple Monastery），建于7世纪。

▽ 圣墓
通往布达拉宫的道路上有很多镀金窣堵波，内有佛教遗物。

建筑风格
日本

日本建筑的特点是外部的一致性和内部空间的灵活性：外部由木制构造支撑着庞大的人字屋顶；内部用可移动的屏风进行分隔，空间可以根据需求灵活变动。

1633年至1853年的锁国（sakoku）政策规定，任何日本人离开日本，或任何外国人进入日本，都属于违法行为。这令当时的日本建筑，乃至更广泛的日本文化和社会，一直处于与世隔绝的状态，根据自身反复的理念和根本原则，以自己的方式发展。神道教神社和佛教寺庙成为其中最有辨识度的建筑类型。

这种长达几个世纪的隔离产生的结果是，日本建筑在设计和材料方面具有惊人的一致性。它们很少使用石材，只有一些寺庙和城堡的基座才会大量使用；形成了一种木制梁柱构造方式的基础。墙壁不起承重作用，通常很薄，有时甚至薄如纸。大型人字屋顶是建筑展示的主要焦点，装饰效果通常从结构元素中产生。

随着19世纪末日本开始开放国际贸易，西方风格开始添补本土风格。20世纪时，日本欣然接受现代主义，特别是在第二次世界大战之后，出现了具有国际性意义的"新陈代谢派"运动（Metabolist movement），将高科技与日本传统建筑原则进行了融合。

通常用陶瓷制成

人们认为它们会用嘴排放灭火的水

▷**鯱（SHACHIHOKO）**
是一种融合了虎头和鱼尾的日本神话生物。屋顶上经常出现　的装饰品，因为传说中它们可以防火灾。

弧度优美的山墙

起保护作用的格子

△格子窗
格子窗常常以"障子"（shoji screens）的形式，出现在几乎所有日本建筑中。姬路城内，格子窗的结构更加紧密，反映了城堡的外露位置和防御作用。

▶**姬路城**
姬路城（见第272页）是现存古老的日本城堡之一。它包含一个石基座——这是日本建筑使用这种材料的一个罕见案例——和一个拥有木制多层屋顶的上部结构。

设在墙上的斜槽，称为"掷石窗"，可以向入侵者投掷石块和沸油

主塔周围有数座庭院

夯土平台，表面有覆料石板

木与纸的结构

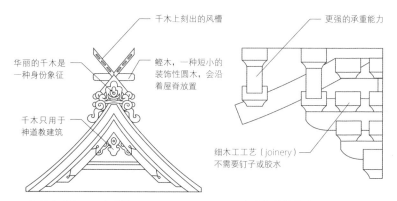

千木上刻出的风槽

华丽的千木是一种身份象征

鲣木，一种短小的装饰性圆木，会沿着屋脊放置

千木只用于神道教建筑

△千木（CHIGI）顶饰
千木是由两块形成一定角度的木板构成的顶饰，从神道教寺庙山墙端的顶点向上伸出。有些与屋顶结构融为一体，有些则单独存在。

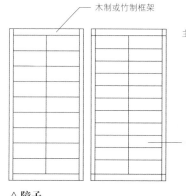

更强的承重能力

细木工工艺（joinery）不需要钉子或胶水

△木支架构件接头
日本工匠开发了一种独特的木结构接头体系，不同的木工传统集中体现在寺庙、家庭建筑和室内装修上。

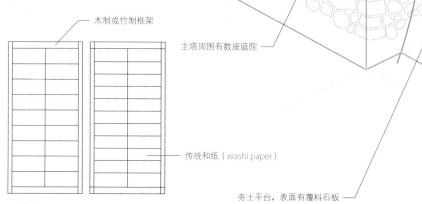

木制或竹制框架

传统和纸（washi paper）

△障子
日本建筑的关键是用可滑动的屏风来区隔内部空间。障子通常由木制框架和纸组成，可以让房间保持打开或关闭。

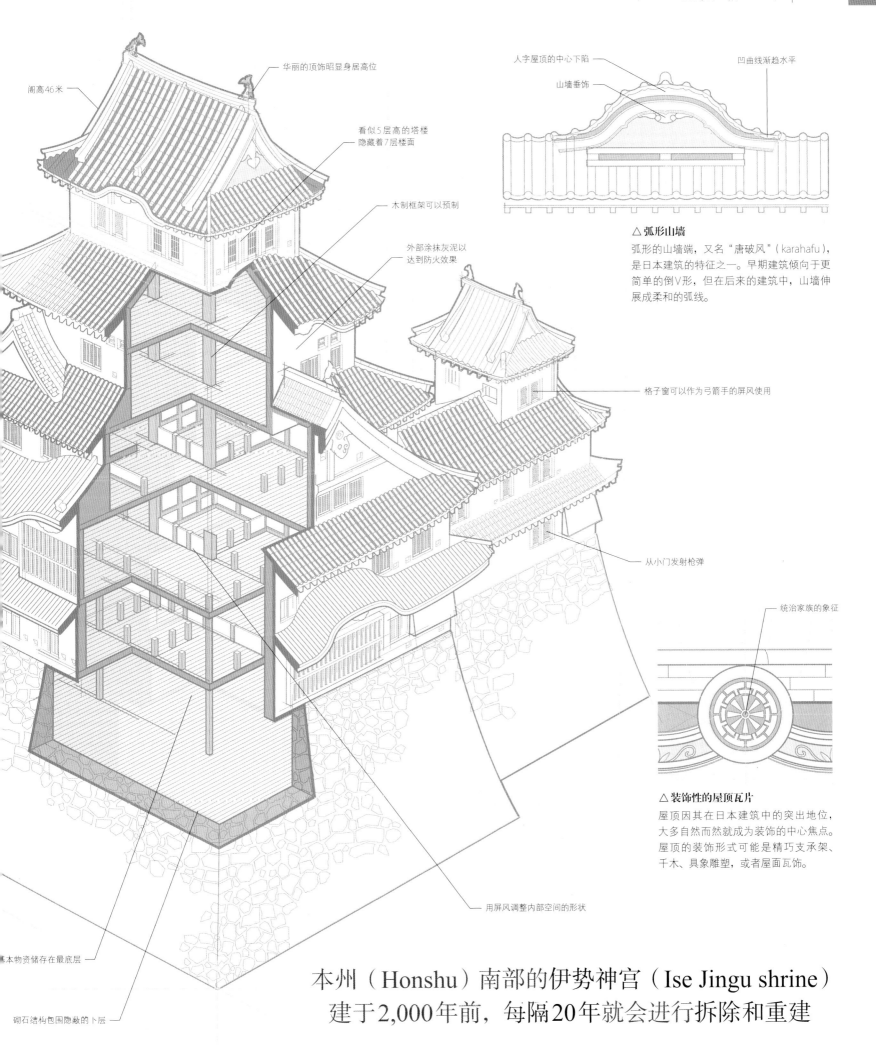

华丽的顶饰昭显身居高位

阁高46米

看似5层高的塔楼
隐藏着7层楼面

木制框架可以预制

外部涂抹灰泥以
达到防火效果

人字屋顶的中心下陷

凹曲线渐趋水平

山墙垂饰

△ 弧形山墙

弧形的山墙端，又名"唐破风"（karahafu），
是日本建筑的特征之一。早期建筑倾向于更
简单的倒V形，但在后来的建筑中，山墙伸
展成柔和的弧线。

格子窗可以作为弓箭手的屏风使用

从小门发射枪弹

统治家族的象征

△ 装饰性的屋顶瓦片

屋顶因其在日本建筑中的突出地位，
大多自然而然就成为装饰的中心焦点。
屋顶的装饰形式可能是精巧支承架、
千木、具象雕塑，或者屋面瓦饰。

用屏风调整内部空间的形状

基本物资储存在最底层

砌石结构包围隐敝的卜层

本州（Honshu）南部的伊势神宫（Ise Jingu shrine）
建于2,000年前，每隔20年就会进行拆除和重建

亚洲南部

虎穴寺

建在喜马拉雅山脉险峻山坡上的神圣佛教寺庙

虎穴寺位于喜马拉雅山脉东部的不丹王国（kingdom of Bhutan）。这座佛教寺庙的名字音为"帕罗塔克藏"，意为"虎穴"，也是它更广为人知的名字。它紧贴在帕罗山谷上方900米处的悬崖边。此处与咕汝仁波切（Guru Rinpoche）有关，他也有"莲花生大上"（Padmasambhava）之名。人们认为这位受人敬重的大师于8世纪时将佛教怛特罗（Tantric Buddhism）引入该地区。据传说所言，仁波切骑在虎背上，从西藏来到塔克藏，因此得名"虎穴"。他曾在山腰的一个山洞里冥想，之后数个世纪里，许多佛教圣人都竞相效法。

神圣家园

此地的寺庙由不丹统治者嘉瑟·丹增·拉布杰（Gyalse Tenzin Rabgye）于1692年建造。共有4座寺庙和8个神圣洞穴，由陡峭的阶梯道路和木桥互相连接。寺庙是传统的佛教风格，有纯白色外墙和金色屋顶。部分洞窟内有宗教雕像和神圣经文。如今仍有佛教僧侣居住在寺庙里，但它也已成为旅游胜地。虎穴寺是一年一度戒楚节（Tsechu festival）的举办地，戴着面具的舞者会在此载舞赞颂咕汝仁波切。

△ 岌岌可危的高空寺庙

虎穴寺危险的地理位置令它无法获得紧急援助，在1998年的一场火灾中完全烧毁。2005年，它得以修复成如今人们看到的模样。

△ 金色尖顶

玉佛寺及周边建筑形成了一片壮观的景象。多层屋顶上的瓦片颜色鲜艳，金塔闪闪发光。

玉佛寺（WAT PHRA KAEW）

大皇宫的围墙围住了总面积为218,400平方米的区域，玉佛寺矗立其中，并拥有自己的围墙建筑群。玉佛用一整块玉石而非祖母绿雕刻而成，身着金装，安置于大雄宝殿（ordination hall）内。大雄宝殿是这片建筑群中的主建筑。

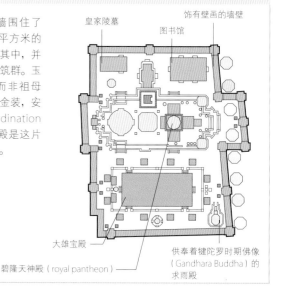

皇家陵墓　图书馆　饰有壁画的墙壁

大雄宝殿

碧隆天神殿（royal pantheon）

供奉着犍陀罗时期佛像（Gandhara Buddha）的求雨殿

大皇宫

历史悠久的泰国皇家宫殿，位于曼谷，内有广受崇敬的玉佛

亚洲东南部

曼谷的大皇宫是一个由100多座建筑组成的建筑群。它始建于1782年，当时在位的泰国国王是却克里王朝（Chakri dynasty）的首位国王拉玛一世（Rama I）。他在湄南河（Chao Phraya River）东侧建都。新建成的宫殿集皇家住所、行政中心和仪式场所于一身，成为一座"城中之城"，容纳了成千上万的官员、士兵、仆人和嫔妃。宫殿建造了200多年，它的皇室居所、大厅和寺庙展示着对传统泰国建筑风格和后来受外国所影响风格的兼收并蓄。

玉佛寺

在众多色彩鲜艳、装饰华丽的宫殿建筑中，最著名的是玉佛寺。它是泰国最神圣的寺庙，因供奉的翡翠小佛像而得名，被尊为国家安全和繁荣的保护神。

大皇宫一直使用至1932年，那时皇室和政府办公室已逐步分散至他处。如今，它主要是一个旅游景点

△宫殿守护者

夜叉（Yaksha）雕像，神话中的巨型战士，守护着玉佛寺和大皇宫其他建筑的墙和门。

玉佛寺的翡翠佛像是泰国的国宝之一

粉红清真寺

19世纪时所建的清真寺，通过对光线和色彩的运用，成为世界上令人惊叹的伊斯兰艺术范例之一

亚洲西部

　　莫克清真寺（Nasir al-Mulk Mosque）又名粉色清真寺、彩色清真寺（Mosque of Colours）或彩虹清真寺（Rainbow Mosque），由米尔扎·哈桑·阿里·纳西尔·莫克（Mirza Hasan 'Ali Nasir al-Mulk）下令在伊朗设拉子（Shiraz）建造。他是1779年至1925年波斯（伊朗）统治者恺加王朝（Qajar dynasty）的成员。清真寺于1876年开始修建，1888年完工。它的布局遵循伊斯兰教特别是波斯伊斯兰教的传统——两座祈祷厅隔着庭院面对面，由一座名为"穹顶门廊"的拱形大厅连接。穹顶门廊顶部有两座低矮的宣礼塔。庭院里有个长方形水池，既能冷却空气，又象征着仪式净化。

玫瑰色釉面瓷砖的广泛使用
是清真寺名字的由来

内部之美

　　清真寺的外部装饰着图案复杂的粉色、黄色和蓝色瓷砖，而这只是它内部之美的一个线索提示。穆罕默德·哈桑-梅马尔（Mohammad Hasan-e-Memar）和穆罕默德·雷扎·卡什-萨兹-西拉兹（Mohammad Reza Kashi-Saz-Sirazı）这两位清真寺的设计师，决心创造一座反映天地关系的礼拜场所，将内部变成一个充满珠宝般光芒和色彩的空间。当清晨的阳光照射到冬季祈祷厅的彩色玻璃正立面时，万花筒般的色彩洒在内墙上。内墙从地板到天花板都铺满瓷砖、粉饰灰泥和彩绘图案。穹顶天花板上装饰着精心装饰的三维钟乳形饰（见下方方格内图文）和五凹型（panj kaseh-l），形成光影图案，为清真寺增添几分活力之美。建筑本身的简洁性和伊斯兰建筑典型的对称性、重复性和几何学的专业运用，平衡了这种热情洋溢的色彩运用，因此莫克清真寺是一个欢乐、平和的地方。

△ 伊斯兰风格的对称性
粉红清真寺庭院里的仪式水池通向穹顶门廊。门廊把左右两边的祈祷厅连接在一起，内有清晰可见的钟乳形饰。

◁ 万花筒般的内部
光线透过清真寺的彩色玻璃窗，在编织地毯和祈祷厅的雕花瓷砖内墙上，投下五彩缤纷的图案。

钟乳形饰

　　粉红清真寺有许多钟乳形饰的例子。钟乳形饰是由雕刻和模制的粉饰灰泥单元、垂饰和支架组成的三维多层堆积，用来装饰整个伊斯兰世界建筑的拱顶、檐口等部分。从下方看，光线在雕刻过但规律排列的光滑表面上形成了耀眼的效果。

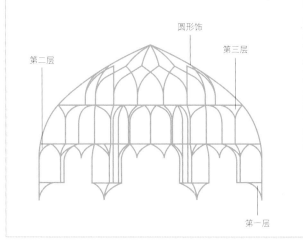

圆形饰
第二层　第三层
第一层

皇家展览馆

文化的殿堂，标志着墨尔本成为一座至关重要的大都市

随着澳大利亚自治的维多利亚（Victoria）州和新南威尔士（New South Wales）州在19世纪50年代的黄金繁荣期后变得愈加富裕，它们各自的首府墨尔本（Melbourne）和悉尼（Sydney）之间，竞争也日趋激烈，都希望仿照欧洲的国际博览会举办展览。这种办展热潮始于1851年的伦敦世界博览会（Great Exhibition in London）。悉尼在竞争中获胜，展览会于1879年10月开幕，但主要集中在农业方面。因此，墨尔本决定在悉尼展览会结束后，推出更具国际色彩的展览会。这座建筑便于1880年5月29日开放。

展览、议会和体育

展览在建筑师约瑟夫·里德（Joseph Reed）设计的巨大十字形建筑中举行。1881年4月30日展览结束后，这座建筑于1901年5月用作澳大利亚第一届议会的临时会址，后来在1956年奥运会期间又用作篮球等运动的比赛场地。它是澳大利亚首个被联合国教科文组织列为世界文化遗产的建筑，目前是座商业展览馆。

△ 大穹顶
建筑中央的穹顶由铸铁和抹灰石材建成，高68米，宽18米。

▽ 主厅
主厅的4条支路在穹顶下汇合。高高的窗户照亮了富丽堂皇的内部。里面饰满了展示新澳大利亚美德的壁画。

1880至1881年的展览会期间，
130万人参观了这座建筑

建桥

两座桥的塔楼一建成，就用起重机建造主拱。当拱的两侧在中间相遇时，车行道的竖向吊架和水平横梁按从中间至两边的顺序，依次放置到位。

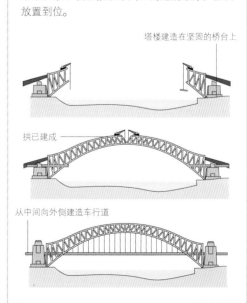

塔楼建造在坚固的桥台上

拱已建成

从中间向外侧建造车行道

为海港镶框

当地人称大桥为"大衣架"。夜晚，灯光照亮大桥，让它成为悉尼全景的一个标志性元素。大桥经常出现在悉尼精彩的灯光表演中，也是悉尼新年烟花表演的核心。

悉尼海港大桥

一个巨大的钢拱构成了世界上巨大港口之一的中心焦点

澳大利亚东南部

早在1815年，就有讨论首次提及在悉尼港上建造一座连接悉尼和北岸（North Shore）的大桥。但直到20世纪初，这一提议才受到认真对待。1914年，约翰·布拉德菲尔德（John Bradfield）被任命为悉尼海港大桥和大都会铁路（Metropolitan Railway）建设的总工程师。他在这个项目上获得的成就后来让他赢得了"大桥之父"的称号。在布拉德菲尔德的指导下，政府于1922年批准了该项目，并在世界范围内进行设计招标。1924年，来自英国米德尔斯堡（Middlesbrough）的道门朗（Dorman Long）工程公司中标承建。

中标合同

中标公司曾因建造纽卡斯尔（Newcastle）的泰恩河大桥（Tyne Bridge）而闻名于世。他们提议在悉尼建造一座类似的拱桥。拱桥比其他类型的悬臂桥和吊桥更便宜，还能提供强大的刚性，承受预期的重载。施工于1923年7月23日开始，1932年1月19日完成。建成的大桥长1,149米，高134米。它的总宽度为49米，可容纳6条汽车道、两条有轨电车道、一条人行道、一条自行车专用道和两条铁轨。

△ 缺口合拢

这张摄于1930年8月的照片展示了拱的两个臂正逐渐向中央靠拢。

金阁寺

一座贴满金箔的精致佛教禅宗寺院（Zen Buddhist temple），位于日本古皇都内

亚洲东部

金阁寺倒映在镜池湖（Kyōko-chi）的水面上，是京都游客众多的旅游景点之一。它最初的建造目的是用作幕府将军足利义满（Ashikaga Yoshimitsu，1358—1408年）的私人住宅。足利义满是当时日本最有权势的人。1398年，他宣布退还所有官职，住回此处。在他死后，根据他的遗嘱要求，这座建筑成了禅宗僧侣的寺庙。

重建的宝藏

最初的建筑完全没有留存下来。1950年，一个21岁的僧人烧毁了这座寺庙。这一事件成为日本著名小说《金阁寺》（The Temple of the Golden Pavilion，1956年）的主题。后来人们重建了一座新建筑，但每个细节都尽可能地贴合原建筑。池塘上的小岛和四周的花园都是构成这座建筑概念的重要组成部分，也得到了严格维护。

▽闪闪发光的寺庙

"金阁"之名源于覆盖在它顶部两层墙壁上的金箔装饰。它的设计与所处的精致花园完美融合。

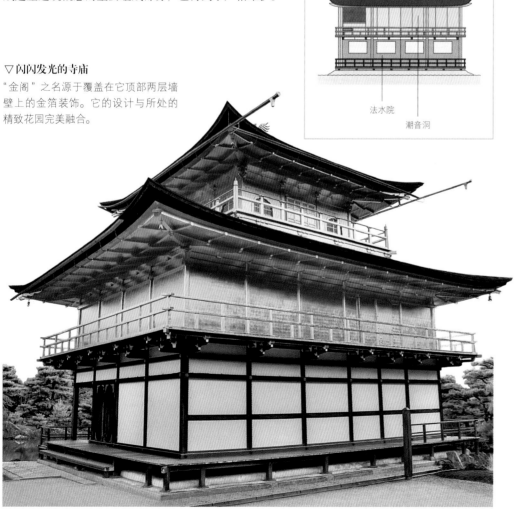

对比鲜明的风格

阁内3层楼具有不同的建筑风格。底层的"法水院"（Chamber of Dharma Waters）是令人重回日本平安时代（Heian era）的古典简约风格。第二层的"潮音洞"（Tower of Sound Waves）采用了武士宫殿风格。只有顶层的"究竟顶"（Cupola of the Ultimate）是独特的禅宗建筑风格。

究竟顶

铜制凤凰装饰品

法水院

潮音洞

极具想象力的结构

莲花寺的27片外部花瓣排列成3个同心环。最外侧的9片花瓣分别在9个入口处向外拱起。第二圈环绕着外殿，最里面的九片花瓣环绕着祈祷大厅。穹顶内部的玻璃钢铁屋顶为大厅提供了自然光。寺庙的最高点约为34米高。巨大的混凝土肋骨拱支撑着覆有一层大理石的花瓣。从大厅内可以看到这些肋骨拱，但从外面看不到。

大厅的玻璃屋顶

第二环花瓣

大厅上方的内花瓣

下层花瓣向外拱起

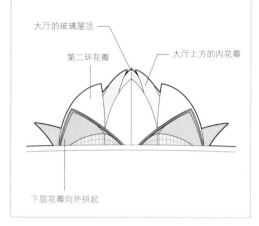

△希腊大理石包层

清洁人员须辛勤工作，才能维持寺庙花瓣大理石表面的原始白色。这些石材来自希腊，与建造帕特农神庙（见第98—99页）等著名古希腊神庙所用的是同一种类大理石。

▷完美的对称性

莲花寺的鸟瞰图展示了严谨的几何形状，周围的九个池塘让视觉效果更趋完美。内环花瓣的尖端不相交，为自然光穿透内部留下了空间。

莲花寺

德里一座壮丽的巴哈伊教（Bahá'í）寺庙，它的设计模仿了圣花的花瓣

巴哈伊教的基本信条是"宗教同源"。莲花寺是1986年在新德里建造的一座灵曦堂（mashriqu'l-adhkár），通过莲花形式，直观地表达了这一信仰——莲花是一种水生花卉，在印度教、佛教、耆那教和伊斯兰教中，都是纯洁和不朽的象征。

一朵即将绽放的花

居住在北美的伊朗建筑师法里伯兹·萨哈巴（Fariborz Sahba）创造了一座由27片花瓣围成的新颖建筑。每片花瓣都包覆着从希腊彭特利库斯山运来的耀眼大理石。花瓣反映了巴哈伊教相信数字9具有神圣性，它们排列组合成了一座有9个面和9个入口的建筑。寺庙周围有9座水池，让这朵半开的莲花看似漂浮于水面上。带有穹顶的寺庙内部空间可以容纳2,500人。这座建筑向所有宗教信仰人士开放。21世纪后，莲花寺已经叫与泰姬陵（见第290—291页）相媲美，成了印度北部最受欢迎的景点。

△ 景观环境
寺庙建在一座高台之上，周围是广阔的景观花园，面积达110,000平方米。

▽**澳大利亚的标志**
悉尼歌剧院帆形拱的独特轮廓一目了然，
已成为澳大利亚现代文化的象征。

屋顶由2,194块混凝土预制件组成，
用350千米长的钢缆固定在一起

悉尼歌剧院

20世纪设计和工程的杰作，屋顶像船帆一样，高扬在悉尼港之上

澳大利亚东南部

悉尼歌剧院占据了便利朗角（Bennelong Point）半岛，独特的风帆造型屋顶带给人漂浮于悉尼港水面的印象。它是一个由表演和展览场地组成的建筑群，包括一座有2,679个座位的音乐厅——琼·萨瑟兰歌剧院（Joan Sutherland Opera Theatre），一个较小的戏剧院，还有演播室、录音设施，以及前院里的户外表演区。

混凝土薄壳

歌剧院最引人注目的特点是由丹麦建筑师约恩·乌松（Jørn Utzon，1918—2008年）构思的表现主义（Expressionist）先锋设计。他的创新理念是用一组抛物线型的预制混凝土薄壳，建成一系列有弧度的拱形屋顶。这个理念让他在1957年赢得了该用地的设计竞赛。歌剧院有一个双重结构：两组交错的抛物线拱构成了两个主厅的屋顶；两个主厅从一个入口门厅分岔开来。拱由混凝土制成，但表面用米白色釉面砖铺成人字形图案，构成了独特外壳。两座主楼位于多个阶梯式人行广场间，可以从海岸边的前院通过大楼梯（Monumental Steps）进入。

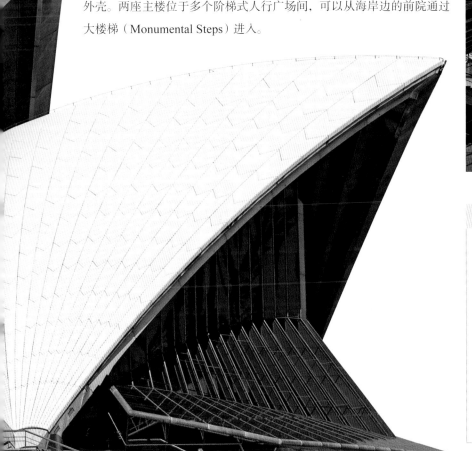

△ 声名显赫、气势恢宏

设备齐全的音乐厅是歌剧院内最大的演出场所，它留给人的印象之深刻并不亚于歌剧院的外观。音乐厅内放置着世界上最大的机械大风琴，就在舞台上方。

◁ 充满光线的空间

向外眺望悉尼港，两组拱前方的门厅充满了自然光。光线从高大的金属框架玻璃外墙射入室内。

"球体方案"（THE "SPHERICAL SOLUTION"）

乌松的原始设计没有具体说明屋顶外壳的确切弧度，也没有规定如何建造。乌松和工程师们苦苦思考各种预制混凝土板的方法。但到1962年，他们突然有了灵感，意识到所有薄壳都可以是半径为75米球体的一部分。

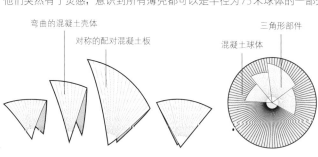

弯曲的混凝土壳体
对称的配对混凝土板
三角形部件
混凝土球体

达卡国民议会大厦

一座引人注目的现代主义议会大厦，一个新生国家力量和权威的显著标志

亚洲南部

1962年，东巴基斯坦决定将达卡作为第二首都，与西巴基斯坦的伊斯兰堡（Islamabad）并列，因此需要一个空间来作国民议会大厦（Jatiya Sangsad Bhaban）之用。政府求助于穆扎鲁·伊思兰（Muzharul Islam，1923—2012年）。他是孟加拉顶尖的建筑师、规划师和现代主义拥护者。伊思兰选择与他在耶鲁大学求学时候的前导师路易斯·康（Louis Kahn）合作。

康借鉴了这片地区的纪念建筑，用现代主义将其抽象化，创造了一座具有几何规律性的大胆建筑。建筑群的中心是会议厅、带有穹顶的露天剧场和图书馆。建筑群还包含湖泊、花园和议会成员的住所。主楼（议会大厦）的巨大外墙深深凹陷。门廊由毛面混凝土制成，上面镶嵌着白色大理石带。建筑工程于1961年开始，但在1971年东巴基斯坦独立战争（East Pakistan's War of Independence）期间停工，直到1982年才完工。当时达卡是刚独立的孟加拉国的首都。

主楼

议会大厦实际上是一个巧妙设计成八角形的广场。它由9座独立楼组成：外围的8座用作委员会会议室和办公室，高34米；中央的八角楼高47米，供国民议会使用。

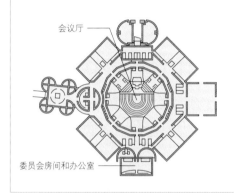
会议厅
委员会房间和办公室

△ 力量、风采和光线
建筑师路易斯·康令议会厅主楼充溢光线，那是从实心柱和剪力墙之间漏下的阳光。

▷ 岛屿议会厅
议会大厦坐落于人工湖中，映衬着孟加拉国的河流之美。孟加拉国位于地球上最大的三角洲内。

△ 白色之景
寺庙内多数建筑都涂有白色灰泥，象征佛祖的纯洁。外墙上的镜子碎片代表佛教智慧的传播。

▽ 欲望之手
在桥下，有数百只伸出的手，代表地狱里煎熬的灵魂。这里的唯一出路是进入主庙。

灵光寺

一座私人寺庙、艺术展览馆、佛教学习冥想中心

灵光寺位于泰国最北端的清莱府（Chiang Rai province），20世纪末陷入失修状态。当地一位艺术家察霖猜·科西皮派（Chalermchai Kositpipat，1955年— ）决定用自己的钱，从头开始重建寺庙。截至目前，他已经为这个仍在进行中的项目花费了10.8亿泰铢（约2,586万英镑），预计最早要到2070年才能完工。寺庙于1997年向公众开放。泰国人可以免费进庙，而且寺庙只接受少量供品，因为察霖猜不想受大额捐赠者的影响。

白色和金色

这座寺庙俗称"白庙"（White Temple），建成后将有九座建筑，包括已落成的主庙（或祈祷室），是受戒之地；还有禅堂、遗物厅、艺术展览馆和僧侣生活区。建筑十分精致华丽，其中大部分都带有泰国经典建筑元素。主庙是纯白色的，外部嵌有镜面玻璃碎片，代表精神；内有休息室的建筑是金色的，象征着人们专注于世俗欲望。

灵光寺的设计虽以泰国经典建筑为基础，但也包含一些西方偶像的描绘，如迈克尔·杰克逊（Michael Jackson）、弗雷迪·克鲁格（Freddy Krueger）和《黑客帝国》（The Matrix）中的尼奥（Neo），甚至还有极具争议的核战争、"9·11事件"和油井等图像。对于一座佛教寺庙来说，这是极不寻常的。

▷守卫寺庙
嵌有小镜面马赛克的凶猛守护神像守卫着白庙入口。

明石海峡大桥

日本工程的非凡成就，世界上最长的悬索桥

亚洲东部

明石海峡大桥于1998年4月5日通车，一条六车道的高速公路连接了本州岛的神户（Kobe）和淡路岛（Awaji Island）的岩谷（Iwaya）。这座桥是一个更大系统的一部分，那就是本州–四国桥梁工程（Honshu–Shikoku bridge project），横跨日本内海，将本州岛和四国岛连接起来。明石海峡大桥不仅是世界上最长的悬索桥，总长3,911米；也是极高的悬索桥之一，两座塔楼高达297米。

克服逆境

明石海峡是一条繁忙的航道。横跨这座海峡是相当大的工程挑战，尤其这片地区经常遭受世界上最严重的风暴，也因常地震而较不稳定。事实上，在大桥建设过程中，就有次地震让两座桥塔间距加宽了1米。设计师使用了一种创新的钢桁梁（steel-truss girders）系统，还有名为调谐质量阻尼器（tuned mass dampers，即TMDs）的装置，来抵消大风和地震的影响。三角形的钢梁令桥梁更具刚性，也方便风通过；而调谐质量阻尼器则在与风相反的方向摆动，平衡桥梁，消除摇摆。大桥可以膨胀和收缩数米。它还能承受每小时290千米的风和8.5级的地震。

△ 下方视野

大桥的某段下方有一条钢铁与玻璃制成的隧道，为游客提供了一个观赏建筑规模的不同寻常视角。

▽ 最长的悬索桥

三角形的钢梁为明石海峡大桥提供了所需的稳定性，让它能够越过本州岛和淡路岛之间危险的海峡，横跨如此惊人的距离。

△ 倒影之美

水潭环绕着清真寺庭院，映照着拱廊镀金、彩绘的柱子和优雅的天花板。夜里的清真寺会根据月相变化而有不同亮度。

柱厅式清真寺

谢赫扎伊德清真寺是一座典型的柱厅式清真寺（祈祷大厅由一排排柱子组成）。它的主厅有96根支柱，还有两座开放的祈祷厅和一个柱廊式庭院。高106米的4座宣礼塔分别坐落于庭院的四角。

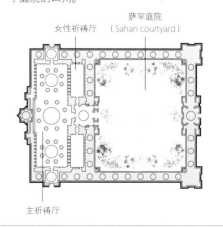

女性祈祷厅

萨罕庭院
（Sahan courtyard）

主祈祷厅

谢赫扎伊德清真寺

阿拉伯联合酋长国内最大的清真寺，世界上第三大清真寺

亚洲西部

1996年，巨大的谢赫扎伊德清真寺开始动工。它是阿联酋首任总统谢赫·扎耶德·本·苏丹·阿勒纳哈扬（Sheikh Zayed bin Sultan Al Nahyan）的创意结晶。清真寺的施工历时11年，分两个阶段完成：先建造钢筋混凝土外壳，然后用白色大理石和装饰进行包覆。最终落成的建筑群面积为40,000平方米，可容纳55,000名朝拜者。

文化融合

清真寺的设计融合了摩尔、阿拉伯和莫卧儿传统，建造清真寺的大理石包含从意大利、马其顿、印度和中国运来的30多种，还有成千上万的半宝石，包括青金石（lapis lazuli）、紫水晶（amethyst）、玛瑙（onyx）、珍珠（pearl）和砂金石（aventurine）。花卉装饰比比皆是，特别是面积超过17,400平方米的萨罕庭院马赛克路面，以及整座清真寺内近12,000根柱子。这座清真寺有数个破纪录之处——世界上最大的手工编制地毯、最大的水晶吊灯和最大的摩洛哥式穹顶。

△ 大理石杰作

这座清真寺让周围的建筑相形见绌。它的奢华体现在高耸的宣礼塔、多种多样的穹顶和柱子，还有宏大的大理石庭院。

哈利法塔

非凡的工程壮举，世界上最高的建筑，数项世界纪录的保持者

亚洲西部

△ **刺破云霄**

哈利法塔令迪拜市中心的其他建筑相形见绌。它拥有最多楼层数（163）、最高可用楼层、最高观景台和最高服务电梯等世界纪录。

哈利法塔于2004年动工，2009年竣工，高828米，耸立在迪拜空中。它既是世界上最高的建筑，也是最高的自立结构。

深深的地基

哈利法塔建在3.7米厚的混凝土板上，由1.5米宽、43米深的桩柱支撑。它的中央核心呈六边形，周围的Y形平面螺旋形上升。"Y"的三个支翼内都建有承重墙，这种设计可以承受住施加给建筑的扭力和剪力。建筑各翼升至上层后缩小尺寸，这一特点分解了可能导致建筑物摇晃的气流。近26,000块手工切割的反光玻璃板覆盖着塔身，抵御迪拜的高温。塔顶是一个可伸缩的钢制尖顶，用液压泵把总高度增加至超过213米。

哈利法塔内有酒店、餐厅、游泳池、办公室和900套住宅公寓——当然包含了世上最高的公寓。

△ **俯视**

从塔顶往下看，可以看到塔湖（Burj Lake），内有274米长的迪拜喷泉（Dubai Fountain）。这也是世界上最大的表演喷泉。

打破纪录的塔

2010年开业时，哈利法塔成为世界上最高的建筑，超过了中国台湾的台北101大楼（Taipei 101），即该称号的前持有者。它还以约200米的优势击败了美国的KVLY电视塔（KVLY-TV mast），成为世界上最高的人造建筑；击败多伦多的加拿大国家电视塔（见第53页），成为世界上最高的自立建筑。

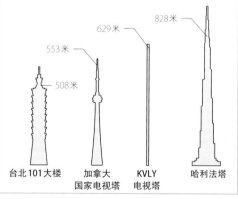

828米

629米

553米

508米

台北101大楼　　加拿大　　KVLY　　哈利法塔
　　　　　　　国家电视塔　电视塔

滨海湾花园

一座令人惊叹的园艺公园，结合了自然美景和创新的绿色技术与建筑

滨海湾花园位于新加坡中央区（Central Region of）内100万平方米大的填海土地上，是一座获奖累累的园艺公园。它于2006年国际设计竞赛后建造。当时新加坡计划从"花园城市"转型为"花园中的城市"，并建立一个国际公认地标。花园成了该计划的一个部分。

走向绿色

滨海湾花园由滨海南、滨海东和滨海中3个花园组成。滨海南花园于2012年开放，是其中最大、建设最好的花园。它占地540,000平方米，布局灵感来自新加坡的国花，别名"卓锦万代兰"（Miss Joaquim）的一种兰花。滨海南花园包含几个不同区域，但主要组成部分就是18棵巨型"擎天大树"（supertrees），和设置了特定气候条件的大型生物群落。这些擎天大树高25～50米，128米长的走道连接了其中一部分。这些大树

不仅是162,900种植物和200多种动物的家园，而且也是这个项目可持续能源管理系统的一个重要组成部分。有些大树安装了太阳能电池板；有些收集雨水，通过涡轮机产生能量，用于温室冷却系统或灌溉；还有些是空气处理系统的进气和排气塔。当然，它们还为花园游客遮阳。

冷室

滨海南花园内，两个设定了气候条件的生物群落共占地23,000平方米。"花穹"（Flower Dome）是世界上最大的无柱玻璃温室；而"云雾林"（Cloud Forest）内有座高42米的小山，布满热带植物，一条走道环绕四周，还有世界上最大的室内瀑布。滨海湾花园仍在建设开发中，但已是新加坡受欢迎的景点之一。

4个主题的"文化遗产花园"（Heritage Gardens）反映了新加坡的各种文化群体

△ 流光溢彩的植物园
在霓虹灯的照耀下，擎天大树展示了自身及攀附在它两侧的蕨类植物、藤蔓、兰花、凤梨之美。

◁ 勤劳的大树
擎天大树的优雅树枝完美结合了形式和功能，也能更好地隐藏树顶的通风口和雨水收集系统。

亚洲东北部

天津滨海新区文化中心图书馆

一个壮观的未来主义现代空间，已成为中国建筑的一个标志

滨海新区文化中心图书馆位于北京附近的天津，是向现代主义的致敬之作。这个非传统空间由荷兰MVRDV建筑设计事务所（Dutch architecture firm MVRDV）和天津市城市规划设计研究院（Tianjin Urban Planning and Design Institute）共同设计，在短短3年内建成。2017年，大门向公众开放。

这座造型优美的5层楼图书馆占地33,700平方米，是大约同时开始建设的文化教育建筑群其中一部分。图书馆主入口通向供访客流通、小坐和阅读的宏伟中庭。1楼和2楼有阅览室、书库和休闲区；较高楼层有会议室、办公室、计算机和音频室，以及两个屋顶露台。

球体核心

太空时代风格中庭的中央是一个巨大的球体，或者说更像一个球形天体。球体内部是一个可容纳100人的礼堂；球体上方，圆形的屋顶采光有助于实现最大程度的照明。中庭周围是从地板延伸至天花板的惊人书架。但一些梯形书架可兼作座椅和楼梯，而且书架上的许多"书"实际上是仿制品，由压花铝板制成，与真品类似。

滨海之眼（THE EYE OF BINHAI）

图书馆的建筑亮点是球形中庭。它有一大片开放空间，中心是一个发光球体，周围是书架。球体上方有圆形天窗，结合底层的百叶窗和玻璃窗，让自然光穿透室内。这个球体立意为"眼"。为了增强效果，书架围绕着球体弯曲，模仿眼睛轮廓。当人们从外面望向建筑时，一个从外墙穿透而出的椭圆形创造出类似于虹膜的效果。

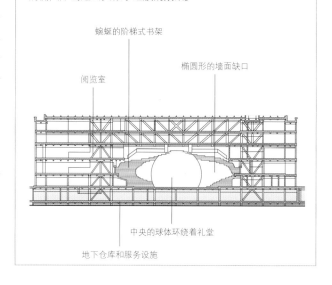

蜿蜒的阶梯式书架

椭圆形的墙面缺口

阅览室

中央的球体环绕着礼堂

地下仓库和服务设施

这座图书馆的藏书量可以容纳一百多万册图书

◁ **起伏的书架**
主中庭的书架从地板一层层抵达天花板。它们围绕着中心球体"流动"，创造出壮观的雕塑效果，消解了墙壁、地板和天花板之间的显著区别。

▷ **朝里看**
图书馆的内部和外部巧妙地设计成一只巨大的眼睛，中心是发光的白色虹膜。

术语汇编

A

阿拉伯花饰（ARABESQUE）：一种以弯曲线条为基础的装饰风格，常结合植物图案。阿拉伯花饰一般来自伊斯兰艺术，因而得名。

埃及复兴（EGYPTIAN REVIVAL）：一种结合了古埃及的形式、图案和意象的建筑风格。1798年拿破仑征服埃及后开始流行埃及复兴风格，1922年发现图坦卡蒙（Tutankhamun）墓后再次短暂流行。

爱奥尼式（IONIC）：古希腊建筑的3种主要柱式之一。它的特点是拥有最窄的柱子，柱头上有涡卷饰。另见柱头、古典式、柱、科林斯式、多立克式、柱式。

昂（ANG）：中国屋顶结构的一个特点；一种长支架臂，功能类似于杠杆。

凹室（ALCOVE）：房间内或外墙上的一个拱形小凹槽。

凹圆线（COVING）：用来掩盖墙壁和天花板之间连接处的无花纹凹陷装饰线条。

B

巴洛克式（BAROQUE）：建筑风格，起源于17世纪的意大利，由天主教会首创，希望在古典建筑规则中加入活力和戏剧性。平面图中加入了椭圆形和曲线，正立面规模宏大，室内通过对光线的处理、镀金和大量使用错视画来达到戏剧效果。另见古典式、错视画。

百合花饰（FLEURON）：用石材雕刻的花形装饰物。

百叶窗（LOUVRE）：一种带有水平板条的活动护窗，可以摆至一定角度来采光和通风，也可以阻挡雨水和阳光直射。

拜占庭式（BYZANTINE）：与拜占庭帝国（395—1453年）有关。拜占庭式建筑通常结合了古罗马和叙利亚等东地中海国家的元素。

板条（STAVE）：一种垂直的木柱或木板。

半身柱像（HERM）：原本是一种与希腊神赫尔墨斯崇拜有关的圣石。随着时间的推移，该术语指的是一种支柱，通常是方形的，向底部逐渐缩小，令人联想成一个男性形象。半身柱像的顶部常有一个半身像。

半圆形后殿（APSE）：半圆形的凹槽，上面覆盖着半球形拱顶。在教堂或大教堂中，祭坛后面通常都有一个半圆形后殿。另见祭坛、大教堂、教堂、拱顶。

包豪斯建筑学院（BAUHAUS）：一座德国艺术设计学校，在1919年至1933年期间非常有影响力。它开创了一条现代主义和极简主义的道路，特点是"形式服从功能"。实用性是最重要的，避免装饰，强调通过使用新材料和大规模生产，将艺术和技术结合起来。

薄壳穹顶（SHELL VAULT）：独立的薄拱顶，通常由钢筋混凝土制成。另见钢筋混凝土、拱顶。

堡场（常用作监狱）（BASTILLE）：坚固的塔楼或小堡垒。

壁龛（NICHE）：镶嵌在墙壁上的装饰性凹槽，通常是半圆形的，顶部有一个半圆顶。壁龛常用于展示雕像、花瓶或类似物品。

壁柱（PILASTER）：一种假柱，形状为长方形，只略微凸出所在的墙壁，纯粹是装饰性的。

滨海大道（ESPLANADE）：通常位于海滨的人行道。在北美，它也是分隔道路的一条凸起狭长地带。

丙烯酸（ACRYLIC）：一种塑料。在建筑中，它经常替代玻璃，用于高压、高冲击之处，如天窗和水下。

C

采光塔（LANTERN）：屋顶或穹顶、塔楼顶的元素，可以让自然光进入下方的房间或空间。

彩色釉面图案砖（AZULEJO）：西班牙和葡萄牙瓷砖的一种类型。色彩鲜艳的彩色釉面图案砖经常用作教堂、宫殿和公共建筑内外部的装饰元素。

仓房（BARN）：一种农业建筑，通常出现在农场，用于储存。

藏骨屋（CHARNEL HOUSE）：保存人类骨骼遗骸的地下墓室或楼房。

侧天窗（CLERESTORY）：教堂高处的部位，高于耳房屋顶的墙壁设置了窗户，让光线进入室内。另见耳房、教堂。

长廊（XYSTUS）：古希腊术语，指供运动员锻炼的体育馆的有顶门廊。在古罗马，它是指花园的走道或露台。另见门廊。

唱诗席（CHOIR）：教堂或大教堂的一部分，为神职人员和教堂唱诗班提供座位。唱诗席通常位于高坛内。另见高坛、教堂。

长屋（LONGHOUSE）：狭长的住宅，通常为木制框架，常见于许多古代文化和一些当代本土文化中，尤其是婆罗洲（Borneo）的一些居住地。

沉箱（CAISSON）：一种箱状结构，用来让淹在水中的建筑保持干燥。建造桥墩时会使用沉箱。

撑臂（BRACE）：稳固或支撑其他东西的吊线、绳索或梁。

装饰线条（MOULDING）：石膏、石材、木材等材料制成的条状物，装饰在墙壁顶部或底部，或增添在门或窗周围。成型件通常饰有某种形式的图案。

城堡（CASTLE）：中世纪的一种要塞，通常是国王或领主的住所。城堡的石造防御工事为里面的人提供保护，并为统治周围领土提供安全基地。城堡的最基本形式包括一座护城河环绕的土丘，中央堡垒建在土丘之上。更精细的城堡会有一堵由防御性塔楼点缀的墙，有时甚至是一系列同心墙。另见城堡庭院、外堡、城堡女儿墙、阁、小土丘。

城堡女儿墙（BATTLEMENTS）：墙体或塔楼顶部有雉堞的一排岩石。凸起部分（城齿）和空隙（雉堞）交替出现，既为防守士兵提供掩护，也方便士兵射箭。另见筑雉堞。

城堡庭院（BAILEY）：城堡或要塞中用墙围起来的庭院。较大的建筑通常会有一个外部（下部）城堡庭院和一个内部（上部）城堡庭院。另见城堡。

春日造（KASUGA-ZUKURI）：日本神道教寺庙风格，融合了中国式的屋顶和弧形的千木；神社建筑用红色、金色和朱红色装饰。春日造的入口在山墙端，上方有外廊。另见千木。

葱形（OGEE）：一种S形的曲线。例如，葱形拱的两边在拱的上方向上曲，相遇于某个点。另见拱。

粗灰泥（DAUB）：用于涂抹表面的黏土或类似物质，特别是与稻草混合后，涂抹在木条（称为板条或篱笆条）上形成墙体，如抹灰篱笆墙。另见篱笆条。

粗面石工（RUSTICATION）：表面粗糙的饰面石块。对石块边缘进行削修，更加突出粗糙之处。

粗野主义（BRUTALISM）：20世纪50年代至60年代的一种建筑风格，特点是整体的块状形式和原始的混凝土结构。

错视画（TROMPE L'OEIL）：一种旨在欺骗观众，使其认为这是一个三维物体的绘画。

D

大道（AVENUE）：一条宽阔的道路，两旁有树木或高大建筑物。

大佛（DAIBUTSU）：日本人对大佛的称呼。

大教堂（BASILICA）：原本是古罗马的公共建筑，其半圆形后殿内有高台，供官员坐熙。基督教传入后，这种设计用于礼拜场所，特点是有一个中殿，中殿一端为门，另一端有祭坛平台。另见祭坛、半圆形后殿、中殿。

大教堂（CATHEDRAL）：基督教教堂，是主教所在地，以及行政区域或教区的中心教堂。大教堂往往比一般的教堂要大。另见教堂。

大旅馆（CARAVANSERAI）：商人的旅馆，围绕着一个中央庭院而建，地面层是马厩，上层用作住宿。在中亚、中东和整个北非，大旅馆是一种传统建筑类型。在部分地区，它们也被称为"wikala"或"fundouk"。

大庄园（HACIENDA）：大型的庄园，尤指讲西班牙语国家的大型庄园。该术语也适用于通常在大庄园内可见的庄园宅邸。

带箍线条饰（STRAPWORK）：一种装饰形式，通常在一个框架内，将丝带状元素做成几何图案。这些元素在平面上略微凸起。带箍线条饰通常用木材、金属或石膏制成。

戴克里先窗（DIOCLETIAN WINDOW）：两个垂直中竖框把一扇半圆形窗户分成三个部分。名字来源于古罗马戴克里先浴场（Baths of Diocletian）的窗户。另见中竖框。

单主桁架（KING TRUSS）：单一半面上的简单三角形框架，用于屋顶构造。它由一根横梁和两根呈对角线的椽组成，两者相接形成一个等边三角形。横梁通过一根主柱固定在两根椽的顶点上。在主柱和椽之间可能还有额外的支撑柱，呈一定角度。另见主柱、桁架。

当代（CONTEMPORARY）：与21世纪建筑有关。没有占主导地位的风格，但许多结构的共同点是使用先进技术来拓宽建筑的界限。建筑物的高度是有史以来最高的，且采用非直线、不对称的非常规形状。

挡土墙（RETAINING WALL）：挡住大量泥土的墙，如建在花园阶地上。

滴水兽（GARGOYLE）：雕刻出来的假想生物，通常是石像怪，从屋顶边缘伸出，嘴里有一个出水口，雨水通过出水口从建筑物墙壁上排走。另见哥特式、石像怪。

底座（BASE）：构成柱子最低部分的圆盘，圆柱形的柱身坐落其上。另见柱。

地下墓穴（CATACOMB）：地下的墓穴系统。

地下室（UNDERCROFT）：地窖或储藏室。

雕带（FRIEZE）：在古典式建筑中，位于额枋（底部）和檐口（顶部）之间柱顶楣构的中央宽阔部位。雕带经常会作装饰，最有名的例子是雅典帕特农神庙的雕带。在室内，雕带是墙面上的绘画或雕刻部分，直接位于檐口或凹圆线下。另见额枋、古典式、檐口、檐部。

吊闸（PORTCULLIS）：中世纪防御工事中常见的垂直关闭的门，通常由金属加固的木格子构成。

吊钟构架（BELLCOTE）：屋顶上挂有钟的角楼或小建筑。

叠涩（CORBEL）：从墙上伸出的一种支架，用于支撑拱、梁或阳台。叠涩往往深深嵌入墙内，以增大强度，更多应用于外墙；而支架通常应用于内部。

顶石（CAPSTONE）：顶部石材；例如，顶石可以置于顶部来完成一堵墙的建造。它与拱顶石不同，后者位于拱的顶端。另见拱顶石。

顶饰（FINIAL）：尖顶、尖塔、宣礼塔或山墙末端的最上层部分。通常会有一些装饰性的元素，如尖钉或雕球饰。

独立钟楼（CAMPANILE）：自立的钟楼，通常建在教堂旁边或附属于教堂。独立钟楼在意大利建筑中最为常见。

独石柱（MONOLITH）：一块矗立着的巨石，是纪念碑或纪念建筑的一部分。与"巨石"一词有一些重叠，但"巨石"往往是指史前建筑。另见巨石。

拱鹰架（CENTRING）：在建筑过程中用来支撑拱或穹顶的木制框架。

墩（PIER）：拱或桥等结构的垂直支撑部分。

多立克式（DORIC）：建筑中最早的主要古典柱式。它的特点是有一个没有装饰的简单柱头，和一根坚固柱子。另见科林斯式、爱奥尼式、柱式。

多叶拱饰（MULTIFOIL ARCH）：一种极具装饰性的拱，在弧形区域的底部有半圆形的凹痕。它是阿拉伯安达卢西亚（Andalusia）的摩尔建筑特色。有时也称作"扇形皱褶拱"（scalloped arch）。

E

额枋（ARCHITRAVE）：搁置在柱头上的梁。在现代建筑中，额枋是框住门或窗的木制装饰线条。另见柱头、柱、檐部。

耳房/过道（AISLE）：通常与教堂中殿平行的纵向走廊或侧翼。耳房的屋顶通常比中殿的低一些。也可以是建筑物中各排座位之间的过道，或者是超市、仓库中货架或贮藏空间的通道。另见教堂、中殿。

二心尖拱饰（LUNETTE）：墙上半圆形的部分，通常在门或窗的上方，如在筒形拱顶房间端墙上。它可能含壁画、雕塑或另一扇窗户。

F

帆拱（PENDENTIVE）：一种结构装置，便于将圆形穹顶置于方形房间之上。帆拱是球体的三角形部分，沿着穹顶的弧线，向下逐渐缩小，在墙角处成为一个点。另见突角拱。

方尖碑（OBELISK）：高大的四边形纪念碑，末端是一个金字塔形的顶盖。这种形式最常与古埃及有关。

方石（ASHLAR）：切割和打磨成规则形状的石块，以类似砖块的方式进行铺设。

飞扶拱（FLYING BUTTRESS）：一种带有独立墙墩的支撑物，墙墩上延伸出一个拱形结构，与主建筑的墙体相连，且支撑墙体。主体结构的力量通过拱传递到墙墩上。另见哥特式。

分析重建（ANASTYLOSIS）：只使用原来的元素，对历史纪念建筑进行重建。必须将部件放回原来的位置，只有在需要加固增稳的情况下才可以使用新材料。

粉饰灰泥（STUCCO）：一种湿式涂抹和雕刻的灰泥，通常会作十分精细的设计。它在北非的伊斯兰建筑中很常见。巴洛克和洛可可建筑也在室内装饰中大量使用雕饰灰泥。另见巴洛克式、洛可可式。

风格（STYLE）：一座建筑的外观，特别是可以识别它属于特定历史时期或设计、施工方法的特征。

封檐板（BARGEBOARD）：凸起人字形屋顶斜坡下的一块板。在历史上，它通常都饰有雕刻或镂空的图案。另见山墙。

蜂巢屋（BEEHIVE HOUSE）：一种原始的圆形结构，向内倾斜的墙壁上升至一个圆顶，类似一个圆锥体。蜂巢屋在古代很常见。如今，在世界上的某些地方仍可见到蜂巢屋，如叙利亚等。

佛教围栏（BUDDHIST RAILING）：一种类似于木栅栏的石制屏障，其水平横梁会穿过垂直柱。

扶壁（BUTTRESS）：支撑墙的结构。另见飞扶拱。

浮雕（RELIEF CARVING）：在木材、石材或其他材料的扁平面或板上雕刻图案的技术，使人物和图案从背景中突出。如果设计图案只从背景中略微凸出，且没有轮廓地凸雕，则这种作品称为浅浮雕。如果设计图案突出，部分可能完全脱离背景，接近于雕塑，则称为高浮雕。另见浅浮雕。

附墙圆柱（ENGAGED COLUMN）：部分嵌入墙内的柱子。它们是承重柱，同时也是墙体的扶壁；它们与壁柱不同，壁柱是纯粹装饰性的。另见壁柱。

复折屋顶（MANSARD）：一种与法国有关的屋顶，特点是每一面都有两个坡度。下坡侧面较为陡峭，常有屋顶窗伸出；上坡则较平缓。它又名"复斜屋顶"（gambrel roof）。另见屋顶窗。

G

盖顶（CAP）：女儿墙顶部的水平板。另见女儿墙。

钢筋混凝土（REINFORCED CONCRETE）：混凝土在凝固前通过嵌入钢筋而得到加固。钢筋增加了抗拉强度，进一步补充了混凝土的自然抗压强度。

高技术（HIGH-TECH）：在20世纪70年代出现的一种建筑风格，外部视觉设计参考了技术和工业元素。最典型的例子是巴黎的蓬皮杜国家艺术和文化中心，它的外部展示了建筑的机械元素——风管和水管；还有汇丰银行香港总部（HSBC Hong Kong headquarters），它的柱子和侧向支撑的框架出现在正立面上。

高架桥（VIADUCT）：由许多小跨度组成的长桥，可以横跨谷底、湿地或水域。

高架渠（AQUEDUCT）：输送水路的桥梁。高架渠通常都横跨山谷或沟壑，尤其与罗马人有关，他们建造了许多引人注目的案例。

高巨柱式（COLOSSAL ORDER）：古典建筑的一种柱式。在这种柱式中，柱子延伸到建筑物第二层或多层的高度。有时也称为"巨型柱式"（giant order）。另见混合柱式、柱式。

高坛（CHANCEL）：高坛位于中殿尽头区域。它是神职人员在做礼拜时使用的区域。另见祭坛、教堂、中殿。

哥特式（GOTHIC）：一种建筑风格，起源于12世纪的法国，中世纪（5世纪至15世纪）后期在整个欧洲盛行。它的特点是强调垂直度，通过高尖的拱、拱廊以及大面积的彩色玻璃窗，将墙体缩至最小。它还广泛使用飞扶拱、尖顶和尖塔。外部通常饰有大量雕像和雕刻品，展示圣经故事和主题，为不识字的礼拜者提供便利。另见飞扶拱、滴水兽、哥特式复兴、石像怪、尖顶、尖塔。

哥特式复兴（GOTHIC REVIVAL）：18世纪末至19世纪的运动，旨在恢复中世纪的哥特式形式。一些在中世纪之后建造的哥特式建筑也称为"新哥特式"。

阁（KEEP）：城堡或要塞中的一个大型防御塔。另见城堡。

格栅（JALI）：一种装饰性的格子屏风，通常由石材雕刻制成，常见于印度教寺庙。

工业建筑（INDUSTRIAL ARCHITECTURE）：为工业需求服务的建筑，如工厂、发电厂、磨坊和仓库。

工字梁（I-BEAM）：横截面为工字形或H形的钢梁。垂直部分名为梁腹（web），而水平部分名为翼缘（flanges）。它又名通用梁（UB）或型钢钢梁（RSJ）。

弓拱（SEGMENTAL ARCH）：弧线小于180度的拱。另见拱。

拱（ARCH）：拱是一种结构，顶部弯曲，将负载导至开口周围，转移到两侧的支柱、墩、桥台或墙壁上。拱用名为"拱楔块"（voussoirs）的楔形砌块建造。拱的类型会随着时间推移而演变。另见拱桥台、拱顶石、墩、拱楔块。

拱顶（VAULT）：纵向延伸的拱，用来覆盖一个空间。最基本的拱顶形式名为筒形拱顶。当两个拱顶呈直角相交时，就形成了棱拱。技巧娴熟的中世纪石匠将其演变为肋骨拱（一种带有尖拱的棱拱），和扇形拱顶（多个拱肋从中央交叉拱处辐射出来）。另见筒形拱顶、扇形拱顶、棱拱、肋骨拱、六肋拱穹顶、薄壳穹顶、星状肋穹窿、隧道拱顶。

拱顶石（KEYSTONE）：拱顶部的楔形石头。它是建筑中铺设的最后一块石头，将所有其他石头锁在原地，使拱能够自我支撑并承受重量。另见拱。

拱腹（SOFFIT）：拱或额枋等建筑构件的底部，或覆盖在屋檐底下的板。

拱肩（SPANDREL）：弯曲图形和矩形边界之间的空间，例如拱的上方和两侧以及与拱顶对齐的水平线下方那块大致三角形的区域。在现代，拱肩也指窗顶和上方窗台之间的区域。

拱廊（ARCADE）：一侧或两侧带有拱的有顶通道。在现代运用中，拱廊也可以是商店的有顶通道。

拱廊（古希腊建筑，STOA）：在古希腊建筑中是一种有顶走道，由一个或多个柱廊支撑。拱廊常环绕着市场而建。

拱楔块（VOUSSOIR）：楔形石头，用于形成拱的曲线。另见拱。

栏杆（BALUSTRADE）：一排小柱子，上面有扶手，用来防止人从楼梯、阳台或露台上掉下来。

构架式建筑物（FRAMED BUILDING）：由框架而非承重墙来承载重量的建筑，通常由钢或混凝土柱和梁构成。

古典式（CLASSICAL）：与古希腊和古罗马的建筑有关，特点是柱和山形墙结构、固定比例、对称性和装饰柱式（特别是多立克式、爱奥尼式和科林斯式）。另见柱式。

古典主义（CLASSICISM）：与古典建筑相关的形式与技术的复兴。见新古典式。

古墓（TUMULUS）：埋葬地点上隆起的一个大土墩。古墓亦称"古冢"（barrows）。

骨架（FABRIC）：建筑物的承重结构。

骨料（AGGREGATE）：松散压在一起的碎片或颗粒。由沙子、砾石和碎石组成的大颗粒骨料是混凝土的重要组成部分。另见混凝土。

鼓座（DRUM）：构成大多数柱子的圆柱形石块之一。鼓座也可以是圆形或多边形的结构，穹顶就在其上。另见穹顶。

挂瓦条（BATTEN）：一般指在建筑中作为次要框架使用的木条，建筑物的表面被固定在板条之上。例如，板条横放在屋顶的主结构梁上，而瓦片则铺在板条上面。

顶板（ABACUS）：构成柱最顶端的一块平板。顶板通常比它所在的柱头略宽，承载着柱上方拱或过梁等结构的重量。另见拱、过梁、柱头、柱。

灌浆（GROUT）：水泥、沙和水的混合物，用于密封瓷砖或砌石之间的缝隙，或用于修复裂缝。

广场（FORUM）：古罗马的公共广场或市场所在地。

闺房（GYNAECIUM）：古希腊时，指女性的住处。

过梁（LINTEL）：跨越两个垂直支撑物之间空间的水平块。过梁通常出现在门和窗上。

H

混合黏土（COB）：由泥土、黏土和稻草制成的一种天然建筑材料。

桁架（TRUSS）：由梁、桁条和支柱组成的扁平结构框架。最简单的桁架是一个单一的三角形，但更常见的是由多个三角形组合而成的桁架。这是一种提供强大刚性的形式，因为三角形不会因压力而变形。另见桁条、主柱、单主桁架、双柱式、双柱桁架竖杆。

托架（JOIST）：一种承重的结构部件，横跨在墙壁之间，为地板或天花板提供支撑。托架是梁的一种形式，但通常由木材制成，跨度较短，常用于家庭建筑。

楔形外墙装饰木板（CLAPBOARD）：使用长而薄的木板水平铺设并重叠覆盖外墙的一种建筑风格。

护坡道（BERM）：一道狭窄的架子或道路，通常位于斜坡的顶部或底部。在城堡中，护坡道指外墙和保护性沟渠或护城河之间的狭窄区域。

木护墙（WAINSCOT）：内墙的木制隔板。也可以特指内墙的下半部分，如果这部分的表面装饰与其他部分不同的话。

护墙靠椅栏（CHAIR-RAIL）：在房间墙壁周围水平固定的装饰线条，高度约至腰部。最初的建造目的为了保护墙壁不被家具损坏，但在现代的房间里，它用于装饰效果。亦称"护壁条"（dado rail）。另见墙裙。

花色窗棂（TRACERY）：拱顶、镶板、窗户中的装饰性石制装饰线条。它起源于哥特式尖拱窗，主拱峰顶下方的空间内经常雕刻着一个装饰性的窗口。这种技术称为"板型花格窗"（plate tracery），以岩石雕刻"板"为名。后来"条饰花格窗"（bar tracery）取代了它的地位。条饰花格窗的玻璃窗被薄薄的石制中竖框隔开。花格窗逐渐发展成复杂图案，如交叉、网状、几何和曲线形式。另见哥特式、中竖框。

花形装饰穗（FESTOON）：石雕装饰的一种形式，有一个花环或花冠挂在两个点上。

环境设计（ENVIRONMENTAL DESIGN）：在进行城市规划或建筑设计时考虑环境因素的做法。

回廊（CLOISTER）：围绕四方院子的有顶走道。通常附属于大教堂、修道院或学院。

混合柱式（COMPOSITE ORDER）：古典式建筑的一种柱式，将爱奥尼柱式中的涡卷与科林斯柱式中的莨苕叶形相结合。另见古典式、高巨柱式、科林斯式、爱奥尼式、柱式。

混凝土（CONCRETE）：由水泥、水和骨料（如沙子或砾石）组成的复合材料。相对便宜、坚固、耐用、抗火、抗水和抗腐，混凝土还可以塑造成几乎任何形状。

火焰式建筑风格（FLAMBOYANT）：15世纪在法国和西班牙流行的一种哥特式建筑风格，强调装饰。它的主要特点是在石制花色窗棂中采用火焰状的S形曲线。另见哥特式、花色窗棂。

J

基卜拉（QIBLA）：穆斯林做礼拜时面朝的麦加方向。清真寺中，圣龛标记了这个方向。没有圣龛的墙壁名为"朝拜墙"。另见清真寺。

基础结构（BASEMENT）：建筑物的一个或多个楼层，完全或部分处于地下。

集市（BAZAAR）：一种中东市场，一般设在小巷里，有许多小店和摊位，会集中售卖某些行业和类型的商品。巷子有时会有顶，从前还有门，以便在夜间将集市锁住。

计算机辅助设计（COMPUTER-AIDED DESIGN / CAD）：建筑师用来帮助设计建筑和其他结构的计算机软件包。最早在20世纪60年代引入，从20世纪90年代起开始广泛使用。

纪念坛（ALTAR-TOMB）：凸起的丧葬纪念碑，覆盖在坟墓上，类似于祭坛。这些坟墓并不用作祭坛，只是有点相似。

祭坛（ALTAR）：平顶的桌子或块状物，用作宗教仪式的焦点。

夹层（MEZZANINE）：建筑物内的一个中间楼层，未延伸至下层的整个空间，因此，在一定程度上可以俯视下层。

架空底层用支柱（PILOTI）：一种支撑物，如柱、支柱或桩柱，将建筑抬离地面，如建在水面上的结构或低层下方有开放区域的建筑物。

尖顶（PINNACLE）：哥特式建筑中经常使用的一种小尖塔，用于装饰塔楼的角落或扶壁的顶部。

尖顶拱窄窗（LANCET）：高而窄的窗户，顶端有一个尖拱。

尖顶塔（FLÈCHE）：设置在教堂或大教堂屋脊上的小尖塔。

尖塔（SPIRE）：一个圆锥体或多面体的锥形结构，是教堂或大教堂塔楼的末端。尖塔起源于12世纪，原本是塔顶端一个简单的四边金字塔形，随着时间的推移，发展成一个越来越高、越来越细、越来越华丽的结构。它的建造目的是象征在建筑内做礼拜的人对天堂的向往。另见教堂、哥特式、尖顶。

坚鱼木（KATSUOGI）：短小的装饰性原木，沿着日本神道教神社的屋顶脊线成排水平放置。它们经常与千木一起出现，纯粹是装饰性的，没有结构功能。另见千木。

减压拱（RELIEVING ARCH）：在过梁上建造的拱，以重新分配过梁的重量。又名"卸荷拱"。另见过梁。

建筑壁画（MURAL）：绘画、马赛克或其他艺术作品，一般规模较大，直接在墙上制作。

建筑退台（SETBACK）：墙壁上的阶梯状凹处。

建筑艺术学院派的建筑风格（BEAUX ARTS）：与巴黎美术学院（École des Beaux-Arts）有关的一种宏伟建筑风格，19世纪末在法国盛行。建筑物常常十分庞大、精致，有着对称的正立面，这些特征来源于希腊或罗马的古典建筑。内部装饰也同样华丽，常有高高的拱形天花板、中央穹顶和大楼梯。20世纪的头几十年里，这种风格在美国很流行。另见古典式。

箭塔（BARTIZAN）：突出于防御墙的一座小亭或小塔。箭塔最常出现在角落，以提供更好的防御视野，配有射箭孔。

交叉口（CROSSING）：十字形教堂中，中庭与主体的交界处。在大教堂中，交叉口上常有塔楼。另见教堂、十字形、袖廊。

焦渣砌块（BREEZE BLOCK）：用水泥和灰制成的大块砖。焦渣砌块在美国被称为煤渣砌块（cinder block）。

教堂（CHURCH）：基督教礼拜场所。一座典型的早期教堂可以从西边进入，有一个中殿通向高坛。高坛是一片高起的区域，由负责引导礼拜活动的官员或神职人员使用。高坛的中心是祭坛，即用于基督教圣餐仪式的桌子。然而，对于什么是教堂并没有固定的要求。它只是一个共享宗教纪念活动的聚会场所。另见耳房、祭坛、有顶回廊、半圆形后殿、大教堂、高坛、唱诗班、十字形、前廊、中殿、袖廊。

教堂前廊（ANTECHURCH）：教堂主入口处的门廊，也可写作"narthex"。另见教堂、前廊（NARTHEX）、门廊。

解构主义风格（DECONSTRUCTIVISM）：一种当代建筑运动，旨在打破传统规则。它质疑和谐、一致和对称的理念，呈现看起来支离破碎、不可预测和混乱不堪的建筑。一个典型的例子是弗兰克·盖里在毕尔巴鄂所建的古根海姆博物馆。

竞技场（HIPPODROME）：在古希腊和罗马用于赛马和战车比赛的体育场。

巨石（MEGALITH）：主要出现于新石器时代的竖立大石头，是一种纪念碑，或与其他石头一起成为纪念建筑的一部分。另见独石柱。

卷缆（CABLE MOULDING）：一种凸形装饰线条，类似于绞绳。

卷叶饰（CROCKETS）：小而风格化的花蕾、卷曲叶子或花朵的雕刻装饰，尖顶和顶饰上每隔一段距离就会出现。它们是哥特式教堂和大教堂的一个特殊特征。另见顶饰、哥特式、尖顶。

K

开间（BAY）：建筑元素之间的空间，如柱与柱之间或桩与桩之间。

开启桥活动桁架（BASCULE）：可移动的桥梁，使用平衡物来抬升桥面。有时也称作开合桥。

科林斯式（CORINTHIAN）：建筑的第三种主要古典柱式。它的主要特征是雕刻有莨苕叶形的华丽柱头。另见莨苕、柱头、古典式、多立克式、爱奥尼式、柱式。

空调（AIR CONDITIONING）：空气冷却机械系统。空调可以指任何通过冷却、加热、除湿、清洁或通风来改变封闭环境中空气的技术。

框格窗（SASH WINDOW）：拥有一块或多块垂直板的窗户，通过向上或向下滑动打开。

L

拉丁十字架（LATIN CROSS）：水平部分比垂直部分短，两个部分在垂直部分的高处相交。它比较像基督教传统中耶稣基督被钉上的那个十字架。另见希腊十字架。

蜡石（ALABASTER）：一种浅色、半透明的软石。蜡石在历史上一直广受雕塑家的青睐，用于制作小型装饰品，因为很容易加工。

肋骨拱（RIB VAULT）：一种拱顶，与棱拱一样，由两个筒形拱顶直角相交形成。肋骨拱的顶点特征为把表面分成弧形三角板的石拱肋。这种拱顶风格是在哥特式建筑时代发展起来的。另见哥特式、棱拱、拱顶。

棱堡（BASTION）：从城墙或堡垒的墙壁上伸出的结构。棱堡通常都有棱有角，位于墙角处，以扩大防御火力的范围。

棱拱（GROIN VAULT）：由两个直角相交的筒形拱顶组成的拱顶。另见肋骨拱、拱顶。

篱笆条（WATTLE）：用细树枝或轻薄木条编织成格子的建筑。传统上，它用于建造栅栏。与粗灰泥（一种具有黏性的湿黏土）结合后，也用于建造建筑的墙壁。另见粗灰泥。

礼拜堂（CHAPEL）：一个基督教礼拜场所，没有附属于它的教区。礼拜堂可以是独立的，但更常见的是大教堂、城堡、学院、宫殿或医院等大型建筑的一部分。另见大教堂。

礼堂（AUDITORIUM）：人们聚集在一起观看表演的地方。在建筑方面，礼堂是剧院或音乐厅中观众坐下的地方，或是用于音乐会等活动的建筑。

理性主义（RATIONALISM）：20世纪20年代至40年代在意大利实行的一种建筑风格，结合了新古典主义与现代主义。它的特点是对称的平面图、具有节奏感的柱廊（柱以固定的间隔重复）、柱和拱的使用，以及大理石板覆层。贝尼托·墨索里尼（Benito Mussolini）的法西斯政权十分提倡这种风格。另见现代主义、新古典主义。

历史决定论（HISTORICISM）：从再现历史建筑风格中汲取灵感的观念。

莨苕（ACANTHUS）：一种原产于温暖地区特别是地中海地区的开花植物。在古希腊建筑中，莨苕叶形作为一种装饰图案出现在科林斯柱式的柱顶上。另见科林斯式、柱式。

凉廊（LOGGIA）：建筑物外部的有顶走廊或游廊，一侧向外界开放，通常由柱或拱作支撑。

梁（BEAM）：横跨一个开口并承载地板或墙壁等负荷的水平结构部件。传统的梁都是木制的，但在现代建筑中，梁更常是混凝土或钢铁材质。

瞭望台（BELVEDERE）：为了利用迷人景色而专门建造的结构。可以是建筑物的上部，也可以是一个独立元素。该词源自两个意大利词，"bel"（美丽）和"vedere"（"查看"）。

瞭望亭（GAZEBO）：花园里的独立小亭子，为观赏风景而建。

列柱墩座（PODIUM）：一种用于将建筑物抬离地面的平台。

列柱围廊式（PERISTYLE）：古典建筑中围绕内院的柱廊式走道，类似于中世纪的回廊。另见柱廊。

林荫大道（BOULEVARD）：宽阔的城市道路，通常位于中心地带或较富裕的社区，拥有迷人的景观和建筑。

流造（NAGARE-ZUKURI）：日本神道教寺庙风格，特点是不对称的人字屋顶，非人字的一侧向外突出，形成一个门廊。

六肋拱穹顶（SEXPARTITE VAULT）：分成六块分隔的肋骨拱顶。另见肋骨拱。

预起拱结构（CAMBER）：在梁中造的一个凸形弯曲，以补偿任何预期中的负载下垂。

炉边墙角处（INGLENOOK）：在壁炉旁边设置的凹槽，人们可以坐在那里享受温暖。

炉膛（CHIMNEY-BREAST）：烟囱的一部分，向前伸入房间，壁炉设置在其底部。

露天剧场（AMPHITHEATRE）：圆形、露天的剧场。由古罗马人发明的露天剧场是独立建筑，平面图呈圆形或椭圆形，中央竞技场周围环绕着多层座位。

轮形窗扇（WHEEL WINDOW）：一种圆形的窗户，中央有一个凸起，辐条状的木板从这里延伸出来。另见中竖框。

罗马式（ROMANESQUE）：中世纪早期的一种建筑风格，结合了古罗马和拜占庭式建筑的元素。特点是厚墙、圆拱、筒形拱顶，以及相对简单的平面图和形式。另见拱、筒形拱顶。

螺旋式楼梯（VYSE）：螺旋楼梯，或围绕中心柱的楼梯。

洛可可（ROCOCO）：18世纪中期一种极具装饰性的风格，从法国和意大利扩散至整个欧洲中部。特点是有大量曲线、装饰线条和彩绘灰泥，想要激发观众的敬畏之情。但这些装饰通常只限于建筑物的内部，外部常稍节制些。另见粉饰灰泥。

绿色建筑（GREEN BUILDING）：环保、节约资源的建筑。

M

马赛克（MOSAIC）：由彩色石头、玻璃或其他材料的小块平面组成的图像。这些小块名为陶瓷锦砖。

玫瑰窗（ROSE WINDOW）：一种大型的圆形装饰窗，常带有彩色玻璃。玫瑰窗通常出现在教堂和大教堂的中殿尽头、祭坛后面和袖廊里。另见中殿、袖廊。

煤渣砌块（CINDER BLOCK）：见焦渣砌块。

美学（AESTHETIC）：与美和品位概念有关。美学运动（Aesthetic Movement）在19世纪的欧洲艺术中起了重要作用，它认为美高于任何其他品质。

门廊（PORTICO）：一个有屋顶的空间，常由柱子支撑，形成一个入口，常常是一个正立面的中心特征。

门楼（PYLON）：一种具有纪念意义的结构，是通往古埃及神庙的门户。门楼的形式是巨大的垂直厚板，向内一直倾斜至顶部。

门楣中心（TYMPANUM）：在古典式建筑中，入口或窗户上方墙壁的三角形或半圆形部分。它通常都有雕塑或其他装饰。

玄关（VESTIBULE）：通往更大空间的一个小前厅。

模度（MODULOR）：勒·柯布西耶设计的比例尺度，为设计元素创造一种协调标准。这个系统的基础是一个普通人举起一只手臂的高度。另见现代主义。

摩天楼（SKYSCRAPER）：超过40层或50层的可居住高层建筑。高层建筑和城市住宅协会（Council on Tall Buildings and Urban Habitat）将摩天楼定义为高度达到或超过150米的建筑。

莫卧儿（MUGHAL）：与莫卧儿帝国有关，在鼎盛时期，莫卧儿人统治了印度次大陆的大部分地区，建造了阿格拉的泰姬陵和德里的红堡（Red Fort）等古迹。

墓碑（CENOTAPH）：为纪念一个人或几个人而建立的纪念碑，但遗体在其他地方。

墓室（CAMPO SANTO）：坟墓；该词来源于意大利语和西班牙语中的"圣地"。

墓穴（SEPULCHRE）：一种穹形墓穴或坟墓。

幕墙（CURTAIN WALL）：连接到建筑结构框架的非承重墙。几乎所有超过五层的现代建筑都会采用幕墙。它可以由岩石、薄木板或金属薄板构成，但大多是嵌在铝框中的玻璃。

N

内殿（CELLA）：罗马古典式建筑中神庙的内室，里面通常有一尊该神庙供奉的神灵雕像。另见内殿、古典式。

内庙（ADYTON）：希腊或罗马神庙中最里面的圣地。内庙（拉丁语为"adytum"）里通常存放着所奉之神的形象，除祭司以外，任何人禁止进入。

内院（CORTILE）：宫殿中露天的内部庭院，通常有高达数层的拱廊或柱廊。另见柱廊。

内中堂（NAOS）：古希腊建筑中神庙的内室，里面常有神庙供奉神灵的雕像。

泥土占卜（GEOMANCY）：一种古老的信仰，通过领悟景观中的提示来识别有益的能量。类似于东方的风水传统。

鸟居（TORII）：日本神道教神社入口处的门。它通常由两根圆柱形的柱子组成，上面有一根水平的矩形枋，过梁延伸至超过柱子两侧，第一根枋下面是第二根水平梁。另见过梁。

农舍房屋（CHALET）：瑞士、巴伐利亚和阿尔卑斯山地区特有的木制房屋，有一个浅而倾斜的屋顶和宽大的屋檐。最初农舍房屋是牧羊人的住所。另见屋檐。

女儿墙（PARAPET）：围绕屋顶、露台或阳台边缘的矮墙。

女像柱（CARYATID）：雕刻出的女性形象，作为柱子支撑着她头上的结构。

帕拉第奥式（PALLADIANISM）：一种基于16世纪意大利建筑师安德烈亚·帕拉第奥的设计和理念的建筑风格。帕拉第奥深受古罗马建筑的影响，他的建筑以古典比例为基础，外观朴素，拥有典型的对称性，通常有门廊和十字形平面。帕拉第奥的《建筑四书》（*Four Books of Architecture*）于1570年首次出版，拥有很大影响力。另见古典式、十字形、门廊。

P

吊顶龙骨（CEILING JOIST）：见桁条。

平开窗扇（CASEMENT）：像门一样，以侧面铰链开合的窗框。

屏风（SCREEN）：一面薄而轻的独立墙，可以随意移动以分隔房间。

Q

祈唱堂（CHANTRY CHAPEL）：捐赠的礼拜堂，雇用牧师定期在此为礼拜堂的创始人唱弥撒。人们相信这样的弥撒会使死者的灵魂加速进入天堂。祈唱堂在新教改革期间（16世纪）被废除。

棋盘形细工（CHEQUER-WORK）：交替方块设计，类似于国际象棋棋盘。

起拱线（SPRINGING LINE）：拱从其垂直支撑处开始弯曲的点。另见拱。

千木（CHIGI）：日本建筑中的叉形屋顶饰。另见顶饰。

铅条（CAME）：用来固定小块玻璃的金属条，使之成为一个大玻璃板，如彩色玻璃窗。通常由铅制成，呈H形，边框部分为U型。

前廊（NARTHEX）：教堂的入口或大厅，区别于教堂本身，位于中殿的一端，与祭坛相对。另见祭坛、教堂、中殿。

浅浮雕（BAS-RELIEF）：一种雕塑形式，将木头或岩石等扁平材料的一部分刻去，以创造出浅浅的凸起三维效果。在古埃及和美索不达米亚文化中，它是一种广受喜爱的装饰元素。另见浮雕。

墙裙（DADO）：内墙的下部，在踢脚板和护壁条之间。另见木护墙。

桥台（ABUTMENT）：支撑上层结构的下部结构。桥台通常位于桥梁的两端或拱的两侧，将水平和垂直方向上的荷载转移至地基。

R

人字形饰（CHEVRON）：一个倒V字形。在诺曼式建筑中，它用来在拱和柱上形成人字形图案。

日本佛教庙宇的主屋（KONDO）：位于日本佛教寺院中心的主殿。英语中也可以写作"hondo"。

S

三陇板浅槽饰（TRIGLYPH）：古希腊建筑中，多立克柱式过梁上的设计元素，由一块刻有三条垂直凹槽的石板组成。另见多立克式、柱式。

山花（ACROTERION）：装饰性的雕塑或饰物，置于山形墙的顶端或两端。最初，山花常是花瓣形状的装饰物，后来发展为雕像或雕像群。

塔门（GOPURAM）：作印度教寺庙围场门户之用的纪念塔。山门一般都很华丽，上有彩绘雕塑。

山墙（GABLE）：坡屋顶下方三角形的墙体部分。

山墙顶石（APEX STONE）：见拱顶石。

山形墙（PEDIMENT）：古典建筑中，通常是指位于柱顶楣构之上的三角形山墙，柱顶楣构整体通常由柱子进行支撑。另见柱顶楣构、山墙。

扇形拱顶（FAN VAULT）：一种有着丰富装饰的天花板拱顶，肋拱从中央柱子向外辐射，就像一把扇子。它与哥特式风格有关，主要出现在英国教会建筑中。另见哥特式、拱顶。

上部结构（SUPERSTRUCTURE）：在地面以上的结构部分。

圣龛（MIHRAB）：清真寺墙壁上的一个小壁龛或凹室，代表祈祷的方向。另见清真寺。

圣幛（ICONOSTASIS）：东方基督教教堂中分隔中殿和圣殿的圣像墙或屏风。另见教堂、中殿。

湿壁画（FRESCO）：在新铺的或湿的灰泥上进行的一种墙体绘画。

十字架围屏（ROOD SCREEN）：教堂中的高坛和中殿之间，用木材、岩石或锻铁制成的一种华丽的镂空隔断。屏风上通常有一个十字架或耶稣受难像，当它挂在高坛入口处时，称为"十字架"（rood）。另见高坛、教堂、中殿。

十字形（CRUCIFORM）：十字架的形状。西方教堂常采用十字形平面图，主殿与南北袖廊相交，形成十字架的臂。另见教堂、中殿、袖廊。

石碑（STELA）：高比宽长的石板或木板。石碑一般会作雕刻，或绘有文字，或作装饰，用作纪念碑、界碑或官方公告。

石棺（SARCOPHAGUS）：尸体的容器，同时也是一座纪念碑，通常展示在地面上。石棺的形式可以是带有雕刻装饰的石箱；或者在古埃及时也可以由木材制成，形状更像人。

木栉（BALLOON FRAMING）：用于建造房屋的木结构，其中长木料用作支撑，从地基延伸至椽子。与平台框架形成鲜明对比。在平台框架中，每一层都由从地板延伸到天花板的木材构成，顶部是一层楼承板，成为上面一层的平台。

清真寺（MOSQUE）：一种伊斯兰教的礼拜场所。所有清真寺都有某种形式的圣龛，即指示麦加的克尔白和祈祷方向的壁龛。传统来说，清真寺还有一个用于布道的敏拜尔、一座用于清洗仪式的洗礼泉，以及一座用于召唤祈祷的宣礼塔。另见圣龛、宣礼塔、基卜拉。

穹顶（DOME）：由拱演变而来的半球形结构，常形成一个屋顶。它一般坐落于支撑墙上，能够封闭较大的内部空间，不需要任何支撑柱或梁。另见拱、小穹顶、鼓座、洋葱形穹顶。

穹顶门廊（IWAN）：有拱顶的大厅，三面有墙，第四面开放。穹顶门廊通常位于清真寺或伊斯兰教学校的中心院落。

石灰（LIME）：用于生产砂浆、水泥和混凝土的一种矿物。使用时间可以追溯至古代。

石墓室（MASTABA）：一种古埃及早期坟墓的类型，形式为低矮、平坦、长方形的简单结构，两侧向内倾斜。

石像怪（GROTESQUE）：用岩石雕刻的幻想野兽或神话中的生物。石像怪是哥特式建筑的一个常见特征，主要装饰在宗教建筑的外部。

实用主义（FUNCTIONALISM）：建筑物的设计应完全以目的和功能为基础的原则。这种观念在第一次世界大战后开始流行，是现代主义大潮的一部分。另见现代主义。

史前石塔（CHULLPA）：艾马拉人（Aymara）的古老葬仪塔。艾马拉人是南美洲安第斯山脉和阿尔蒂普拉诺（Altiplano）地区的土著人。

史前圆形石塔（BROCH）：在苏格兰发现的一种铁器时代的圆形砌石结构。史前圆形石塔的确切功能存在争议，但许多历史学家认为它们具有防御性。

方框−斜坡式（TALUD-TABLERO）：前哥伦布时期中美洲金字塔建筑的一种风格特征，即斜面（talud）与垂直面（tablero）交替出现。

手法主义（MANNERISM）：一种起源于16世纪意大利的建筑风格，是对文艺复兴全盛时期和谐与形式的对抗。它的特点是扭曲的比例和任意排列的装饰性特征。例如源于手法主义（Mannerism）的高巨柱式。另见文艺复兴式建筑。

双坡式层顶（DOUBLE-FRAMED ROOF）：屋顶中有名为"檩条"（purlins）的额外纵向部件，与椽子垂直，并把椽子连接在一起，提供更多稳定性和强度。

双柱桁架杆（QUEEN TRUSS）：与单主桁架相似，只是它使用了两根柱，可以比单主桁架跨越更长的开口。另见单主桁架、桁架。

双柱式（QUEEN POST）：共同支撑一个结构的两根柱子之一。另见主柱、桁架。

水泥（CEMENT）：用于制造混凝土的黏合剂。水泥自古以来就是建筑材料。通过加热石灰石与黏土等材料至高温，再研磨产生的材料，制成现代水泥。

四周双列柱廊式建筑（DIPTEROS）：四面都有双柱廊的建筑。另见柱廊。

寺（WAT）：佛教圣地。

驷马拖车雕饰（QUADRIGA）：展现四匹马并排拉动战车的雕塑，经常出现在古罗马的胜利纪念碑或凯旋拱门上。

窣堵波（STUPA）：佛教圣地，用于供奉圣人和佛祖。窣堵波的设计源于墓冢，有时采取半球形圆顶的形式，顶部是一个小小的方形结构。随着佛教传播，窣堵波在结构和象征意义上也演变为一个带有水平环的细长圆锥体，象征着开悟的阶段。窣堵波是不能进入的；朝拜的形式是以顺时针方向围绕它行走。

隧道拱顶（TUNNEL VAULT）：筒形拱顶的另一个名称。另见筒形拱顶、拱顶。

T

塔（PAGODA）：带有凸出屋檐的多层塔，常见于东南亚建筑。

塔庙（ZIGGURAT）：古代美索不达米亚特有的纪念性建筑，形式是一系列上升的平台，攀登至越高处，平台越小，就像一个阶梯式的金字塔。

塔司干式（TUSCAN）：古典式建筑的一种柱式，比其他柱式都要简单，一个没有装饰的柱身位于一个没有装饰的底座上，还有一个没有装饰的柱头。另见柱式。

胎室（GARBHAGRIHA）：印度教神庙最里面的圣所，内部存放着神庙主要神灵的神像。

台基（STYLOBATE）：阶梯式平台的顶部台阶，古希腊神庙就建于其上。

台口（PROSCENIUM）：希腊剧院中的狭窄高台，演员在上方进行表演。在罗马时代，它特指从舞台到管弦乐队地板的垂直正面。

天花板（CEILING）：覆盖房间的顶层表面。

天花板镶板（COFFER）：正方形、长方形或八角形的下沉式面板，用于装饰天花板的网格。镶板天花板最有名的例子是罗马万神殿的穹顶内部，镶板用来减轻结构的重量。

天篷（CANOPY）：祭坛或雕像上的一个突起罩子或盖子。中世纪时，它象征着神圣和皇家的存在。

调和比例（HARMONIC PROPORTIONS）：建筑物或建筑一部分尺寸之间的关系，符合一个与古希腊黄金比例和斐波那契数列概念紧密相连的数学公式。它指的是最赏心悦目的比例，与自然界元素的比例相呼应。

亭/阁（PAVILION）：独立于主建筑或与主建筑相连的附属建筑。

筒形拱顶（BARREL VAULT）：一种结构，像一系列拱一个接一个地放置在一起，形成一个半圆柱形的天花板，经常出现在教堂或大教堂建筑中。另见拱顶。

头顶花篮的女神柱（CANEPHORA）：年轻女性的雕塑，头顶着一篮祭品。雕塑可能是独立的，但更多会采用女像柱的形式。另见女像柱。

凸窗（BAY WINDOW）：从建筑物墙壁向外伸出的窗。

凸肚状（ENTASIS）：出于审美目的，在结构上添加的微凸形曲线。例如，雅典帕特农神庙的柱子轻微突起，以中和垂直柱子在视觉上显得中间更长、像有腰一般的实际情况。

凸角（QUOIN）：墙面上的一种装饰性墙角石。凸角的尺寸、颜色或质地与墙体中使用的其他砖石不同。凸角通常呈锯齿状，也就是说，以一短一长的方式交替排列。

凸饰（BOSS）：石制肋骨拱或屋顶梁接合点的雕刻装饰。凸饰常涂有彩色颜料，雕刻主题一般是动物、鸟类、神话中的野兽或人脸。另见梁、肋骨拱。

突角拱（SQUINCH）：砖石材质的角部填充物，斜放在方形结构的内角，以创造一个八角形的上部空间，可以支撑上方的穹顶。突角拱后来演变成更复杂的帆拱。另见帆拱。

图案花坛群（PARTERRE）：有花坛的花园，花坛分割成装饰性图案。

土耳其式浴室（HAMMAM）：土耳其式澡堂的阿拉伯语名称。

土坯（ADOBE）：用于建筑的晒干泥砖。土坯通常含有切碎的稻草，以加固泥土和黏土压缩后的混合物。

土石堆（BARROW）：古代用来掩盖埋葬地的细长土堆或石堆。

悬臂托梁（HAMMER BEAM）：从墙上伸出的短木梁，上面是支撑屋顶的椽子。这种配置可以比普通配置拥有更大跨度。普通情况下，屋顶的宽度不能超过单个木头的长度。

W

瓦（SHINGLES）：小而薄的正方形或长方形材料，通常由木材、沥青或石板制成，作为屋顶覆盖物的交叠部分铺设，或作为防风雨的覆盖物挂在建筑物的侧面。如果用黏土制成，且可能具有形状，则称为瓦片（tiles）。

外堡（BARBICAN）：保护城市或城堡入口的防御性大门。另见城堡。

外立面（ELEVATION）：建筑物一个侧面的平面呈现，通常是正立面。该术语最常用于建筑图纸。

网格式规划（GRIDIRON PLAN）：城市规划的一种类型，街道间呈直角。最有名的例子是曼哈顿的街道布局。

围栏（HENGE）：新石器时代的土方工程，有一个圆形的堤岸和沟渠。

卫城（ACROPOLIS）：古希腊城市的要塞部分，通常建在山上。最有名的例子是雅典卫城，即帕特农神庙的所在地。

卫城门道（PROPYLAEUM）：古希腊建筑中一种纪念性的门道。

文艺复兴式建筑（RENAISSANCE ARCHITECTURE）：在佛罗伦萨

牵先发展起来的一种风格，但从14世纪初开始传遍整个欧洲。它恢复了古希腊和古罗马建筑的元素，与之前的哥特式建筑形成鲜明对比。它鼓励重新引入柱、柱廊、古典柱式、拱和穹顶。

涡卷饰（VOLUTE）：一种卷轴状的装饰物，用于装饰爱奥尼式柱的柱头。另见爱奥尼式、柱式。

屋顶（ROOF）：建筑物顶部的覆盖物，保护建筑不受外界影响。屋顶的形式因地区而异，譬如简单的平屋顶在炎热气候中很常见；而在世界上部分降雨频繁的地区，人们更倾向于采用有坡度的屋檐和坡屋顶来排水。另见山墙、复折屋顶。

屋顶窗（DORMER）：凸出斜面屋顶的直立窗户。当阁楼需要改造成一个需要自然光的生活空间时，常会在建筑中增建屋顶窗。

屋顶烟囱（CHIMNEY-STACK）：烟囱高于屋顶的部分。

屋檐（EAVES）：悬在建筑物墙壁上的屋顶边缘。

X

西班牙巴洛克风格（CHURRIGUERESQUE）：一种精巧雕刻装饰风格，通常应用于建筑物的正立面。它流行于17世纪至18世纪，名字来源于西班牙建筑师和雕塑家何塞·贝尼托·丘里格拉（José Benito Churriguera，1665—1725年）。其华丽、奢侈的细节设计最常出现在西班牙和墨西哥。

希腊十字架（GREEK CROSS）：有等长臂的十字架。另见拉丁十字架。

洗礼堂（BAPTISTERY）：教堂或大教堂中洗礼池周围的区域，可能纳入主体结构，也可能是一座独立建筑。

细木镶嵌装饰（INTARSIA）：将不同类型和颜色的复杂切割木片拼接在一起，常常形成十分复杂的图像。

下部结构（SUBSTRUCTURE）：地面以下的构件，如地基和地下室，支撑着上方结构。

先锋派（AVANT GARDE）：开拓性或实验性。

现代主义（MODERNISM）：20世纪30年代出现的一种建筑风格，与功能性、现代材料（特别是混凝土、钢和玻璃板）的使用、结构创新和装饰消除有关。包豪斯学校就是现代主义践行者，但现代主义设计运动最有名的倡导者是出生于瑞士的法国建筑师勒·柯布西耶。

乡土建筑（VERNACULAR）：一个地区的本土建筑。

箱型框架（BOX-FRAME）：一种建筑类型，外部和内部的混凝土墙承载着上方地板和墙壁的重量。它只适用于高度不超过5层的建筑，并且每层房间都要遵循类似网格。

陶瓷锦砖（TESSERA）：用来制作马赛克画的单个瓷砖。另见马赛克。

小穹顶（CUPOLA）：小型圆顶，常用于形成角楼、塔楼、屋顶或更大穹顶的顶部。

小土丘（MOTTE）：一座隆起的土堆，上面压平，用来建造防御堡垒。小土丘四周通常围绕着一座院子（城堡庭院），这种布置名为"土丘–外庭式城堡"（motte-and-bailey castle）。另见城堡庭院、阁。

校园（CAMPUS）：一组学院或大学建筑所在的土地。

新哥特式（NEO-GOTHIC）：见哥特式复兴。

新古典式（NEO-CLASSICAL）：指的是18世纪和19世纪初古典建筑相关简单形式的复兴，如柱，还有对无窗墙的偏爱。它代表了对巴洛克和洛可可风格过度使用的回应。另见巴洛克式、古典式、洛可可式。

新艺术派（ART NOUVEAU）：从大约1890年至第一次世界大战期间流行的一种装饰艺术风格。新艺术派采用起伏不对称的形状和线条，看起来十分异想天开，常让人联想到花卉、植物、昆虫等自然之物。

星状肋穹窿（STAR VAULT）：一种肋骨拱，次拱肋与主拱肋相连，形成星形图案。另见肋骨拱。

袖廊（TRANSEPT）：十字形教堂中与主轴成直角的部分，如同十字架中的双臂。另见教堂、十字形。

宣礼塔（MINARET）：宣礼员每天要从塔上召唤附近的人做祈祷，从塔顶召唤可以让他的声音传得更远。即使在今天，祈祷的召唤已通过扩音器广播，清真寺仍然保持着宣礼塔的传统。另见清真寺。

悬臂（CANTILEVER）：梁、板或其他结构，只有一端提供支撑，下方有空隙，另一端没有支撑柱或支架。塔或墙等垂直结构可通过底部的悬臂来获得稳定性。另见梁。

旋梯（CARACOL）：涡旋形或螺旋形的楼梯。

殉道纪念间（CONFESSIO）：位于教堂祭坛附近的遗物龛。另见祭坛、教堂。

Y

烟囱简身（CHIMNEY SHAFT）：只有一条烟道（通往屋顶）的高大烟囱。

岩堆（TALUS）：城堡防御墙底部的一个倾斜面。设计目的是防止攻城塔（攻击者用来向防御工事射箭的便携式高塔）接近墙基，并对使用攀登梯子的攻击者造成障碍。

柱顶楣构（ENTABLATURE）：古典式结构中位于柱子顶部的水平组合元素。柱顶楣构一般包括一个装饰性的额枋，上有一个朴素雕带，但有时雕带上也可能刻有浮雕。整个结构的顶部是一个装饰性的檐口。另见额枋、古典式、檐口、雕带。

檐口（CORNICE）：沿着建筑物顶部建造的水平装饰线条。

掩蔽部（CASEMATE）：堡垒墙壁上的一个小房间，有可以发射枪弹的开口。

眼形窗（OCULUS）：穹顶顶部或墙壁上的一个圆形开口。

燕尾接合（DOVETAILING）：一种木工连接类型。在这种连接中，部件是成型的头榫和尾榫，无需钉子等紧固件，就能安全牢固地连接在一起。

阳台（BALCONY）：从建筑物外墙伸出的平台，有矮墙和扶手，或保障安全的栏杆。另见栏杆。

洋葱形穹顶（ONION DOME）：穹顶的直径大于支撑它的鼓座，因此穹顶底部会向内弯曲。穹顶的高度大于宽度，并且往顶部渐渐变小，变成一个点。另见穹顶。

叶形式（FOIL）：一种装饰图案，用相切圆组合来创造三叶草形的图案。有三种基本类型的叶形装饰：三叶草、四叶草和五叶草。通常出现在小窗的形状或大窗内的花色窗棂中，叶形式与哥特式风格有关。另见哥特式、花色窗棂。

伊斯兰教学校（MADRASA）：也可拼成"madrasah"，是伊斯兰教的神学学校或学院。有些建筑具有清真寺和伊斯兰教学校双重功能。伊斯兰教学校没有特定的建筑形式，但从历史上看，它可以拥有豪华的装饰。

印度寺院（VIMANA）：南印度的印度教寺庙内一种形似金字塔的塔；北印度的对应物名为"山形庙塔"（shikhara）。

犹太教堂（SYNAGOGUE）：犹太教的祈祷场所。犹太教堂没有固定的要求。根据犹太教传统，只要有"祈祷班"（minyan），即达到10名祈祷者的法定人数，就可以进行祈祷。但传统犹太教堂内总有一个方舟，里面存放着《妥拉》（Torah）卷轴。

游廊（GALLERY）：沿墙壁的长度所建的狭窄阳台，可以俯瞰宽阔的内部。

有顶回廊（AMBULATORY）：大教堂或大型的教堂中环绕祭坛的环形走道。这个词也可以指回廊周围的有顶通道。另见祭坛、教堂、回廊。

釉面砖（GLAZED BRICKS）：带有陶瓷涂层的砖。涂层常是彩色的，砖块用于装饰效果。

圆堡（ROUNDEL）： 作为一套防御墙的一部分而建的圆塔，建造目的是放置火炮。

圆顶凉亭（CHATRI）： 有穹顶的小亭子，每个角都有柱子支撑。在印度莫卧儿建筑中，圆顶凉亭用来装饰屋顶的四角或放置在主要入口之上。它们是装饰性的，没有任何功能。另见莫卧儿。

圆线条装饰（GADROONING）： 雕刻装饰的一种形式，由一系列凸起曲线组成，有时上粗下细，有时斜向划线。在罗马石棺、金属制品和瓷器上都有体现。

圆形监狱（PANOPTICON）： 监狱的牢房呈环形排列，因此可以从一个中央观察点看到所有牢房。

圆形建筑（ROTUNDA）： 覆盖着穹顶、楼层平面图为圆形的建筑或房间。

圆形神庙（THOLOS）： 一种古希腊圆形神庙，有一圈柱子支撑着一个圆锥形的屋顶。

Z

遮阳（BRISE-SOLEIL）： 旨在提供防晒保护的外部结构。有时采用窗外的挡板或格栅的形式，有时也延伸到建筑物的整个外立面。

折中主义（ECLECTICISM）： 一种融合了历史上各种风格的建筑风格，旨在创造原创性的新东西，而不是简单地恢复一种旧风格。它盛行于19世纪和20世纪。

正立面（FACADE）： 建筑物的正面或主面。

支点（FULCRUM）： 杠杆转动的支点。

支架（BRACKET）： 从墙上伸出来支撑拱、梁、架子、阳台或雕像的构件。支架通常以卷轴的形式作装饰，有时也可以完全是装饰性的。

支提（CHAITYA）： 佛教圣殿或祈祷厅，一端有窣堵波。大厅末端常是圆形的，可以让信徒们绕窣堵波环行。

大厅通常高、长、窄，并且有一个带有突起肋拱的拱形天花板。另见窣堵波。

支提拱（CHAITYA ARCH）： 用来装饰正立面的装饰性拱门，通常置于门口周围或上方。拱的设计以支提横截面为基础，看起来像一个有龙骨和肋拱的翻转船体。另见支提。

支柱（PILLAR）： 孤立的竖向结构件，无论截面是什么形状，通常都具有承重功能。

直路（ENFILADE）： 房间和空间之间的一系列开口，沿轴线排列，提供一个扩展的视野。

殖民复兴（COLONIAL REVIVAL）： 19世纪90年代在美国和加拿大流行起来的一种设计运动。受英国乔治亚式建筑（Georgian architecture）的启发，建筑通常为两层，非常对称，细节设计受到古典式建筑的影响。主入口处通常有一个门廊框起的大门。另见古典式、门廊。

智能楼（SMART BUILDING）： 采用先进技术的建筑，如智能管理系统，可以监测建筑的能源消耗和碳足迹，并收集其他数据，以不断提高性能和用户效率。

中殿（NAVE）： 教堂的中央纵向部分，一般是会众坐的地方。教堂中的任何过道都不属于中殿。另见教堂。

中国式装饰艺术（CHINOISERIE）： 18世纪流行的一种欧洲装饰风格，灵感来自中国、日本和其他亚洲国家的艺术和设计。这个名字来源于法语中的"中国"（chinois）一词。

中竖框（MULLION）： 石材、木材等材料制成的竖直或水平的构件，将平开窗扇或窗玻璃分开。

中庭（ATRIUM）： 建筑物中扩展至数层楼之高的开放空间，通常都有一个玻璃屋顶。中庭是酒店和购物中心的一个常见特征。

钟楼（BELFRY）： 教堂塔楼的上部，悬挂钟的地方。有时也用来指代整个塔楼。

钟乳形饰（MUQARNA）： 一种伊斯兰建筑中的拱顶，由一簇簇的小壁龛组成，装饰在凹室的最上部和墙壁过

渡到穹顶的角落。钟乳形饰通常类似于蜂窝或钟乳石。

轴（AXIS）： 一条真实或虚拟的直线，平面上的各元素通常都通过对称与它相关。

轴面（AXIAL PLANE）： 各元素沿着一条延伸中轴线所作的排列。

主要立面（FRONTISPIECE）： 建筑物主要入口的框架和装饰元素。

主要楼层（PIANO NOBILE）： 大房子的主楼层，拥有比其他楼层更高的天花板和更大的房间。这个词出现在文艺复兴时期的意大利，那里的"主要楼层"通常在2楼，通过扩大的窗户体现在正立面上。

主柱（KING POST）： 在三角桁架的顶点和横梁（也称为枋）之间充当系材的垂直支柱。另见桁架。

柱（COLUMN）： 有底座和柱头的圆柱形柱身。柱通常会支撑一个结构，但也可以是独立的纪念碑，例如罗马的图拉真纪功柱。另见柱头、柱式。

柱槽（FLUTING）： 柱或壁柱上的垂直浅槽，偶尔也会在其他表面出现。凹槽柱尤其与古希腊建筑有关；多立克式柱上有20条凹槽，而传统的爱奥尼和科林斯式柱上有24条。另见柱式。

柱基（PLINTH）： 柱子的底座。

柱廊（COLONNADE）： 一排柱子，通常带有一个檐部。另见檐部。

柱身（SHAFT）： 长而窄的垂直圆柱体，构成柱的主体。

柱式（ORDER）： 古希腊、罗马人建立的古典建筑几种风格之一，以规定的比例和细节为特征，在柱上体现得最为明显。在3种主要柱式中，多立克式柱短而重，柱头圆形、没有花纹。爱奥尼式柱较细长，顶部有一个饰有涡卷的柱头。科林斯式柱是最细长的，有一个饰有两排莨苕叶形的华丽柱头。在此基础上，罗马人又增加了最朴素的柱式——塔司干式，以及最具装饰性的混合式。另见莨苕、柱头、古典式、柱、混合式、科林斯式、多立克式、爱奥尼式、涡卷。

柱厅（HYPOSTYLE）： 有顶的室内空间，屋顶以支柱或柱作支撑。

柱头（CAPITAL）： 柱子的顶层元素，位于柱身和冠板之间。柱头通常带有装饰，在古典式建筑传统中，它的形式取决于3个不同柱式，多立克式、爱奥尼式和科林斯式。另见冠板、古典式、柱式。

筑雉堞（CRENELLATION）： 凸起部分（城齿）和空隙（雉堞）的交替出现，位于防御墙的顶部。

桩（PILE）： 用木材、钢或混凝土浇筑的大柱子，深陷于地下，以支撑上面的结构。

装饰性建筑（FOLLY）： 通常不具功能性的奇特建筑，为美化景观而建。

装饰艺术风格（ART DECO）： 20世纪20年代至30年代一种装饰方面的艺术风格。该名称来自1925年在巴黎举行的国际现代装饰和工业艺术展（International Exhibition of Modern Decorative and Industrial Arts），风格特点是大胆的几何线条和形状、强烈的对称性与现代的流线型外观。

宗教建筑（CANDI）： 印度尼西亚的印度教或佛教神殿或寺庙。

组合柱（COMPOUND COLUMN）： 为了装饰效果，由许多细长柱组合在一起的柱子。许多组合柱会使用不同类型的石材。

索引

粗体字页码指主要条目。

鸣谢

DK出版社（**Dorling Kindersley**）感谢：菲尔·威尔金森（Phil Wilkinson）帮助编制网站清单；克莱尔·盖尔（Claire Gell）作了额外的艺术品研究；凯蒂·约翰（Katie John）校对；邓肯·特纳（Duncan Turner）协助设计；西蒙·芒福德（Simon Mumford）和卡斯帕·莫里斯（Casper Morris）协助制图；史蒂夫·克罗泽（Steve Crozier）修图；亚历克斯·劳埃德（Alex Lloyd）负责插图；以及苏希塔·达拉姆吉特（Suhita Dharamjit，高级封套设计师）、艾玛·道森（Emma Dawson，封套编辑）、哈里什·阿加瓦尔（Harish Aggarwal，高级排版设计师）、普里扬卡·夏尔马（Priyanka Sharma，封套编辑协调员）和萨洛尼·辛格（Saloni Singh，封套执行编辑）。

DK印度感谢：诺比娜·查克拉沃蒂（Nobina Chakravorty）和米纳尔·戈尔（Meenal Goel）协助设计；感谢阿什温·拉朱·阿迪马里（Ashwin Raju Adimari）协助图片研究。

出版社感谢以下同意转载他们照片的人士：

（缩写：上—在上方；下—在下方或底部；中—在中间；最—在最左/最右；左—在左侧；右—在右侧；顶—在顶部）

1 Shutterstock: MBL

2-3 RNPictures

4 AirPano images:（中左上）；**Getty Images:** Michael H（中右上）；**Enrico Pescantini:**（中最右上）

5 AirPano images:（中最右上）；**Jonathan Danker:**（中右上）；**Getty Images:** DigitalGlobe / ScapeWare3d（中左上）；**Bachir Moukarzel:**（中最左上）

7 Getty Images: Wang Qin / Chengdu Economic Daily / VCG

8-9 AirPano images

10 Alamy Stock Photo: EmmePi Images

11 Alamy Stock Photo: Wendy Connett / robertharding（中最左下），Paul Strawson（顶右），Andrew Roland（中左下），Philip Scalia（中下）；**Getty Images:** Dennis K. Johnson / Lonely Planet Images / Getty Images Plus（中右下）

12 Alamy Stock Photo: Sarah Akad（中下），Michael Runkel / robertharding（中右下）；**Dreamstime.com:** Sergio Bertino / Serjedi（中左下）；**iStockphoto.com:** Teerayuth Mitrsermsarp（中右上）

13 Alamy Stock Photo: Oliver Hoffmann（右）；**iStockphoto.com:** ChiccoDodiFC（中左下）

14 Getty Images: Tim Graham / Hulton Archive（中左）

14-15 iStockphoto.com: R.M. Nunes

15 123RF.com: Piotr Piatrouski（中右上），sophiejames（中右下）；**Alamy Stock Photo:** Francois Roux（中右）

16-17 Getty Images: Michael H.

18 Alamy Stock Photo: George H.H. Huey（下中）；**Getty Images:** Richard A. Cooke / Corbis Documentary / Getty Images Plus（下右）

19 Alamy Stock Photo: Wiliam Perry（下左）；**Dreamstime.com:** Ckchiu（中右上），Zeynep Ayse Kiyas Aslanturk / Zaka00（下中），Sean Pavone（下右）

20 Alamy Stock Photo: George H.H. Huey（中下）；**Jim Shoemaker:**（顶）

21 Alamy Stock Photo: robertharding（下）

22-23 Alamy Stock Photo: Tom Till

23 Getty Images: Danita Delimont（中下）

24 Alamy Stock Photo: Felix Lipov（中右上）；**Nini Jin:**（下右）

25 Architect ofthe Capitol

26 Alamy Stock Photo: Luis Leamus（中）；**Getty Images:** Museum of the City of New York（下右）

26-27 Dreamstime.com: Prochasson Frederic

30 Getty Images: Detroit Publishing Company / Interim Archives（下中）；**NASA:** Bill Ingalls（下左）

31 4Corners: Richard Taylor

32-33 iStockphoto.com: buzbuzzer

33 Alamy Stock Photo: Danita Delimont（顶中）；**Dreamstime.com:** Carole Rigg（下右）；**iStockphoto.com:** aladin66（顶左）

34-35 Getty Images: Library of Congress / Corbis Historical

35 Bridgeman Images: Private Collection / Avant-Demain（下中）

36-37 Susan Candelario

36 iStockphoto.com: Medioimages / Photodisc（中）；**Dan McQuade:**（下左）

37 Alamy Stock Photo: Melvyn Longhurst（中右下）

38-39 Bethany DiTecco

39 Getty Images: Dr. Antonio Comia（下右），Ambrose Vurnis（中左下）

40-41 Alamy Stock Photo: Jesse Kraft

40 Getty Images: George Rinhart（顶右）

42 Alamy Stock Photo: Dan Highton（中右）；**Craig T Fruchtman:** @craigsbeds（左）

43 Alamy Stock Photo: robertharding（下中）；**Dominic Kamp:**（顶）

44-45 Danny du Plessis

45 Jordan Lloyd, Dynamichrome: United States Bureau of Reclamation archive image（下右）；**Getty Images:** Popperfoto（中右）

46-47 iStockphoto.com: franckreporter

47 Getty Images: Underwood Archives（下右）

48 Dreamstime.com: Ivan Cholakov（下左）

48-49 Dreamstime.com: Littleny

49 David Leventi:（下右）

50 Rainer Kühn: ARS, NY and DACS, London 2019 / DACS 2019（顶）；**Jose Francisco Salgado:**（下右）

51 Alamy Stock Photo: Granger Historical Picture Archive（中左上）；**Tristan Zhou:**（下右）

52 iStockphoto.com: SeanPavonePhoto（中）；**Louis-Philippe Provost:**（中右）

53 Sanjay Chauhan:（顶左）；**Getty Images:** Bettmann（顶右）

54-55 . DACS 2019: OMA / DACS 2019

56-57 iStockphoto.com: jimkruger

57 Smithsonian Institution, Washington, DC: Alan Karchmer（顶中，顶右）

58-59 Enrico Pescantini

60 Alamy Stock Photo: Diego Grandi（顶左），Gábor Kovács（顶中）

61 Alamy Stock Photo: Ionut David（下左），Angus McComiskey（下右）；**Getty Images:** Jason Bleibtreu / Sygma（中右下），Marcelo Nacinovic / Moment / Getty Images Plus（顶右）

62 Alamy Stock Photo: Witold Skrypczak（中左）；**David Coventry:**（下左）

62-63 Alamy Stock Photo: Tim Hester

63 Getty Images: Diego Lezama（下右）

64-65 Getty Images: Robert Clark / National Geographic Image Collection

64 Science Photo Library: David Nunuk（下中）

65 Getty Images: De Agostini / G. Dagli Orti（中右上），Stephan de Prouw（下右）

66-67 AirPano images

66 SuperStock: Iberfoto（下右）

67 Getty Images: Brigitte Merle（下）

68 Alamy Stock Photo: Diego Grandi（下左）；**Getty Images:** Manuel Romaris（中）

69 Alamy Stock Photo: Photogilio（下右）；**Getty Images:** Jean-Pierre Courau（下左）；**Science Photo Library:** John R. Foster（顶）

72 Alamy Stock Photo: Jan Wlodarczyk（下）；**Getty Images:** Werner Forman / Universal Images Group（中上）

73 Dreamstime.com: Saletomic（中右上）；**Robert Harding Picture Library:** Robert Frerck（下左）

74 Getty Images: Luis Davilla（中右）

74-75 Robert Harding Picture Library: Michael Nolan

75 Alamy Stock Photo: Nicholas Charlesworth（顶左）

76 Dorling Kindersley: University of Pennsylvania Museum of Archaeology and Anthropology（中右上）

76-77 Chabrov Andrey

77 iStockphoto.com: juliandoporai（顶右）

78-79 iStockphoto.com: AlbertoLoyo

78 Dreamstime.com: Byelikova（下右）

79 Leonardo Cavallini:（下右）

80 Alamy Stock Photo: Jan A. Csernoch（中）；**Getty Images:** James P. Blair（下左），George Rinhart / Corbis（下右）

80-81 Photo Courtesy of the Panama Canal Authority

82 Shane Hawke:（下右）

82-83 Ricardo Zerrenner

84 Alamy Stock Photo: David R. Frazier Photolibrary, Inc.（下右）

84-85 Marcos de Freitas Mattos: NIEMEYER, Oscar / DACS 2019 / DACS 2019

85 Alamy Stock Photo: age fotostock（下左）；**Getty Images:** Sergio Lopes Viana / Moment（顶右）

86 DACS 2019: NIEMEYER, Oscar / DACS 2019；**Getty Images:** Jane Sweeney（中下）；**Sokari Higgwe:**（顶）

87 Getty Images: Bloomberg（下），DigitalGlobe（中上）

88-89 Bachir Moukarzel

90 Alamy Stock Photo: funkyfood London-Paul Williams（下左）；**Dreamstime.com:** Ivan Bastien（中左下），Linda Williams（中右上）

91 Alamy Stock Photo: Raga Jose Fuste / Prisma by Dukas Presseagentur GmbH（中上）；**AWL Images:** Mark Sykes（下中）；**iStockphoto.com:** ChiccoDodiFC（中）

92-93 Anthony Murphy

92 Getty Images: DEA / G. Dagli Orti（下右）

93 Stephen Emerson:（下右）；**Getty Images:** Joe Cornish（中右上），DEA / G. Dagli Orti / De Agostini（下左）

94–95 David Stoddart

94 Alamy Stock Photo: Hemis（中左）; **Getty Images**: DEA / A. Dagli Orti / De Agostini（下左）; **Tommy Tenzo**:（中右下）

98–99 Dreamstime.com: Carafoto

98 Getty Images: Westend61（下右）; **Photo Scala, Florence**:（中左下）

100–101 SuperStock: imageBROKER

100 Getty Images: CM Dixon / Print Collector（下左）

101 iStockphoto.com: IPumbaImages（下右）

102–103 Dave Bowman Photography

102 Bachir Moukarzel:（下左）

104–105 Marco Rovesti

104 Getty Images: Cristian Negroni（下右）

105 John Kehayias:（下中）

106–107 Alamy Stock Photo: Jorge Tutor

106 iStockphoto.com: mrak_hr（下左）

107 Alamy Stock Photo: Realy Easy Star（下中）; **Getty Images**: nimu1956（下右）

108–109 iStockphoto. com: klug-photo

109 Getty Images: Westend61（中下）

110–111 Getty Images: Nicolas Cazard / EyeEm

111 Getty Images: Westend61（下右）

112–113 iStockphoto.com: sorincolac

113 Getty Images: Gonzalo Azumendi（下中）; **Mohammad Reza Domiri Ganji**:（中下）

114–115 Stefan Muel: Madchenchor am Aachener Dom

115 Alamy Stock Photo: Bildarchiv Monheim GmbH（中左）; **Getty Images**: Angelo Hornak / Corbis Historical（下右）; **iStockphoto. com**: jotily（中左上）

116–117 Pixabay: Julius_Silver

116 Alamy Stock Photo: Dave Stamboulis（中下）

118 iStockphoto.com: smartin69

119 Getty Images: Jason Hawkes

120–121 iStockphoto.com: The_Chickenwing

120 Getty Images: DEA / G. Nimatallah / De Agostini（中右下）

121 Daniela Sbarro:（中左下）

122 Getty Images: Print Collector / Hulton Fine Art Collection（上左）

122–123 Robert Harding Picture Library: Christian Kober

123 iStockphoto.com: mammuth（顶左）

124 Alamy Stock Photo: funkyfood London Paul Williams（下中）; **Dreamstime.com**: Jonathan Braid（顶）

125 Gary Lobdell:（右）. **SuperStock**: Funkystock（中左下）

128 Getty Images: Douglas Pearson（t左）, PK（下）

129 Alamy Stock Photo: dleiva（下左）; **Christian Barrette**:（顶左）

130–131 Dreamstime.com: Pavel V

131 Oleg Anisimov:（下右）. **Bridgeman Images**:（中下）

132 Bjorn Letink:（中右）

132–133 Viktor Goloborodko

133 Getty Images: DEA / G. Sioen（中左上）

134–135 4Corners: Antonino Bartuccio

135 iStockphoto.com: espiegle（中下）

136–137 iStockphoto. com: YuliaB

137 Getty Images: Jaap Mechielsen（下右）; **Mochalov Maxim**:（下左）

138 AWL Images: Emily M. Wilson

139 Alamy Stock Photo: Zoonar GmbH（下右）; **Violeta Meletis**:（中右下）

140 Getty Images: Luis Alvarenga / EyeEm

141 Getty Images: DEA / G. Nimatallah（中右上）, Terence Kong（下右）

142–143 Nico Trinkhaus

143 akg-images: Album / Oronoz（下右）; iStockphoto.com: AlKane（下左）

144 Getty Images: Andrea Thompson Photography

145 Alamy Stock Photo: Hercules Milas（中右）; **Laurent Dequick**:（下左）

148 Alberto Barrera Rodríguez:（下左）

148–149 Alamy Stock Photo: Tamas Karpati

149 Alamy Stock Photo: Rolf Richardson（下右）

150–151 Getty Images: Yuliya Baturina

150 Alamy Stock Photo: Zoonar GmbH（下左）; **Getty Images**: All Canada Photos（下中）

151 Getty Images: Gavin Hellier（中右）

152–153 Dreamstime.com: Reidlphoto

152 AirPano images:（下中）

154 Getty Images: DEA / G. Dagli Orti / De Agostini（中）, Enrique Diaz / 7cero（下）

155 Chuck Bandel:（顶）; **Getty Images**: Sylvain Sonnet（下中）

156 iStockphoto.com: AZ

157 Thomas Mitchell:（下右）; **Dr Rana Nawab**:（顶）

158–159 Stavros Argyropoulos

158 AirPano images:（下中）; **Alamy Stock Photo**: Vito Arcomano（中）

160 Getty Images: Mark Edward Harris

161 Alamy Stock Photo: Luciano Mortula（顶）; **Getty Images**: Sabine Lubenow / LOOKfoto（下右）

162–163 Jason Hawkes Aerial Library

163 Alamy Stock Photo: Jo Miyake（下右）

166 Alamy Stock Photo: Paul Dymond（中）; **Getty Images**: c Philippe Lejeanvre（下左）; **Picfair.com**: Fabien Desmonts（下中）

166–167 Emmanuel Charlat

168 Alamy Stock Photo: Oxford_shot（下左）

168–169 Alamy Stock Photo: Anton Ivanov

169 Getty Images: Jason Hawkes（下右）

170–171 Bayerische Verwaltung der Staatlichen Schloesser, Gaerten und Seen: c Bayerische Schlosserverwaltung, Achim Bunz, München

170 Getty Images: Tomekbudujedomek（下右）

171 Getty Images: Skyworks Places（下左）; **Julius Silver**:（顶右）

172 Getty Images: Atlantide Phototravel（下左）, Claude Gariepy（中下）

172–173 Depositphotos Inc: FotoVDW

173 Dreamstime. com: Ccat82（下右）

174 Alamy Stock Photo: dbimages（下）; **Getty Images**: Beatrice LecuyerBibal / GammaRapho（顶右）

175 AirPano images:（顶）; **Getty Images**: Alberto Suarez（下右）

176 Alamy Stock Photo: Glenn Harper（中上）; **Getty Images**: Yvan Travert（下左）

176–177 Birgit Franik

177 Alamy Stock Photo: Falkensteinfoto（下右）

178 Alamy Stock Photo: eye35 stock（顶左）; iStockphoto.com: benedek（中右）

179 iStockphoto.com: franckreporter

180 Getty Images: Bettmann（中下）

180–181 Getty Images: Agapicture Chang

182 Getty Images: George Pickow / Three Lions（中）

182–183 iStockphoto.com: fotoVoyager

184 Pol Albarran

185 Alamy Stock Photo: Rob Whitworth（下中）; **Robert Harding Picture Library**: Nico Tondini（下右）

186 Alaa Othman

187 Getty Images: Steven Blackmon / 500px（下右）; **National Geographic Creative**: Robert Harding Picture Library（顶）

188 Shutterstock: Jaroslav Moravcik（下左）; **Hanaa Turkistani**: 500px.com / hanaaturkistani（顶）

189 Alamy Stock Photo: Manjik photography（中上）; **Getty Images**: VWB photos（下右）

190 AeroShots:（顶左）; **Getty Images**: Artur Debat（顶右）

190–191 Cristina Rocca

192–193 DACS 2019: c F.L.C. / ADAGP, Paris and DACS, London and c ADAGP, Paris and DACS, London 2019

194 Matjaz Vidmar: c DACS 2019

195 Alamy Stock Photo: Architectural Images（中下）, Vichaya KiatyingAngsulee（中左下）, Heritage Image Partnership Ltd（中右上）

196 SuperStock: Aurora Photos（下左）

196–197 Steven Blin: used with permission of Mr Richard Rogers and Mr Renzo Pian

198 AirPano images:（中下）; **Joep de Groot**:（左）

199 Alamy Stock Photo: Hemis / La Grande Arche c 2019 Johan Otto Von Spreckelsen

200–201 Getty Images: Yann ArthusBertrand

201 Alamy Stock Photo: age fotostock（中右）

202 Getty Images: JeanPierre Lescourret / Foster & Partners / CEVM Eiffage

203 Prad Patel:（顶）; **Unsplash**: Andrea Leopardi（中下）

204–205 Getty Images: DigitalGlobe / ScapeWare3d

206 Alamy Stock Photo: Jack Jackson / robertharding（中右上）; **Dreamstime. com**: Witr（中右下）; **Getty Images**: Kitti Boonnitrod / Moment（顶右）, Philipp Klinger / Moment（下右）

207 Alamy Stock Photo: Robert Preston Photography（下右）; **Getty Images**: Alberto Manuel Urosa Toledano / Moment Open（下中）

208–209 Alamy Stock Photo: Dereje Belachew

208 Getty Images: MyLoupe / UIG（下左）

209 Getty Images: Jochen Schlenker / robertharding（下右）

210 Getty Images: Yann ArthusBertrand（中右下）; **Picfair. com**: annmarie（下中）

211 Robert Harding Picture Library: Richard Ashworth

214–215 Getty Images: Tibographie Thibaud Chosson

214 Alamy Stock Photo: Art Kowalsky（下中）; **Muhammad Saber**:（下右）

215 Getty Images: DEA / S. Vannini / De Agostini（下中）

216 Bridgeman Images: c 2019 Museum of Fine Arts, Boston, Massachusetts, USA / Harvard UniversityBoston Museum of Fine Arts Expedition（中右上）

216–217 Alan Mandic

217 Getty Images: Torsten Antoniewski（中上）; **iStockphoto.com**: mason01（中右上）

218–219 George Steinmetz

219 Alamy Stock Photo: robertharding（下中）; **Getty Images**: DEA / G. Dagli Orti（下右）

220 Alamy Stock Photo: Ariadne Van Zandbergen（中下）; **iStockphoto.com**: mtcurado（中右下）

220–221 Rachid Hakka

222–223 Maurizio Camagna

223 Getty Images: George Steinmetz（下中）, Sam Tarling / Corbis（中）

224–225 Shutterstock

224 Getty Images: DEA / W. Buss / De Agostini（下右）

225 Getty Images: Jose Fuste Raga（下右）

226 Alamy Stock Photo: Gary Cook（下右）; **Magnum Photos**: George Rodger（顶）

227 Getty Images: DEA / G. Roli / De Agostini（顶右）, Roger Wood / Corbis / VCG（顶左）

228 Robert Harding Picture Library: Gavin Hellier

229 Alamy Stock Photo: Abdellah Azizi（中左上）; **iStockphoto.com**: narvikk（下右）

230–231 **Alamy Stock Photo:** Christopher Scott
230 **iStockphoto. com:** evenfh（下左）
231 **Alamy Stock Photo:** Black Star（下右）；**Getty Images:** Raquel Maria Carbonell Pagola / LightRocket（中右）
232–233 **Getty Images:** Gavin Hellier
233 **Getty Images:** George Steinmetz（下右）
234–235 **Alamy Stock Photo:** Fabian Plock
234 **Getty Images:** Shamim Shorif Susom / EyeEm（中右下）
235 **Dreamstime.com:** Fabian Plock（下左）；**Getty Images:** Hans Georg Roth（下右）
236–237 **Jonathan Danker**
238 **Getty Images:** Yann ArthusBertrand（下中）；**iStockphoto.com:** real444（下右）
239 **Alamy Stock Photo:** Thant Zaw Wai（中右上）；**Dreamstime.com:** Neophuket（中右下）；**Getty Images:** John W Banagan / Photographer's Choice / Getty Images Plus（下左）
240 **Alamy Stock Photo:** Sezai Sahmay（下左）；**Getty Images:** Vincent J. Musi（中）
240–241 **SuperStock:** Biosphoto
242–243 **Getty Images:** Ozgur Donmaz
243 **Getty Images:** Thaaer Al Shewaily（下右），Nadeem Khawar（中上）
244–245 **Getty Images:** JX K
244 **Depositphotos Inc:** Buurserstraat38（中右下）
245 **Getty Images:** George Thalassinos（下左）
246 **Getty Images:** MediaProduction（下左）
246–247 **SuperStock:** Timothy Allen / Axiom Photographic / Design Pics
248 **Alamy Stock Photo:** ephotocorp（中左下）；**Dreamstime.com:** Saiko3p（下右）
249 **Getty Images:** Glen Allison（tr），Christian Kober（中右下）
250 **Getty Images:** Sylvain Grandadam（t右）；**Nima Malek:**（下左）

250–251 **Alamy Stock Photo:** Wiktor Szymanowicz
254 **Getty Images:** J. Baylor Roberts / National Geographic Image Collection
255 **Alamy Stock Photo:** age fotostock（中右上），Michele Burgess（下）
256–257 **Getty Images:** Weerapong Chaipuck
256 **Getty Images:** Rick Wezenaar（中）；**Benny Welson:** @junteng99（中下）
258–259 **Alamy Stock Photo:** Fabrizio Troiani
259 **Dreamstime.com:** Lightfieldstudiosprod（中右下）；**Getty Images:** Geography Photos / UIG（下左）
260 **David Blacker:**（下左）；**iStockphoto.com:** pidjoe（中上），sandsun（下右）
260–261 **Getty Images:** Ryan Pyle / Corbis
262 **Alamy Stock Photo:** Alexey Kornylyev（顶）；**Getty Images:** Artie Photography（Artie Ng）（下中）
263 **Muslianshah Masrie:**（下）；**Joe Routon:**（中上）
264–265 **Dreamstime.com:** Bidouze Stephane
265 **iStockphoto.com:** ugurhan（中下）
266–267 **Kensuke Izawa**
266 **Alamy Stock Photo:** Alamy Premium（下中）
267 **Dreamstime.com:** Bruno Pagnanelli（下右）；**Thomas Risse:**（下左）；**Linda Tobey:**（下中）
268–269 **iStockphoto.com:** Mike Fuchslocher
269 **Robert Harding Picture Library:** Michael Nolan（中下）
270–271 **David Dillon**
270 **Getty Images:** Gerard van den Akker / 500px（下右）
271 **Alamy Stock Photo:** Eric Nathan（中右）；**Jafarov Etibar Fikret:**（下右）
272 **iStockphoto.com:** SeanPavonePhoto
273 **Alamy Stock Photo:** Panther Media

GmbH（下右）；**Getty Images:** KR_nightview / Multi-bits（顶）
276–277 **123RF.com:** Martin Molcan
277 **AWL Images:** Adam Jones（下中）；**Getty Images:** Yongyuan Dai（中）
278–279 **Getty Images:** Rob Zhang
280 **Getty Images:** Amith Nag Photography（顶），zhouyousifang（中下）
281 **4Corners:** Paul Panayiotou（下）；**Alamy Stock Photo:** David Pearson（中右上）
282 **Getty Images:** Malcolm P Chapman（下左）
282–283 **Getty Images:** Al-Hassan
283 **Getty Images:** Dedy Wibowo / EyeEm（下右）
286–287 **Dr. Ali Kordzadeh**
286 **Alamy Stock Photo:** age fotostock（下右）；**iStockphoto.com:** efesenko（下左），mariusz_prusaczyk（中上）
288–289 **Getty Images:** Naveen Khare
288 **Alamy Stock Photo:** imageBROKER（中右上）
289 **Alamy Stock Photo:** Dinodia Photos（中左上）
290–291 **AWL Images:** Michele Falzone
291 **Dreamstime.com:** Sundraw（下左）
292 **Alamy Stock Photo:** Leonid Andronov（下左）
292–293 **Zhang Zhe**
293 **iStockphoto.com:** Hung_Chung_Chih（下右）
296 **Getty Images:** narvikk（下左）
296–297 **Getty Images:** Tetra
297 **Alamy Stock Photo:** Michel & Gabrielle Therin-Weise（下右）
298–299 **Dreamstime.com:** Aliaksandr Mazurkevich
299 **Alamy Stock Photo:** mauritius images GmbH（中下）

300–301 **George Nuich:** 500px.com / georgenuich
300 **Stewart Donn:**（下左）；**Lynda McArdle:**（中上）
301 **State Library of South Australia:**（下右）
302 **Dreamstime.com:** Kinek00（下右）；**Getty Images:** Malcolm Chapman（中右下）
303 **Vimal Konduri:**（中右上）；**Latitude Image:** Nicolas Chorier（下）
304–305 **Alamy Stock Photo:** Avalon / Construction Photography
305 **Alamy Stock Photo:** David Ball（中右上），Pablo Valentini（中右下）
306–307 **Getty Images:** Anuchit Kamsongmueang
306 **Alamy Stock Photo:** Peter Cook-VIEW（中左下）；**AWL Images:** Marco Bottigelli（下右）；**Getty Images:** David Greedy（下中）
307 **Getty Images:** Nigel Killeen（下右）
308–309 **Jiti Chadha. 308 Guo Hao:**（中上）；**iStockphoto.com:** lkunl（下左）
309 **iStockphoto.com:** Extreme-Photographer / E+（下右）
310 **Getty Images:** Andrew Madali（顶），Imre Solt:（中下）
311 **Jonathan Danker:**（中右下）；**iStockphoto.com:** TwilightShow（下左）
312–313 **Alamy Stock Photo:** SIPA Asia / ZUMA Wire
313 **MVRDV:** Ossip van Duivenbode（下右）

Endpaper images: 封面
iStockphoto.com: fanjianhua，封底
iStockphoto.com: fanjianhua

所有图片 © 多林金德斯利出版社
更多信息请见：www. DKimages.com